文渊阁《钦定四库全书》

中华考工学经典 中华设计学经典

营造法式

修订版

[宋]李 诫 ◎ 撰

邹其昌 ◎ 点校

人民出版社

总　目

前　言

　　《营造法式》是北宋时期将作监李诫组织编撰的由官方颁行的一部建筑设计学著作,首次刊行于北宋崇宁二年(1103 年)。全书有"总释"二卷、"制度"十三卷、"功限"十卷、"料例"三卷、"图样"六卷、"目录"和"看详"(补遗卷)各一卷,共计三十六卷,此外前有"劄子"和"序"。《营造法式》是中国古籍中最完整最具有理论体系的建筑设计学经典。《营造法式》是一部融人文与技术为一体的巨著,不仅标志着我国古代建筑技术已经发展到了一个新的水平,同时也是中国古代设计思想理论发展的重要界碑。而且,还形成了现代中国的"营造之学",魅力无比。本次勘校旨在为广大读者提供一个较为简易的《营造》文本,希望有更多的朋友喜欢它、珍惜它、研究它并传播它。

一、关于中华"考工学"设计理论形态及其历程[①]

1. 中华"考工学"设计理论形态概述

　　中华传统设计理论体系的基本性质是以《易》《礼》体系为思想源头的"考工学"设计理论形态。中华文化发展大致形成了三个圆圈,亦即远古至

[①]　本节引自于《天工开物》(北京:人民出版社 2015 年版)、《〈三才图会〉设计文献选编》(上海:上海大学出版社 2018 年版)"出版说明"部分的相同标题,略有调整,特此说明。

秦汉(华夏融合)—中原文化圈、晋唐宋元(亚洲融合)—四教文化圈、明清(全球融合)—东西文化圈。由此,中华传统"考工学"设计理论发展历程大致也有三个基本时期:远古至秦汉(公元前7800—公元200,约8000年)——中华"考工学"设计理论体系的创构期(摸索与创立);魏晋隋唐宋元(公元200—1368年,约1200年)——中华"考工学"设计理论体系的成熟期(发展与完成);明清(公元1368—1911,约600年)——中华"考工学"设计理论体系的转型期(总结与挑战)。中华"考工学"设计理论史的三个重要理论形态分别为:《考工记》为中华"考工学"设计理论体系的奠基创构形态、《营造法式》为中华"考工学"设计理论体系的深化形态、《天工开物》为中华传统"考工学"设计理论体系的整合形态。

中国设计理论体系呈现为两个基本形态:中华传统"考工学"设计理论体系形态和现代中国"设计学"体系形态。由于社会历史背景的重大差异性,两者之间既有着本质的区别也有着实质性的密切联系。就其相互之间的差别而言,"考工学"是农业文明传统手工业社会历史背景下的产物,具有极大的个体性、自足性设计方式等特点。"考工学"形态下的设计,一般都是在小范围的,手工作坊式的,融设计、制作与施工为一体的,自产自销的环境下进行的。"考工学"设计的主体常常是某一方面的技术巧手或"匠人"。其接受的教育常常是师徒口授,传播的形式和范围极其有限。这种形态的设计,不是一种"自然稀缺经济"的产物,而是具有真正"以人为本"的造物设计活动。即真正是为了追求生活艺术化的表现以及充分展示人的智慧与创造精神的体现。现代意义上的"设计学"形态,是在大工业化时代、集约化整合、多工种多行业合作的产物,具有极大的群体性、分工合作性设计方式等特点。中国现代设计体系还处于建设与发展中,还有很长的路要走,任重道远。尽管自2004年以来,我一直大力倡导构建中国当代设计理论体系,提出了问题,但真正解决问题,还需要中国当代设计界全方位共同努力,开拓创新,砥砺前行。

在理解了中国设计理论体系的两个基本形态之后,就比较容易把握和定位中国古代设计思想的发展历程、基本规律和特征了。

要研究和阐述中国设计思想史的发展线索和主要特点,必须从其源头说起。要探讨中国设计思想起源于何时,就必然涉及中国古代设计的起源问题。依据历史唯物主义的观点，意识是社会实践的产物，也就是说，实践和意识是同步产生的。因此，中国设计和中国设计思想应该是同时产生的，有设计活动就必然有与之相应的设计思想。人类的设计实践活动离不开人类设计思想的指导，尽管设计者可能是自发的或不一定自觉到了。那么，中国设计产生于何时呢？李砚祖指出："人类的文化最早是写在石头上的。人类的设计最早也是从石头上开始的。人类学研究表明，在从猿到人的转变过程中，人类曾经历了一个使用天然木石工具的阶段。当发现天然木石工具不能适应需要，而产生一种改造或重新制造的欲望，并开始动手制造时，设计和文化便随着造物而产生了。"①也就是说，中国设计和设计思想早在人类早期的原始社会即石器时代就开始萌芽了。这个萌芽时期就是中国古代设计的起源。萌芽时期的设计思想常常和巫术原始文化融为一体的。从产生到19世纪中叶受到西方文化冲击之前，中国设计理论基本上是"考工学"设计学的系统。

2. 中华传统"考工学"设计理论发展历程概述

依据中国传统文化发展的基本逻辑规律，中国设计思想的发展历程大致呈现三个基本阶段或时期。

第一个阶段为先秦两汉，即从远古到两汉（严格地说应是佛教文化进入中土以前，大约公元1世纪）。

这一时期是中国设计思想的创立和体系形成时期。这一时期大致可以分为三个小的阶段：远古至西周、春秋战国、秦汉。远古至西周——中国设计思想处于积累阶段，开始有零星的设计思想记载。春秋战国——达到第一个高潮，出现了以《周易》为代表的中国古代设计思想系统文献。秦汉——设计思想体系的进一步完善，这一阶段铸成了以《周礼》为代表的"考工学"设计思想体系的完整出现。

在这一时期，就其设计领域而言，各种设计领域均已不同程度地展开。

---

① 李砚祖：《造物之美——产品设计的艺术与文化》，中国人民大学出版社2000年版，第1页。

依照《考工记》的记载,至少有30多类设计领域。如石器设计(包括玉器设计)、陶瓷设计、服饰染织设计、青铜器设计、铁器设计、砖瓦设计、建筑及装饰设计、弓箭设计、车辆设计、色彩设计、造型设计等。

设计实践的繁荣,必定有与之相应的繁荣昌盛的设计思想理论。这一时期的设计思想充分体现着这一时期的时代精神——礼乐文化系统的确立。礼乐文化,已被公认为整个华夏文化的基本风貌。一般而言,礼乐文化产生于西周时期,即所谓的"周公制礼作乐"时期。"礼"观念的确立使人类文明进程中的一个重大事变,昭示着由崇尚"天"转到了认识"人自己"从而提升"人"的地位和意义。"礼"所关注的祭祀活动、政治活动以及相关的民政、军事、刑律、教育等都体现着对"人事"的关怀。以"礼"为核心的早期中国文化思想体现在儒道墨等流派中。"礼"的观念及其"礼器"等设计制作,对后世设计造物活动产生了极大的影响。

儒、墨、道等各学派均尊"礼"(尽管理解上有差异)。

这一时期,阴阳思想、五行思想等以及《周髀算经》等科学思想的盛行;《周易》体系的设计结构模式的建立;《周礼》虽发现于汉代,但记载的基本上是周代的礼仪制度。

这一时期最大的成就是以《周易》体系和《周礼》体系为代表的中国设计思想理论体系的建立。这一体系是以"礼乐文化"(中和)为核心融会了诸子学派、阴阳五行思想以及相关的科学思想等从而构筑起了中国设计学体系形态——"考工学"。

第二个阶段为东汉至宋元。

本时期的两大学风三阶段:所谓两大学风即汉学与宋学,汉学兴于汉而盛于唐。宋学的建构与完成。汉学宋学之争直接导引出这个时期"考工学"设计思想的特征:注重科学精神,从而形成了以追求实事求是的疑古思潮。所谓三个小的阶段:即东汉至魏晋六朝、隋唐、宋元。

一是东汉至魏晋六朝。

儒道融合的玄学思潮,推进了中国古代逻辑思维的辩证发展。从而对佛教的中国化奠定了基础。

佛教的冲击,道教的兴起与发展。

科学技术的高度发展,推动了中国设计思想的进步。

魏晋时期刘徽的"析理以辞,解体用图"的设计思想;晋代裴秀的"制图六体"的古代设计图学思想;"界画"及色彩理论的发展,等等。

二是隋唐。

佛教文化的兴盛及其中国化,促进了中国设计思想的发展和完善。如"意境"理论的完善。

隋唐出现了汉学的集大成——《五经正义》以及《通典》《唐律疏议》《唐六典》《艺文类聚》《初学记》等大书。这些著述中有大量设计思想文献。

三是宋元。

宋元代表中国古代哲学思维最高水平的"理学体系"的完成。代表中国古代科技最高成就的"四大发明"在此时期完成。科技理论著作有《梦溪笔谈》《武经总要》《营造法式》《通志》《王祯农书》等。

汉至宋元时期出现了大量以设计为己任的设计家,如宇文恺、喻皓、苏颂、蔡襄等。陶瓷成为世界农业时代手工业技术发展的最高峰,也铸就成了中国的代名词(china)。

第三个时期为明清(1840 年前)。

这个时期呈现出中国古代设计思想的总结特征。就设计思潮而言,兴起于宋代的文人化设计理念获得了长足的发展。主要表现在园林设计、器物设计方面等。总结性的理论专著大量出现,如《园冶》《长物志》《天工开物》《髹饰录》《农政全书》《遵生八笺》《远西奇器图说》《清工部工程做法则例》《陶说》《绣谱》《畴人传》《考工典》等。

就设计思想基本特征而言,这一时期创造性活力明显不如宋元。但更注重设计的生活化,从而也使得中国古代设计开始进入人们的生活。如《长物志》等著作中大量关于"容貌""仪态""饮食""养生""家居"等世俗生活的美学及设计问题。

附:《中华传统"考工学"设计理论发展史》研究框架

第一卷 远古至秦汉(公元前 7800—公元 200,约 8000 年):中华传统"考工学"设计理论体系的创构期(摸索与创立)。

主要研究以《考工记》为核心的远古至秦汉设计思想,包括器物文明与诸子百家设计思想的兴起、《易》《礼》体系与中华设计传统精神、《考工记》与中华传统"考工学"设计理论体系创构、《说文解字》与中华传统文字设计理论等。

第二卷　魏晋隋唐宋元(公元200—1368年,约1200年):中华传统"考工学"设计理论体系的成熟期(发展与完成)。

主要考察以《营造法式》为核心的魏晋隋唐宋元设计思想,包括典章制度与传统生活方式(以"三通"、《唐六典》《事林广记》为核心)、回望三代与创新科技(以《博古图》《梦溪笔谈》《王祯农书》及苏颂的《新仪象法要》为核心)、虚拟与现实(三教融合、理学挺立、艺术繁荣,以朱子《家礼》与设计思想为核心)、"法式"与中华传统设计理论体系成熟形态(以《营造法式》及陶瓷设计思想为核心)等。

第三卷　明清(1368—1911,约600年):中华传统"考工学"设计理论体系的转型期(总结与挑战)。

主要讨论以《天工开物》《考工典》为核心的明清设计思想,包括走向综合(上)(以《天工开物》《考工典》为核心)、走向综合(中)(以《髹饰录》《园冶》《绣谱》《陶说》等为核心)、走向综合(下)(以《鲁班经》、故宫设计思想等为核心)、为"遵生"而设计(以《遵生八笺》《长物志》《闲情偶寄》及家具设计思想为核心)、补儒易佛与中华传统设计思想的转型(以徐光启、王徵为核心)等。

二、《营造法式》理论体系浅说①

《营造法式》的理论体系有两个基本面:显体系和隐体系。所谓显体系是指《营造法式》以实存的明确表达方式呈现出来的体系结构,即全书整体的文本构成体系,如"制度""功限""料例""图样"等。所谓隐体系是指《营造法式》中所蕴含的内在的文化精神。如书中提到的并贯穿其中的重要命

---

① 本节引自本人在清华大学艺术学博士后流动站随李砚祖教授所做的博士后出站报告《〈营造法式〉艺术设计思想研究纲要》的"《营造法式》设计理论体系研究"一章(清华大学博士后研究报告,2005年12月),此处引用时作了一定的修改。

题、概念等。就两者之间的关系而言,显体系以隐体系为指导精神,而隐体系则以显体系为呈现方式。

如果说中国古代建筑拥有一个独特的结构体系的话,那么,《营造法式》就是这一结构体系的最早阐释者或是"体系化"的经典。因此,《营造法式》被梁思成先生称之为中国建筑的"文法课本"之一。众所周知,从殷墟遗址中已经显示出来的木梁柱框架结构的建筑体系,到了唐代无疑地已经采用了标准化、定型化的设计施工方法。从建筑实践活动的需要和规范而逐渐引发对建筑理论体系思考的自觉,直接导致了《营造法式》的产生。自古以来建筑都不是简单的"做房子",建筑是一个时代社会生活的集中体现,包括自然的、政治的、经济的、文化的、习俗的等方面的综合因素及其影响。作为建筑理论形态的代表,《营造法式》更是如此。它是北宋自然生态、社会生态和人文生态的综合体现,是对北宋及其北宋以前中国古代建筑设计思想体系的一次体系化总结。

实际上,《营造法式》建构起了当时较为完备的整体理论体系框架。这一体系,无论是从其所体现的人文精神方面,还是从其所展示的科学技术操作方面,以及相关的管理学、经济学、图学等方面,都充分显示出北宋政治经济文化科技高度发展的宏阔气象。

就《营造法式》整书的逻辑结构而言,我们可以从这几个方面加以把握:

第一,全书的编撰目的与方法,充分注重和追求人文与技术、整体与局部、理论与实践、真理与方法、本体与现象等相互统一的"中和理念"。

第二,全书的编撰从建筑学的特色出发,突出了思想情感传播的多样统一性——"言象系统"(文字与图样相互诠释)。

第三,全书立足于建筑理论与现实的客观要求,从六个基本领域展开了对建筑营造活动诸种事项进行了较为全面合理的诠释与评判。

第四,全书根据当时的社会分工状况对涉及建筑营造活动的重要工种性质与规范进行了基本的技术规范与文化阐释。

这四个方面,虽然各自具有独立意义,但又是相互联系的整体。第一方面是核心,其他三个方面是在第一方面的精神指导下进行的。也就是说,"中和"精神或理念渗透到《营造法式》的整个体系之中。"言"与"象"的统一就是全书"中和理念"最明显的体现。在第三和第四方面也是如此。例如,在"制度"领域,就涉及建筑营造活动的各种分工的技术指标和文化阐释等问题。同时在每一种工种内,也无不渗透着各种"领域"(制度、料例、等第等)方面的意蕴。

《营造法式》的整体结构体系用一句话说就是:以"中和"为核心,立足于营造本质与实践而建构起来的"一个理念、两大系统、六大范畴和十三大类型"相互统一的理论体系。所谓"一个理念"即中和精神;"两大系统"是指"文字语言系统和图像语言系统"即"言象系统";"六大范畴"是指"总释、制度、功限、料例、等第、图样";"十三大类型"是指"壕寨、石作、大木作、小木作、雕作、旋作、锯作、竹作、瓦作、泥作、彩画作、砖作、窑作"。

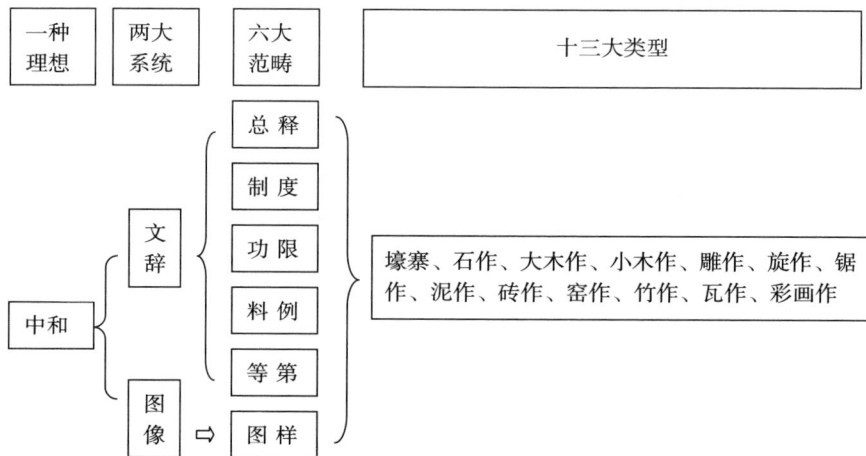

图1 《营造法式》基本体系结构示意表

如上所述,《营造法式》不只是一部建筑技术典籍(不只是指导"做房子"),而是一部阐述和探讨中国古代建筑设计体系的理论专著。就我目前的研读与探索,《营造法式》立足于"一种理想——中和精神""两大系统——文辞与图像""六大范畴""十三大类型"等方面构筑起了富于时代特色的建筑设计学体系。这一体系,是当时人文思潮与技术思潮的高度融合体现,充满着两宋时期崇尚理性、追求高雅、关注科技与人类文明的思潮的时代精神。这一体系更是中国建筑理论体系的逻辑发展、整合与推进。关于中国古代建筑理论体系的逻辑发展是指《营造法式》对"《周易》体系"和

"《周礼》体系"为核心精神的继承与贯彻;关于整合是指《营造法式》对两大体系的整合;关于推进是指《营造法式》整合两大体系的基础上大量吸收外来建筑文化(主要是佛教建筑文化),使其建筑理论体系充满了本土与异域相融合的情趣,是对整个传统中国古建筑理论体系建构的推进。为此,我们大致可以说,如果《易》《礼》体系开其端,那么《营造法式》是中国传统建筑设计理论真正成熟的标识。

综观《营造法式》全书,除了序、劄、"看详"、"目录"之外,基本上是以两大结构系统相互建构而展开的。两大结构系统包括两个方面:一是文字语言与图像语言相互建构的系统;二是六大结构范畴与十三大工种类型相互建构的系统。这两大结构系统的逻辑展开充分显示了《营造法式》独特的建筑理论言说话语体系的完备。这一话语系统是对中国传统建筑文法的基本理论构建和范式,以致成为后世理解和研究中国古代建筑的基本"课本"。

就文字语言与图像语言相互建构的系统而言,《营造法式》充分把握并突出了建筑理论的实践性特色,在对建筑活动进行文字语言方面的阐述之外,还配有大量的建筑工具、结构构件等图样。这些图样绘制得相当科学与准确,对建筑施工者以及后世研究者对提供了十分珍贵感性资料。《营造法式》的文字语言与图像语言相互建构的系统,是比较宏观性的,具体内容则已分布于或展开于"范畴与类型系统"。因此,下面将着重以"范畴与类型系统"为线索来进行介绍。

就结构范畴与工种类型相互建构系统而言,《营造法式》可谓是"全书纲举目张,条理井然,它的科学性是古籍中罕见的"。① 就"结构范畴"而言,《法式》有六大范畴:总释(历史范畴)、制度(技术范畴)、功限(管理范畴)、料例(经济范畴)、等第(伦理范畴)、图样(艺术范畴)。这六大范畴有似于组织结构功能,对建筑活动进行理论建构的关键性因素。就"工种类型"而言,《法式》将建筑活动所涉及的相关部门或工种分为十三大类型。即壕寨、石作、大木作、小木作、雕作、旋作、锯作、竹作、瓦作、泥作、彩画作、砖作、窑作等。如果把结构范畴比作横坐标,把工种类型比作纵坐标,那么,横坐标

---

① 梁思成:《营造法式注释》,《梁思成全集》第七卷,中国建筑工业出版社2001年版,第6页。

的"结构范畴"与纵坐标的"工种类型"就构织成了一张十分严密的建筑理论研究的逻辑之网。

	总释	制度	功限	料例	等第	图样
壕寨	○	○	○	×	×	○
石作	○	○	○	○	○	○
大木作	○	○	○	○	○	○
小木作	○	○	○	○	○	○
雕作	○	○	○	○	○	○
旋作	○	○	○	×	○	×
锯作	×	○	○	×	×	×
竹作	×	○	○	○	○	×
瓦作	○	○	○	○	○	×
泥作	○	○	○	○	○	×
彩画作	○	○	○	○	○	○
砖作	○	○	○	○	○	×
窑作	○	○	○	○	○	×

图2　六大范畴与十三大类型关系示意图①

从而,无论从横坐标或纵坐标上的任何一个"范畴"或"类型"都可展示《营造法式》的理论体系。如横坐标的"制度范畴"就可展开对纵坐标十三种工种类型的考察与研究,也就是《营造法式》中的"壕寨制度""石作制度""大木作制度""小木作制度"等。同样,如果以纵坐标的某一工种类型为基点的话,就有与相应的横坐标相建构的研究线索。如彩画作就涉及彩画作的历史范畴(总释)、彩画作制度、彩画作功限、彩画作料例、彩画作等第、彩画作图样等。由此可见,建筑理论就可以由"横"或"纵"向展开其阐述。但我们认为两者的使用在理论研究方面所表现的结构及其样式相互间有一定的差异。一般而言,纵坐标更适合于建筑理论某个具体问题的深入系统研究,而横坐标比较适合于对建筑理论的整

① 图表中的○表示相互涉及的内容;而×则表示两者间没有的内容。

体特性及其基本理论问题的系统研究。作为一部从整体上把握与研究建筑理论特性及其基本理论问题的专著，《营造法式》选择的是后者（结构范畴），即按照"六大结构范畴"展开其对建筑理论体系的建构。这说明李诫的理论水平达到了相当的高度，以至于《营造法式》成为中国建筑史上的空前绝后的奇迹。（清工部《工程做法则例》在这个层面上远远无法企及《营造法式》的。）

　　如果《易》《礼》体系开其端，那么《营造法式》是中国传统建筑设计理论真正成熟的标识。那么怎样判断其理论体系的成熟呢？判断一门学科或理论体系是否真正成熟，至少有三个衡量的指标：其一，是否确立了专门研究对象；其二，是否形成专门研究者群体并积累了相当的研究成果；其三，是否已经建立了特有的范畴体系。由这三个方面来看，就第一条来说，《营造法式》专门研究对象十分确定，是完全符合标准的。第二条，《营造法式》远承《易》《礼》体系，近续唐宋建筑理论如喻浩《木经》的成就，李诫认为他编修《营造法式》是集当时建筑理论和实践之众力并能够"海行于世"。所以他在《看详》中说："内四十九篇，二百八十三条，系于经史等群书中检寻考究。至或制度与经传相合，或一物而数名各异，已于前项逐门看详立文外，其三百八篇，三千二百七十二条，系自来工作相传，并是经久可以行用之法，与诸作谙会经历造作工匠详悉讲究规矩，比较诸作利害，随物之大小，有增减之法。"由此也可见出，《营造法式》不只是李诫个人的成就而是以李诫为代表的那个时代的重大成就，是以李诫为核心的集体智慧的结晶，仅就稀少的相关记载可知，就有喻浩的《木经》，宋哲宗元祐年间的《营造法式》以及大量失传的论著和不知名的建筑家。很显然，《营造法式》只是当时许许多多建筑理论研究积累的最具代表性之一，完全符合第二条的要求。那么，第三条，《营造法式》做得更为出色。如上所述的"六大范畴"是《营造法式》理论体系的重要体现。

　　因此，《营造法式》完全建构起了一个建筑理论体系，最突出者就在于"范畴体系"。除此之外，《营造法式》更有超乎建立一门学科的局限，还有其更深层的人文追求和审美理想，如"中和"精神、"变造用材"逻辑方法等。

三、此次勘校的几点说明

◎版本问题:本次整理的底本为文渊阁四库全书本《营造法式》(台北商务印书馆影印本第六七三册),勘校以最早的也是目前最好的现代整理本梁思成的《营造法式注释》(简称《梁本》)。梁本是以当时新近发现的"故宫本"为底本,参校"四库"之文渊阁本、文津阁本、文溯阁本以及陶湘仿宋平江本历时7年所刻的"陶本",并以现代汉语的规范进行整理的一个典范性文本,并重新绘制了大量图样。此次文本校勘,充分吸纳以梁思成的研究为代表的重要成就,力求做到规范与严谨。

◎内容问题:此次整理保持文渊阁四库全书本《营造法式》原书次序:即按照"劄子""进修序",三十四卷及补遗一卷等编排。原四库本《营造法式》并无"目录",现依梁思成本等添加。此外还将四库全书"提要"收入置于目录前。

◎校勘方式:校勘以随文批注的方式进行。具体规则是"( )"内的字表示"梁本"的用字,"[ ]"表示"四库本"中没有的字,"〈 〉"表示"梁本"中所没有的字。校勘中,对"梁本"脱漏的文字进行了说明。

◎版式方面:由竖排改为横排,除标题外,每段起始,原为顶格,现均已改为后缩两格。原文中的"右"统一改为"以上"以小体字并加圆括号附于其后。如:"右(以上)小殿及亭榭等用之。"

◎标点方面:依照现代汉语标点的使用规范进行,努力做到断句合理,标点准确,若遇有争议之处,特加注释说明。如:卷十四"彩画作制度"之"五彩遍装"中的"其牙头青绿地,用赤黄;牙朱地,以二绿。若枝条绿地,用藤黄汁罩,以丹华或薄矿水节淡;青红地,如白地上单枝条,用二绿,随墨以绿华合粉,罩以三绿、二绿节淡。"就将梁思成和吴梅的标点进行了参校,以利于学术争鸣。

◎简体字的使用问题:一般按照《简化汉字表》进行。如"窻"、

"牕"、"窻"等均统一为"窗"。"剏"、"剙"统一为"创"。若繁简字可以通用的,尽可能不改,如"劄子"不改为"扎子"等。但一些《营造法式》所特有或专门用语,不宜改之。如"栔"不可改为"拱";"槷"不可改为"棋"等。

◎图样部分:尽力按照四库原本一页一图的方式进行,只不过做了一些技术处理,将原图的边框删掉以与全书风格相统一。

此次勘校只是本人研习《营造法式》的开始。鉴于本人的学养,错误在所难免,敬请同仁不吝赐教。

致谢:此次勘校出版是我与人民出版社合作的成果。在此要感谢责编洪琼先生,他的认真态度使我获益良多。

邹其昌

2006 年 8 月

本次修订主要做了三方面的工作:第一,反复斟酌了第一版书中的部分文字和分段,以求尽善尽美;第二,加大了书中正文部分的文字字号,使其与注释部分的区分更加醒目,以便于读者阅读;第三,利用现代技术,在保持原貌的基础上,修补了四库本图中所缺失的文字,即卷二十九中的"石作制度图样柱础角石等第一柱础"。再次感谢人民出版社洪琼先生的大力支持与辛劳,更要衷心感谢读者们的厚爱与赐教!

邹其昌谨识

2011 年 8 月

随着《考工记》的完成与出版,中华考工学"三书"或者中华设计学"三书"——《考工记》《营造法式》《天工开物》已完整呈现,中华考工学体系的建构系统、话语系统、范畴系统、精神价值、境界追求都蕴涵其间,值得我们珍惜、研读与实践,由此也为中华文明的繁荣昌盛作出新的历史贡献。

为了统一风格,此次对"校勘说明"补充了一节内容,即第一节"关于中华'考工学'设计理论形态及其历程"。

附记:关于"考工学"的提出。"考工学"概念,是邹其昌于2004年在其博士后报告《〈营造法式〉艺术设计思想研究论纲》(200401—200512,清华大学美术学院,该学院第一个博士后)提出,并进行了基本的内涵规范。中国传统设计理论的基本性质是一种以《易》《礼》体系为思想源头的"考工学"设计理论体系。"考工学"已逐渐成为中国设计理论研究的核心概念与范畴,是中国当代设计理论体系建构的基本意蕴之所在,也是中国传统设计精神的核心内涵与本质。

经过十多年的研究,邹其昌从本土的设计理论中挖掘出中国传统设计理论体系的设计思想内核:考工学,中国传统设计理论体系的基本性质是以《易》《礼》体系为思想源头的考工学设计理论体系。考工学从形式上看是从《考工记》《考工典》到"考工学"。其基本内涵是以现代科学的方式来研究传统的"考工"问题,"考工"即研究人类创造第二自然的规律和方法,就是人工世界是怎么创立的问题。

邹其昌

2020年12月

《文渊阁本〈四库全书〉〈营造法式〉提要》

臣等谨案：

《营造法式》三十四卷，宋通直郎试将作少监李诫奉勅撰。初，熙宁中勅将作监官编修《营造法式》，至元祐六年（1091）成书。绍圣四年（1097），以所修之本只是料状，别无变造制度，难以行用，命诫别加撰辑。诫乃考究群书，并与人匠讲说，分立类例，以元符三年（1100）奏上之。崇宁二年（1103），复请用小字镂版颁行。诫所作"总看详"中称，今编修海行《法式》"总释"、"总例"共两卷，"制度"十五卷，"功限"十卷，"料例"并工作等共三卷，"图样"六卷，"目录"一卷，总三十六卷，计三百五十七篇。内四十九篇，系于经史等群书中检寻考究，其三百八篇系自来工作相传，经久可用之法，与诸作谙会工匠详悉讲究。盖其书所言，虽止艺事，而能考证经传，参会众说，以合于古者，饬材庀事之义。故陈振孙《书录解题》，以为远出喻皓《木经》之上。考陆友仁《砚北杂志》载，诫所著尚有《续山海经》十卷、《古篆说文》十卷、《续同姓名录》二卷、《琵琶录》三卷、《马经》三卷、《六博经》三卷。则诫本博洽之士，故所撰述，具有条理。惟友仁称"诫，字明仲"，而书其名作"诫"字，然范氏天一阁影抄宋本及《宋史·艺文志》、《文献通考》俱作"诫"字，疑友仁误也。此本前有诫所奏《劄子》及《进书序》各一篇，其第三十一卷当为"木作制度图样上篇"，原本已缺而以《看详》一卷错入其中，检《永乐大典》内亦载有此书其所缺二十余图，并在今据以补足而仍附"看详"于卷末，又《看详》内称书总三十六卷，而今本"制度"一门较原目少二卷仅三十四卷。《永乐大典》所载不分系卷数，无可参校。而核其前后篇目，又别无脱漏，疑为后人所并省，今亦姑仍其旧云。乾隆四十六年（1781）十一月恭校上。

总纂官：臣纪昀、臣陆锡熊、臣孙士毅

总校官：臣陆费墀

目　录

钦定四库全书

营造法式

欽定四庫全書

營造法式

劄　子

编修《营造法式》所

准崇宁二年(1103)正月十九日敕："通直郎、试将作少监、提举修置外学等李诫劄子奏：契勘熙宁中敕，令将作监编修《营造法式》，至元祐六年(1091)方成书。准绍圣四年(1097)十一月二日敕：'以元祐《营造法式》只是料状，别无变造用材制度；其间工料太宽，关防无术。三省同奉圣旨，差臣重别编修。臣考究经史群书，并勒人匠逐一讲说，编修海行《营造法式》，元符三年(1100)内成书。送所属看详，别无未尽未便，遂具进呈，奉圣旨：依。续准都省指挥：只录送在京官司。窃缘上件《法式》，系营造制度、工限等，关防功料，最为要切，内外皆合通行。臣今欲乞用小字镂版，依海行敕令颁降，取进止。'正月十八日，三省同奉圣旨：依奏。"

进新修《营造法式》序

臣闻"上栋下宇",《易》为"大壮"之时;"正位辨方",《礼》实太平之典。"共工"命于舜日;"大匠"始于汉朝。各有司存,案(按)为功绪。况神畿之千里,加禁阙之九重;内财宫寝之宜,外定庙朝之次;蝉联庶府,菜列百司。欂栌枅柱之相枝,规矩准绳之先治;五材并用,百堵皆兴。惟时鸠僝之工,遂考翚飞之室。而斲轮之手,巧或失真;董役之官,才非兼技,不知以"材"而定"分",乃或倍斗而取长。弊积因循,法疏检察。非有治"三宫"之精识,岂能新一代之成规?温诏下颁,成书入奏。空糜岁月,无补涓尘。恭惟皇帝陛下仁俭生知,睿明天纵。渊静而百姓定,纲举而众目张。官得其人,事为之制。丹楹刻桷,淫巧既除;菲食卑宫,淳风斯复。乃诏百工之事,更资千虑之愚。臣考阅旧章,稽参众智。功分三等,第为精粗之差;役辨四时,用度短长之晷。以至木议刚柔,而理无不顺;土评远迩,而力易以供。类例相从,条章具在。研精覃思,顾述者之非工;案(按)牒披图,或将来之有补。通直郎、管修盖皇弟外第、专一提举修盖班直诸军营房等、编修臣李诫谨昧死上。

营造法式
卷 一

总释上

宫

《易·系辞》："上古穴居而野处，后世圣人易之以宫室，上栋下宇，以待风雨。"

《诗》："作于楚宫，揆之以日，作于楚室。"

《礼》："儒有一亩之宫，环堵之室。"

《尔雅》："宫谓之室，室谓之宫。"皆所以通古今之异语，明同实而两名。"室有东、西厢曰庙；异夹室前堂。无东、西厢有室曰寝；但有大室。西南隅谓之奥，室中隐奥处。西北隅谓之屋漏，《诗》曰，尚不愧于屋漏，其义未详。东北隅谓之宦，宦，见《礼》，亦未详。东南隅谓之窔。《礼》曰：'归室聚窔，窔亦隐闇。'"

《墨子》："子墨子曰：古之民，未知为宫室时，就陵阜而居，穴而处，下润湿伤民。故圣王作为宫室之法，曰：宫高足以辟润湿，旁足以圉风寒，上足以待霜雪雨露；宫墙之高足，以别男女之礼。"

《白虎通义》："黄帝作宫。"

《世本》："禹作宫。"

《说文》："宅，所讬也。"

《释名》："宫，穹也。屋见于垣上，穹崇然也。""室，实也；言人物实满其中也。""寝，侵(寝)也，所寝息也。""舍，于中舍息也。""屋，奥也；其中温奥也。""宅，择也；择吉处而营之也。"

《风俗通义》："自古宫室一也。汉来尊者以为号，下乃避之也。"

《义训》："小屋谓之廑。"音近。"深屋谓之庝。"音同。"偏舍谓之庌。"音宣。"庌谓之庪。"音次。"宫室相连谓之謻。"直移切。"因岩成室谓之广。"音俨。"坏室谓之庰。"音压。"夹室谓之厢,塔下室谓之宽,宽谓之栋。"音空。"空室谓之寁寏。"上音康,下音郎。"深谓之觖觖。"音状。"颓谓之皲皵。"上音批,下音铺。"不平谓之庯庩。"上音逋,下音途。

阙

《周官》:"太宰以正月示治法于象魏。"

《礼》(《春秋公羊传》):"天子诸侯台门,天子外阙两观,诸侯内阙一观。"

《尔雅》:"观谓之阙。"宫门双阙也。

《白虎通义》:"门必有阙者何?阙者,所以释门,别尊卑也。"

《风俗通义》:"鲁昭公设两观于门,是谓之阙。"

《说文》:"阙,门观也。"

《释名》:"阙,[阙也],在门两旁,中央阙然为道也。观,观也,于上观望也。"

《博雅》:"象魏,阙也。"

崔豹《古今注》:"阙,观也。于前所标表宫门也。其上可居,登之可远观。人臣将朝,至此则思其所阙,故谓之阙。其上丹垩(垩土),其下皆画云气、仙灵、奇禽、怪兽,以示四方:苍龙、白虎、玄(元)武、朱雀,并画其形。"

《义训》:"观谓之阙,阙谓之皇。"

殿 堂附

《苍颉篇》:"殿,大堂也。"徐坚注云:商周以前其名不载,《秦本纪》始曰"作前殿"。

《周官·考工记》:"夏后氏世室,堂修二七,广四修一;商(殷)人重屋,堂修七寻,堂崇三尺;周人明堂,东西九筵,南北七筵,堂崇一筵。"郑司农注云:修,南北之深也。夏度以"步",今堂修十四步,其广益以四分修之一,则堂广十七步半。商度以"寻",周度以"筵",六尺曰步,八尺曰寻,九尺曰筵。

《礼记》:"天子之堂九尺,诸侯七尺,大夫五尺,士三尺。"

《墨子》:"尧舜堂高三尺。"

《说文》:"堂,殿也。"

《释名》:"堂,犹堂堂,高显貌也;殿,殿鄂也。"

《尚书·大传》:"天子之堂高九雉,公侯七雉,子男五雉。"雉长三丈(尺)。

《博雅》:"堂埕,殿也。"

《义训》:"汉曰殿,周曰寝。"

楼

《尔雅》:"狭而修曲曰楼。"

《淮南子》:"延楼栈道,鸡栖井干。"

《史记》:"方士言于武帝曰:黄帝为五城十二楼以侯神人。帝乃立神台井干楼,高五十丈。"

《说文》:"楼,重屋也。"

《释名》:"楼谓牖户之间有射孔,慺慺然也。"

亭

《说文》:"亭,民所安定也。亭有楼,从高省,从丁声也。"

《释名》:"亭,停也,人所停集也。"

《风俗通义》:"谨按春秋国语有寓望,谓今亭也。汉家因秦,大率十里一亭。亭,留也。今语有'亭留'、'亭待',盖行旅宿食之所馆也。亭,亦平也;民有讼诤,吏留辨处,勿失其正也。"

台榭

《老子》:"九层之台,起于累土。"

《礼记·月令》:"五月可以居高明,可以处台榭。"

《尔雅》:"无室曰榭。"榭,即今堂埩。

又:"观四方而高曰台,有木曰榭。"积土四方者。

《汉书》:"坐堂皇上。"室而无四壁曰皇。

《释名》:"台,持也。""筑土坚高,能自胜持也。"

城

《周官·考工记》:"匠人营国,方九里,旁三门。国中九经九纬,经涂九轨。王宫门阿之制五雉,宫隅之制七雉,城隅之制九雉。"国中,城内也。经纬,涂也。经纬之涂,皆容方九轨。轨谓辙广,凡八尺。九轨积七十二尺。雉长三丈,高一丈。度高以"高",度广以"广"。

《春秋左氏传》:"计丈尺,揣高卑,度厚薄,仞沟洫,物土方,议远迩,量事期,计徒庸,虑材用,书馈粮,以令役诸侯,此筑城之义也。"

《公羊传》:"城雉者何?五版而堵,五堵而雉,百雉而城。"天子之城千雉,高七雉;公侯百雉,高五雉;子男五十雉,高三雉。

《礼·月令》:"每岁孟秋之月,补城郭;仲秋之月,筑城郭。"

《管子》:"内之为城,外之为郭。"

《吴越春秋》:"鲧[越]筑城以卫君,造郭以守民。"

《说文》:"城,以盛民也。""墉,城垣也。""堞,城上女垣也。"

《五经异义》:"天子之城高九仞,公侯七仞,伯五仞,子男三仞。"

《释名》:"城,盛也,盛受国都也。""郭,廓也,廓落在城外也。""城上垣谓之睥睨,言于孔中睥睨之(非)常也;亦曰陴,言陴助城之高也;亦曰女墙,言其卑小,比之于城,若女子之于丈夫也。"

《博物志》:"禹作城,强者攻,弱者守,敌者战。城郭自禹始也。"

墙

《周官·考工记》:"匠人为沟洫,墙厚三尺,崇三之。"高厚以是为率,足以相胜。

《尚书》:"既勤垣墉。"

《诗》:"崇墉仡仡。"

《春秋左氏传》:"有墙以蔽恶。"

《尔雅》:"墙谓之墉。"

《淮南子》:"舜作室,筑墙茨屋,令人皆知去岩穴,各有室家,此其始也。"

《说文》:"堵,垣也;五版为一堵。""壛,周垣也。""埒,卑垣也。""壁,垣也。""垣蔽曰墙。""栽,筑墙长版也。"今谓之"膊版"。"干,筑墙端木也。"今谓之"墙师"。

《尚书·大传》:"[天子]贲墉,诸侯疏杼。"贲,大也,言大墙正道直也。疏,[犹]衰也。杼亦墙也;亦衰其上,不得正直。

《释名》:"墙,障也,所以自障蔽也。""垣,援也,人所依止以为援卫也。""墉,容也,所以隐蔽形容也。""壁,辟也,[所以]辟御风寒也。"

《博雅》:"壛、力雕切。隒、音豫。墉、院 音桓。""廦,音壁,又即壁切。墙垣也。"

《义训》:"庀,音毛。楼墙也。""穿垣谓之窔。"音空。"为垣谓之

厽。音累。周谓之簝。音了。簝谓
之窞。"音垣。

柱础

《淮南子》:"山云蒸,柱
础润。"

《说文》:"榰,之日切。柎
也。""柎,阑足也。""楂,章移切。柱砥
也。古用木,今以石。"

《博雅》:"础、礩,音昔。碕,音
真,又徒年切。硕也。""镵,音谗。谓
之铍。""镌 醉全切,又予兖切。谓之
錾。"惭敢切。

《义训》:"础谓之碱。"仄六
切。"碱谓之硕,硕谓之碣,碣谓
之磶。"音颡,今谓之"石碇(锭)",
音顶。

定平

《周官·考工记》:"匠人建
国,水地以垂(悬)。"于四角立植而
垂,以水望其高下,高下既定,乃为位而
平地。

《庄子》:"水静则平中准,大
匠取法焉。"

《管子》:"夫准,壞(坏)险以
为平。"

取正

《诗》:"定之方中。"又:"揆之
以日。"定,营室也;方中,昏正四方也;
揆,度也。度日出日入以知东西;"南"视
定"北"准极,以正南北。

《周礼·天官》:"惟王建国,
辨方正位。"

《考工记》:"置槷以垂(悬),
视以景。"为规识日出之景与日入之景;
夜考之极星,以正朝夕。自日出而昼(画)
其景端,以至日入既则为规。测景两端之
内规之,规之交,乃审也。度两交之间,中
屈之以指槷,则南北正,日中之景,最短者
也。极星,谓"北辰"。

《管子》:"夫绳,扶掇(拨)以
为正。"

《字林》:"棟,时钏切。垂臬
望也。"

《刊(匡)谬证俗·音字》:"今
山东匠人犹言垂绳视正为棟也。"

材

《周礼(官)》:"任工以饬
材事。"

《吕氏春秋》:"夫大匠之为宫
室也,景小大而知材木矣。"

《史记》:"山居千章之楸。"

章,材也。

班固《汉书》:"将作大匠属官有主章长丞。"旧将作大匠主材,吏名章曹掾。

又《西都赋》:"因瓌材而究奇。"

弁兰《许昌宫赋》:"材靡隐而不华。"

《说文》:"栔,刻也。"栔,音至。

《傅子》:"构大厦者,先择匠而后简材。"今或谓之"方桁",桁音衡。按构屋之法,其规矩制度,皆以章栔为祖。今语,以人举止失措者,谓之"失章失栔",盖此也。

栱

《尔雅》:"闲谓之槉。"柱上欂也,亦名枅,又曰楷。闲,音弁。槉,音疾。

《苍颉篇》:"枅,柱上方木。"

《释名》:"栾,挛也;其体上曲,挛拳然也。"

王延寿《鲁灵光殿赋》:"曲枅要绍而环句。"曲枅,栱也。

《博雅》:"欂谓之枅,曲枅谓之栾。"枅,音古妍切,又音鸡。

薛综《〈西京赋〉注》:"栾,柱上曲木,两头受栌者。"

左思《吴都赋》:"雕栾镂楶。"栾,栱也。

飞昂

《说文》:"櫼,楔也。"

何晏《景福殿赋》:"飞昂鸟踊。"

又:"櫼栌各落以相承。"李善曰:"飞昂之形,类鸟之飞。"今人名屋四阿栱曰"櫼昂",櫼即昂也。

刘梁《七举》:"双覆井菱,荷垂英昂。"

《义训》:"斜角谓之飞棍。"今谓之下昂者,以昂尖下指故也。下昂尖面頔下平。又有上昂如昂桯挑斡者,施之于屋内或平坐之下。昂字又作柳,或作棉者,皆吾郎切。頔,于交切,俗作凹者,非是。

爵头

《释名》:"上入曰爵头,形似爵头也。"今俗谓之"耍头",又谓之"胡孙头"。朔方人谓之"蜉蚁头"。蜉,音勃,蚁,音纵。

枓

《语》:"山节藻棁。"节,枓也。

《尔雅》:"栭谓之楶。"即栌也。

《说文》:"栌,柱上柎也。"

"栭,枅上标也。"

《释名》："卢在柱端。""都卢,负屋之重也。""斗(枓)在栾两头,如斗,负上橑也。"

《博雅》："㮇谓之栌。"节、㮇,古文通用。

《鲁灵光殿赋》："层栌磥佹以岌峨。"栌,枓也。

《义训》："柱斗谓之楢。"音沓。

铺作

汉《柏梁诗》："大匠曰:柱楣欂栌相支持。"

《景福殿赋》："桁梧复叠,势合形离。"桁梧,枓栱也,皆重叠而施,其势或合或离。

又："欃栌各落以相承,栾栱夭矫而交结。"

徐陵《太极殿铭》："千栌赫奕,万栱峻层。"

李白《明堂赋》："走栱夤缘。"

李华《含元殿赋》："云薄万栱。"

又："千(悬)栌骈凑。"今以枓栱层数相叠出跳多寡次序,谓之"铺作"。

平坐

张衡《西都(京)赋》："阁道穹隆。"阁道,飞陛也。

又："隥道逦倚以正东。"隥道,阁道也。

《鲁灵光殿赋》："飞陛揭孽,缘云上征;中坐垂景,俯视流星。"

《义训》："阁道谓之飞陛,飞陛谓之墱。"今俗谓之"平坐",亦曰"鼓坐"。

梁

《尔雅》："宋楣谓之梁。"屋大梁也。宋,武方切;楣,力又切。

司马相如《长门赋》："委参差之糠梁。"糠虚也。

《西都赋》："抗应龙之虹梁。"梁,曲如虹也。

《释名》："梁,强梁也。"

《景福殿赋》："双枚既修。"两重,作梁也。

又："重桴乃饰。"重桴,在外作两重牵也。

《博雅》："曲梁谓之罶。"音柳。

《义训》："梁谓之㭼。"音礼。

柱

《诗》："有觉其楹。"

《春秋·庄公》："丹桓宫楹。"

《礼》："楹，天子丹，诸侯黝垩，大夫苍，士黈。"黈，黄色也。

又："三家视桓楹。"柱曰植，曰桓。

《西都赋》："雕玉瑱以居楹。"瑱，音镇。

《说文》："楹，柱也。"

《释名》："柱，住也。""楹，亭也；亭亭然孤立，旁无所依也。鲁读曰轻：轻，胜也。孤立独处，能胜任上重也。"

《景福殿赋》："金楹齐列，玉舄承跋。"玉为舄，以承柱下。跋，柱根也。

阳马

《周官·考工记》："商（殷）人四阿重屋。"四阿，若今四注屋也。

《尔雅》："直不受檐谓之交。"谓五架屋际，椽又直上檐，交于檼上。

《说文》："柧棱，殿堂上最高处也。"

《景福殿赋》："承以阳马。"阳马，屋四角引出以承短椽者。

左思《魏都赋》："齐龙首以涌溜。"屋上四角，雨水入龙口中，写（泻）之于地也。

张景阳《七命》："阴虹负檐，阳马翼阿。"

《义训》："阙角谓之柧棱。"今俗谓之"角梁"。又谓之"梁抹"者，盖语讹也。

侏儒柱

《语》："山节藻梲。"

《尔雅》："梁上楹谓之梲。"侏儒柱也。

扬雄《甘泉赋》："抗浮柱之飞榱。"浮柱，即梁上柱也。

《释名》："棁，棁儒也：梁上短柱也。棁儒犹侏儒，短，故因以名之也。"

《鲁灵光殿赋》："胡人遥集于上楹。"今俗谓之"蜀柱"。

斜柱

《长门赋》："离楼梧而相撑（樘）。"丑庚切。

《说文》："撑（樘），衺柱也。"

《释名》："迕（牾），在梁上，两头相触迕（牾）也。"

《鲁灵光殿赋》："枝撑（樘）杈枒而斜据。"枝撑（樘），梁上交木也。杈枒相柱，而斜据其间也。

《义训》："斜柱谓之梧。"今俗谓之"叉手"。

总释下

栋

《易》："栋隆吉。"

《尔雅》："栋谓之桴。"屋檼也。

《仪礼》："序则物当栋，堂则物当楣。"是制五架之屋也。正中曰栋，次曰楣，前曰庋，九伪切，又九委切。

《西都赋》："列棼橑以布翼，荷栋桴而高骧。"棼、桴，皆栋也。

扬雄《方言》："甍谓之雷。"即屋檼也。

《说文》："极，栋也。""栋，屋极也。""檼，棼也。""甍，屋栋也。"徐锴曰：所以承瓦，故从瓦。

《释名》："檼，隐也；所以隐桷也。或谓之望，言高可望也。或谓之栋；栋，中也，居屋之中也。屋脊曰甍；甍，蒙也。在上蒙覆屋也。"

《博雅》："檼，栋也。"

《义训》："屋栋谓之甍。"今谓之"槫"，亦谓之"檩"，又谓之"橑"。

两际

《尔雅》："桷直而遂谓之阅。"谓五架屋际椽正相当。

《甘泉赋》："日月才经于柍桭。"柍于两切，桭，音真。

《义训》："屋端谓之柍桭。"今谓之"废"。

搏风

《仪礼》："直于东荣。"荣，屋翼也。

《甘泉赋》："列宿乃施于上荣。"

《说文》："屋梠之两头起者为荣。"

《义训》："搏风谓之荣。"今谓之"搏风版"。

栭

《说文》："㭿，复屋栋也。"

《鲁灵光殿赋》："狡兔跧伏于栭侧。"栭，枓上横木，刻兔形，致木于背也。

《义训》："复栋谓之㭿。"今俗谓之"替木"。

椽

《易》："鸿渐于木，或得其桷。"

《春秋左氏传》："桓公伐郑，以大宫之椽为卢门之椽。"

《国语》："天子之室，斲其椽而砻之，加密石焉。诸侯砻之，大夫斲之，士首之。"密，细密文理。石，谓砥也。先粗砻之，加以密砥。首之，斲其首也。

《尔雅》："桷谓之榱。"屋椽也。

《甘泉赋》："琁题玉英。"题，头也。榱椽之头，皆以玉饰。

《说文》："秦名为屋椽，周谓之榱，齐鲁谓之桷。"

又："椽方曰桷，短椽谓之栋（楝）。[耻绿切。]"

《释名》："桷，确也；其形细而

疏确也。或谓之椽；椽，传也，传次而布列之也。或谓之榱，在檼旁下列，衰衰然垂也。"

《博雅》："榱、橑、鲁好切。桷、栋（楝），椽也。"

《景福殿赋》："爰有禁楄，勒分翼张。"禁楄，短椽也。楄，蒲沔切。

陆德明《春秋左氏传音义》："圜曰椽。"

檐 余廉切，或作㮰，俗作簷者，非是。

《易·系辞》："上栋下宇，以待风雨。"

《诗》："如跂斯翼，如矢斯棘，如鸟斯革，如翚斯飞。"疏云：言檐阿之势，似鸟飞也。翼言其体，飞言其势也。

《尔雅》："檐谓之樀。屋梠也。"

《礼（记·明堂位）》："复廇重檐，天子之庙饰也。"

《仪礼》："宾升，主人阼阶上，当楣。"楣，前梁也。

《淮南子》："橑檐榱题。"檐，屋垂也。

《方言》："屋梠谓之棂。"即屋檐也。

《说文》："秦谓屋联橑曰楣，齐谓之檐，楚谓之梠。""檼，徒含切。

屋桷前也。”“庌，音雅。庑也。”
“宇，屋边也。”

《释名》：“楣，眉也，近前若面
之有眉也。又曰梠，梠旅也，连旅
旅也。或谓之槾；槾，绵也，绵连檐
头使齐平也。宇，羽也，如鸟羽自
蔽覆者也。”

《西京赋》：“飞檐辙辙。”

又：“镂槛文㮰。”㮰，连檐也。

《景福殿赋》：“㮰梠缘（椽）
边。”连檐木，以承瓦也。

《博雅》：“楣，檐㮇梠也。”

《义训》：“屋垂谓之宇，宇下
谓之庑，步檐谓之廊，峻廊谓之岩，
檐㮰谓之庮。”音由。

举折

《周官·考工记》：“匠人为沟
洫，葺屋三分，瓦屋四分。”各分其
修，以其一为峻。

《通俗文》：“屋上平曰陠。”必
孤切。

《刊（匡）谬证俗·音字》：
“陠，今犹言陠峻也。”

唐柳宗元《梓人传》：“画宫于
堵，盈尺而曲尽其制；计其豪（毫）
厘而构大厦，无进退焉。”

皇朝景文公宋祁《笔录》：“今

造屋有曲折者，谓之庯峻。齐魏
间，以人有仪矩可喜者，谓之庯峭，
盖庯峻也。”今谓之“举折”。

门

《易》：“重门击柝，以待暴
客。”

《诗》：“衡门之下，可以栖
迟。”

又：“乃立皋门，皋门有闶；乃
立应门，应门锵锵。”

《诗义》：“横一木作门，而上
无屋，谓之衡门。”

《春秋左氏传》：“高其闬闳。”

《公羊传》：“齿著于门阖。”何
休云：阖，扇也。

《尔雅》：“阖谓之门，正门谓
之应门。”“枨谓之阈。”阈，门限也。
疏云：俗谓之地柣，千（十）结切。“柣谓
之阈。”门两旁木。李巡曰：梱上两旁木。
“楣谓之梁。”门户上横梁（木）。“枢
谓之椳。”门户扉枢。“枢达（达）北
方，谓之落时。”门持枢者，或达（达）北
檼，以为固也。“落时谓之戹（厄）。”
道二名也。“橛谓之阒。”门阃。“阖
谓之扉。所以止扉谓之闳。”门辟旁
长橛也。长杙即门橛也。“植谓之传；
传谓之突。”户持鏁植也，见《埤苍》。

《说文》："合，门旁户也。""闺，特立之门，上圜下方，有似圭。"

《风俗通义》："门户铺首，昔公输班之水，见蠡曰，见汝形。蠡适出头，般以足画图之，蠡引闭其户，终不可得开，遂施之于门户云，人闭藏如是，固周密矣。"

《博雅》："阍谓之门。""阇乎计切、扇，扉也。""限谓之丞，柣橜巨月切机，阃枲苦木切也。"

《释名》："门，扪也；为扪幕障卫也。""户，护也，所以谨护闭塞也。"

《声类》曰："庑，堂下周屋也。"

《义训》："门饰金谓之铺，铺谓之钘。"音欧，今俗谓之"浮沤钉"也。"门持关谓之楗。"音连。"户版谓之簅箪。"上音牵，下音先。"门上木谓之枅。""扉谓之户；户谓之阅。""桌谓之柣。""限谓之阃；阃谓之阅。""阇谓之炭廖；上音琰，下音移。炭廖谓之闾"。音坦，广韵曰，所以止扉。"门上梁谓之楣。"音冒。"楣谓之阖。"音昚。"键谓之庹。"音及。"开谓之闿。"音伟。"阖谓之囷。"音蛭。"外关谓之扃（扁）。""外启谓之闼。"音挺。"门次谓之阃。"

"高门谓之阊"。音唐。"阃谓之阆。""荆门谓之荜，石门谓之庸。"音孚。

乌头门

《唐六典》："六品以上，仍通用乌头大门。"

唐上官仪《投壶经》："第一箭入谓之初箭，再入谓之乌头，取门双表之义。"

《义训》："表楬、阀阅也。"楬音竭，今呼为"棂星门"。

华表

《说文》："桓，亭邮表也。"

《前汉书》注："旧亭传于四角，面百步，筑上（土）四方；上有屋，屋上有柱，出高丈余，有大版，贯柱四出，名曰'桓表'。县所治，夹两边各一桓。陈宋之俗，言'桓'声如['和']，今人犹谓之和表。颜师古云，即华表也。"

崔豹《古今注》："程雅问曰：'尧设诽谤之木，何也？'答曰：'今之华表，以横木交柱头，状如华，形似桔槔；大路交衢悉施焉。'或谓之'表木'，以表王者纳谏，亦以表识衢路。秦乃除之，汉始复焉。今西京谓之'交午柱'。"

窗

《周官·考工记》："四旁两夹窗。"窗，助户为明，每室四户八窗也。

《尔雅》："牖户之间谓之扆。"窗东户西也。

《说文》："窗穿壁，以木为交窗。向北出牖也。在墙曰牖，在屋曰窗。""楝，楣间子也，䆲，房室之处也。"

《释名》："窗，聪也，于内窥见外为聪明也。"

《博雅》："窗、牖，闼虚谅切。也。"

《义训》："交窗谓之牖，棂窗谓之疏，牖牍谓之篽。"音部。"绮窗谓之㒳。"音黎。"㱾，音娄。房疏谓之栊。"

平棊

《史记》："汉武帝建章后合，平机中有驺牙出焉。"今本作"平栎"者，误（误）。

《山海经图》："作平橑，云今之平棊也。"古谓之承尘。今宫殿中，其

上悉用草架梁栿承屋盖之重，如攀、额、撑（樘）、挂、敦、栿、方、槫之类，及纵横固齐之物，皆不施斤斧。于明栿背上，架算程方，以方椽施版，谓之"平闇"；以平版贴华，谓之"平棊"；俗亦呼为"平起"者，语讹也。

斗八藻井

《西京赋》："蒂倒茄于藻井、披红葩之狎猎。"藻井当栋中，交木如井，画以藻文，饰以莲茎，缀其根于井中，其华下垂，故云倒也。

《鲁灵光殿赋》："圜渊方井，反植荷蕖。"为方井，图以圜渊及芙蓉，华叶向下，故云反植。

《风俗通义》："殿堂象东井形，刻作荷菱。菱，水物也，所以厌火。"

沈约《宋书》："殿屋之为圜泉方井兼荷华者，以厌火祥。"今以四方造者谓之斗四。

钩阑

《西都赋》："舍棂槛而却倚，若颠坠而复稽。"

《鲁灵光殿赋》："长涂升降，轩槛曼延。"轩槛，钩阑也。

《博雅》："阑、槛、櫳（槬）、梐，

牢也。”

《景福殿赋》：“棂槛披张，钩错矩成；楯类螣蛇，槢似琼英；如螭之蟠，如虬之停。”棂槛，钩阑也，言钩阑中错为方斜之文。楯，钩阑上横木[也]。

《汉书》：“朱云忠谏攀槛，槛折。及治槛，上曰：勿易，因而辑之，以旌直臣。”今殿钩阑，当中两栱不施寻杖；谓之“折槛”，亦谓之“龙池”。

《义训》：“阑楯谓之柃，阶槛谓之阑。”

拒马义（叉）子

《周礼·天官》：“掌舍设梐枑再重。”故书枑为拒。郑司农云：梐，榱梐也；拒，受居溜水涑橐者也。行马再重者，以周卫有内外列。杜子春读为梐枑，谓行马[者]也。

《义训》：“梐枑，行马也。”今谓之“拒马义（叉）子”。

屏风

《周礼》：“掌次设皇邸。”邸，后版也，其屏风邸染羽象凤皇（凰）以为饰。

《礼记》：“天子当扆而立。”

又：“天子负斧扆南乡而立。”扆，屏风也。斧扆为斧文屏风，于户牖之间。

《尔雅》：“牖户之间谓之扆，其内谓之家。”今人称家，义出于此。

《释名》：“屏风，[言]可以[屏]障风也。”“扆，倚也，在后所依倚也。”

槏柱

《义训》：“牖边柱谓之槏。”苦减切，今梁或枓及额之下，施柱以安门窗者，谓之痃柱，盖语讹也。痃，俗音蘸，字书不载。

露篱

《释名》：“欐，离也，以柴竹作之。”“疎（踈）离离也。”“青徐曰裾。”“裾，居也，居其中也。”“栅，迹也，以木作之，上平，迹然也。又谓之撤；撤，紧也，诜诜然紧也。”

《博雅》：“据、巨于切。栫、在见切。藩、筚、音必。椤、落，音落。杝，篱也。栅谓之槲。”音朔。

《义训》：“篱谓之藩。”今谓之“露篱”。

鴙（鸱）尾

《汉纪》：“柏梁殿灾后，越巫

言海中有鱼虬,尾似鸱,激浪即降雨。遂作其象于屋,以厌火祥。时人或谓之鲦(鸱)吻,非也。"

《谭宾录》:"东海有鱼虬,尾似鸱,鼓浪即降雨,遂设象于屋脊。"

瓦

《诗》:"乃生女子,载弄之瓦。"

《说文》:"瓦,土器已烧之总名也。""瓾,周家坯埴之工也。"瓾,分两切。

《古史考》:"昆吾氏作瓦。"

《释名》:"瓦,踝也。踝,确坚貌也。亦言腂也,在外腂见之也。"

《博物志》:"桀作瓦。"

《义训》:"瓦谓之甓。"音毂。"半瓦谓之瓪,音浃。瓪谓之瓯。"音爽。"牝瓦谓之瓯。"音敢。"瓯谓之庑。"音还。"牡瓦谓之瓪",音皆。"瓪谓之甋。"音雷。"小瓦谓之甗。"音横。

涂

《尚书·梓材篇》:"若作室家,既勤垣墉,惟其涂墍茨。"

《周官·守祧》:"职其祧,则守祧黝垩之。"

《诗》:"塞向墐户。"墐,涂也。

《论语》:"粪土之墙,不可杇也。"

《尔雅》:"镘谓之杇,地谓之黝,墙谓之垩。"泥镘也,一名杇,涂工之作具也。以黑饰地谓之"黝",以白饰墙谓之"垩"。

《说文》:"垷、胡典切。墐,渠吝切。涂也。杇,所以涂也。秦谓之杇;关东谓之槾。"

《释名》:"泥,迩近也,以水沃土,使相黏近也。""墍犹煟;煟,细泽貌也。"

《博雅》:"黝、垩、乌故切。垷、垷又乎典切。墐、墀、墍、㙜、奴回切。塖、力奉切。槏、古湛切。摸(塓)、莫典切。培、音裴。封,涂也。"

《义训》:"涂谓之塓。音觅。塓谓之塗。音垄。仰涂谓之墍。"音泊。

彩画

《周官》:"以猷鬼神祇。"猷,谓图画也。

《世本》:"史皇作图。"宋衷曰:史皇,黄帝臣。图,谓图画形象也。

《尔雅》:"猷,图也,画形也。"

《西都赋》:"绣栭云楣,镂槛文㮰。五臣曰:画为绣云之饰。㮰,连檐也。皆饰为文彩。故其馆室次舍,彩饰纤缛,裹以藻绣,文以朱绿。"馆室之上,缠饰藻绣朱绿之文。

《吴都赋》:"青琐丹楹,图以云气,画以仙灵。"青琐,画为琐文,染以青色,及画云气神仙灵奇之物。

谢赫《画品》:"夫图者,画之权舆;缋者,画之末迹。总而名之为画。苍颉造文字,其体有六:一曰鸟书,书端象鸟头,此即图画之类,尚标书称,未受画名。逮史皇作图,犹略体物,有虞作缋,始备象形。今画之法,盖兴于重华之世也。穷神测幽,于用甚博。"今以施之于缣素之类者,谓之"画";布彩于梁栋枓栱或素象什物之类者,俗谓之"装銮";以粉朱丹三色为屋宇门窗之饰者,谓之"刷染"。

阶

《说文》:"除,殿陛也。""阶,陛也。""阼,主阶也。""陞(陛),升高阶也。""陔,阶次也。"

《释名》:"阶,陛也。""陛,卑也,有高卑也。天子殿谓之纳陛,以纳人之言也。""阶,梯也,如梯有等差也。"

《博雅》:"阽、仕已切。橉,力忍切。砌也。"

《义训》:"殿基谓之陱;音堂。殿阶次序谓之陔。除谓之阶;阶谓之墒。音的。阶下齿谓之城。七伏切。东阶谓之阼。溜(雷)外砌谓之阽。"

砖

《诗》:"中唐有甓。"

《尔雅》:"瓴甋谓之甓。"甋砖也。今江东呼为"瓴甓"。

《博雅》:"瓳音潘。瓳、音胡。瓳音亭。治、甄、音真。瓾、力佳切。瓯、夷耳切。瓴音零。甋、音的。甓,瓯砖也。"

《义训》:"井甓谓之甊。"音侗。"涂甓谓之毂(毂)。"音哭。"大砖谓之'瓯瓯'"。

井

《周书》:"黄帝穿井。"

《世本》:"化益作井。"宋衷曰:化益,伯益也,尧臣。

《易·传》:"井,通也,物所通

用也。"

《说文》:"甓,井壁也。"

《释名》:"井,清也,泉之清洁者也。"

《风俗通义》:"井者,法也,节也;言法制居人,令节其饮食,无穷竭也。久不渫涤为井泥。"《易》云:井泥不食。渫,息列切。"不停污曰井渫。涤井曰浚。井水清曰冽。"《易》曰:井渫不食。又曰:井冽寒泉。

总例

诸取圜者以规,方者以矩。直者抨绳取则,立者垂绳取正,横者定水取平。

诸径围斜长依下项:

圜径七,其围二十有二。

方一百,其斜一百四十有一。

八棱径六十,每面二十有五,其斜六十有五。

六棱径八十有七,每面五十,其斜一百。

圜径内取方,一百中得七十一。

方内取圜,径一得一。八棱、六棱取圜准此。

诸称广厚者,谓朴材,称长者皆别计出卯。

诸称长功者,谓四月、五月、六月、七月;中功谓二月、三月、八月、九月;短功谓十月、十一月、十二月、正月。

诸称功者谓中功,以十分为率。长功加一分,短功减一分。

诸式内功限并以军工计定,若和雇人造作者,即减军工三分之一。谓如军工应计三功即和雇人计二功之类。

诸称本功者,以本等所得功十分为率。

诸称增高广之类而加功者,减亦如之。

诸功称尺者,皆以方计。若土功或材木,则厚亦如之。

诸造作功,并以生材。即名件之类,或有收旧,及已造堪就用,而不须更改者,并计数;于元料帐内除豁。

诸造作并依功限。即长广各有增减法者,各随所用细计。如不载增减者,各以本等合得功限内计分数增减。

诸营缮计料,并于式内指定一等,随法算计。若非泛抛降,或制度有异,应与式不同,及该载不尽名色等第者,并比类增减。其完葺增修之类准此。

营 造 法 式
卷 三

壕寨制度

取正

取正之制：先于基址中央，日内置圜版，径一尺三寸六分。当心立表，高四寸，径一分。画表景之端，记日中最短之景。次施望筒于其上，望日星以正四方。望筒长一尺八寸，方三寸。用版合造。两罨头开圜眼，径五分。筒身当中，两壁用轴安于两立颊之内。其立颊自轴至地高三尺，广三寸，厚二寸。昼望以筒指南，令日景透北；夜望以筒指北，于筒南望，令前后两窍内正见北辰极星。然后各垂绳坠下，记望筒两窍心于地，以为南，则四方正。

若地势偏衺，既以景表、望筒取正四方，或有可疑处，则更以水

池景表较之。其立表高八尺，广八寸，厚四寸，上齐，后斜向下三寸。安于池版之上。其池版长一丈三尺，中广一尺。于一尺之内，随表之广，刻线两道；一尺之外，开水道环四周，广深各八分。用水定平，令日景两边不出刻线，以池版所指及立表心为南，则四方正。安置令立表在南，池版在北。其景夏至顺线长三尺，冬至长一丈二尺。其立表内向池版处，用曲尺较令方正。

定平

定平之制：既正四方，据其位置，于四角各立一表，当心安水平。其水平长二尺四寸，广二寸五分，高二寸；下施立桩，长四尺；安镶在内。上面横坐水平，两头各开池，方一寸七分，深一寸三分。或中心更开池者，方深同。身内开槽子，广深各五分，令水通过。于两头池子内，各用水浮子一枚。用三池者，水

浮子或亦用三枚。方一寸五分,高一寸二分;刻上头令侧薄,其厚一分,浮于池内。望两头水浮子之首,遥对立表处,于表身内画记,即知地之高下。若槽内如有不可用水处,即于桩子当心施墨线一道,上垂绳坠下,令绳对墨线心,则上槽自平,与用水同。其槽底与墨线两边,用曲尺较令方正。

凡定柱础取平,须更用真尺较之。其真尺长一丈八尺,广四寸,厚二寸五分;当心上立表,高四尺,广厚同上。于立表当心,自上至下施墨线一道,垂绳坠下,令绳对墨线心,则其下地面自平。其真尺身上平处,与立表上墨线两边,亦用曲尺校(较)令方正。

立基

立基之制:其高与材五倍。材分。在"大木作制度"内。如东西广者,又加五分至十分。若殿堂中庭修广者,量其位置,随宜加高。所加虽高,不过与材六倍。

筑基

筑基之制:每方一尺,用土二檐(担);隔层用碎砖瓦及石札等,亦二担。每次布土厚五寸,先打六杵,二人相对,每窝子内各打三杵。次打四杵,一(二)人相对,每窝子内各打二杵。次打两杵。二人相对,每窝子内各打一杵。以上并各打平土头,然后碎用杵辗蹑令平;再攒杵扇扑,重细辗蹑。每布土厚五寸,筑实厚三寸。每布碎砖瓦及石札等厚三寸,筑实厚一寸五分。

凡开基址,须相视地脉虚实。其深不过一丈,浅止于五尺或四尺,并用碎砖瓦石札等,每土三分内添碎砖瓦等一分。

城

筑城之制:每高四十尺,则厚加高二十尺;其上斜收减高之半。若高增一尺,则其下厚亦加一尺;其上斜收亦减高之半,或高减者亦如之。城基开地深五尺,其广随城之厚。每城身长七尺五寸,栽永定柱,长视城高,径一尺至一尺二寸,夜义(叉)木径同上,其长比上减四尺。各二条。每筑高五尺,横用纴木一条,长一丈至一丈二尺,径五寸至七寸,护门瓮城及马面之类准此。每膊椽长三尺,用草葽一条,长五尺,径一寸,重四两,木橛子一枚,头径一寸,长一尺。

墙 其名有五:一曰墙,二曰墉,三曰垣,
四曰墝,五曰壁。

筑墙之制:每墙厚三尺,则
高九尺;其上斜收,比厚减半。
若高增三尺,则厚加一尺,减亦
如之。

凡露墙:每墙高一丈,则厚减
高之半;其上收面之广,比高五分
之一。若高增一尺,其厚加三寸;
减亦如之。其用萋、橛,并准筑城
制度。

凡抽纴墙:高厚同上;其上收
面之广,比高四分之一。若高增一
尺,其厚加二寸五分。如在屋下,只
加二寸。划削并准筑城制度。

筑临水基

凡开临流岸口修筑屋基之制:
开深一丈八尺,广随屋间数之广。
其外分作两摆手,斜随马头,布柴
梢,令厚一丈五尺。每岸长五尺,
钉桩一条。长一丈七尺,径五寸至六寸
皆可用。梢上用胶土打筑令实。若
造桥两岸马头准此。

石作制度

造作次序

造石作次序之制有六:一曰打
剥;用錾揭剥高处。二曰粗搏;稀布錾
凿,令深浅齐匀。三曰细漉;密布錾凿,
渐令就平。四曰褊棱;用褊錾镌棱角,
令四边周正。五曰斫砟;用斧刃斫砟,
令面平正。六曰磨礲。用砂石水磨去
其斫文。

其雕镌制度有四等:一曰剔地
起突;二曰压地隐起华;三曰减地
平钑;四曰素平。如素平及减地平钑,
并斫砟三遍,然后磨礲;压地隐起两遍;剔
地起突一遍;并随所用抽华文。如减地
平钑,磨礲毕,先用墨蜡,后描华文
钑造。若压地隐起及剔地起突,造
毕并用翎刷细砂刷之,令华文之内
石色青润。

其所造华文制度有十一品:一
曰海石榴花(华);二曰宝相华;三
曰牡丹华;四曰蕙草;五曰云文;六
曰水浪;七曰宝山;八曰宝阶;以上
并通用。九曰铺地莲华;十曰仰覆
莲华;十一曰宝装莲华。以上并施之

于柱础。或于华文之内，间以龙凤狮兽及化生之类者，随其所宜，分布用之。

柱础 其名有六：一曰础，二曰㮇，三曰碣，四曰磌，五曰碱，六曰磉，今谓之"石碇"。

造柱础之制：其方倍柱之径，谓柱径二尺，即础方四尺之类。方一尺四寸以下者，每方一尺，厚八寸；方三尺以上者，厚减方之半；方四尺以上者，以厚三尺为率。若造覆盆，铺地莲华同。每方一尺，覆盆高一寸；每覆盆高一寸，盆唇厚一分。如仰覆莲华，其高加覆盆一倍。如素平及覆盆用减地平钑、压地隐起华、剔地起突；亦有施减地平钑及压地隐起莲华瓣上者，谓之"宝装莲华"。

角石

造角石之制：方二尺。每方一尺，则厚四寸。角石之下，别用角柱。厅堂之类或不用。

角柱

造角柱之制：其长视阶高；每长一尺，则方四寸。柱虽加长，至方一尺六寸止。其柱首接角石处，合缝令与角石通平。若殿宇阶基用砖作叠涩坐者，其角柱以长五尺为率；每长一尺，则方三寸五分。其上下叠涩，并随砖坐逐层出入制度造。内版柱上，造剔地起突云。皆随两面转角。

殿阶基

造殿阶基之制：长随间广，其广随间深。阶头随柱心外阶之广。以石段长三尺，广二尺，厚六寸，四周并叠涩坐数，令高五尺；下施土衬石。其叠涩每层露棱五寸；束腰露身一尺，用隔身版柱；柱内平面，作起突壸（壶）门造。

压阑石 地面石。

造压阑石之制：长三尺，广二尺，厚六寸。地面石同。

殿阶螭首

造殿阶螭首之制：施之于殿阶，对柱；及四角，随阶斜出。其长七尺；每长一尺，则广二寸六分，厚一寸七分。其长以十分为率，头长四分，身长六分。其螭首令举向上二分。

殿内斗八

造殿堂内地面心石斗八之制：方一丈二尺，匀分作二十九窠。当心施云棬（捲），棬（捲）内用单盘或双盘龙凤，或作水地飞鱼、牙鱼，或作莲荷等华。诸窠内并以诸华间杂。其制作或用压地隐起华或剔地起突华。

踏道

造踏道之制：长随间之广。每阶高一尺作二踏；每踏厚五寸，广一尺。两边副子，各广一尺八寸。厚与第一层象眼同。两头象眼，如阶高四尺五寸至五尺者，三层。第一层与副子平，厚五寸；第二层厚四寸半；第三层厚四寸。高六尺至八尺者，五层、第一层厚六寸；每一层各递减一寸。或六层，第一层、第二层厚同上。第三层以下，每一层各递减半寸。皆以外周为第一层，其内深二寸又为一层。逐层准此。至平地施土衬石，其广同踏。两头安望柱石坐。

重台钩阑 单钩阑、望柱。

造钩阑之制：重台钩阑每段高四尺，长七尺。寻杖下用云栱瘿项，次用盆唇，中用束腰，下施地栿。其盆唇之下，束腰之上，内作剔地起突华版。束腰之下，地栿之上，亦如之。单钩阑每段高三尺五寸，长六尺。上用寻杖，中用盆唇，下用地栿。其盆唇、地栿之内作万字，或透空，或不透空。或作压地隐起诸华。如寻杖远，皆于每间当中，施单托神或相背双托神。若施之于慢道，皆随其拽脚，令斜高与正钩阑身齐。其名件广厚，皆以钩阑每尺之高，积而为法。

望柱：长视高，每高一尺，则加三寸。径一尺，作八瓣。柱头上师子高一尺五寸。柱下石〈坐〉作覆盆莲华。其方倍柱之径。

蜀柱：长同上，广二寸，厚一寸。其盆唇之上，方一寸六分，刻为瘿项以承云栱。其项，下细比上减半，下留尖高十分之二；两肩各留十分中四厘（分）。如单钩阑，即撮项造。

云栱：长二寸七分，广一寸

三分五厘,厚八分。单钩阑,长三寸二分,广一寸六分,厚一寸。

寻杖:长随片广,方八分。单钩阑,方一寸。

盆唇:长同上,广一寸八分,厚六分。单钩阑,广二寸。

束腰:长同上,广一寸,厚九分。及华盆大小华版皆[同],单钩阑不用。

华盆地霞:长六寸五分,广一寸五分,厚三分。

大华版:长随蜀柱内,其广一寸九分,厚同上。

小华版:长随华盆内,长一寸三分五厘,广一寸五分,厚同上。

万字版:长随蜀柱内,其广三寸四分,厚同上。重台钩阑不用。

地栿:长同寻杖,其广一寸八分,厚一寸六分。单钩阑,厚一寸。

凡石钩阑,每段两边云拱、蜀柱,各作一半,令逐段相接。

螭子石

造螭子石之制:施之于阶棱钩阑蜀柱卯之下,其长一尺,广四寸,厚七寸。上开方口,其广随钩阑卯。

门砧限

造门砧之制:长三尺五寸;每长一尺,则广四寸四分,厚三寸八分。门限长随间广,用三段相接。其方二寸。如砧长三尺五寸,即方七寸之类。若阶断砌,即卧柣长二尺,广一尺,厚六寸。凿卯口与立柣合角造。其立柣长三尺,广厚同上。侧面分心凿金口一道。如相连一段造者,谓之曲柣。

城门心将军石:方直混棱造,其长三尺,方一尺。上露一尺,下栽二尺入地。

止扉石:其长二尺,方八寸。上露一尺下栽一尺入地。

地栿

造城门石地栿之制:先于地面上安土衬石。以长三尺,广二尺,厚六寸为率。上面露棱广五寸,下高四寸。其上施地栿,每段长五尺,广一尺五寸,厚一尺一寸;上外棱混二寸;混内一寸凿眼立排义(叉)柱。

流杯渠 剜凿流杯、垒造流杯。

造流杯石渠之制：方一丈五尺，用方三尺石二十五段造。其石厚一尺二寸。剜凿渠道广一尺，深九寸。其渠道盘屈，或作"风"字，或作"国"字。若用底版垒造，则心内施看盘一段，长四尺，广三尺五寸；外盘渠道石并长三尺，广二尺，厚一尺。底版长广同上，厚六寸。余并同剜凿之制。出入水项子石二段，各长三尺，广二尺，厚一尺二寸。剜凿与身内同，若垒造，则厚一尺，其下又用底版石，厚六寸。出入水斗子二枚，各方二尺五寸，厚一尺二寸；其内凿池，方一尺八寸，深一尺。垒造同。

坛

造坛之制：共三层，高广以石段层数，自土衬上至平面为高。每头子各露明五寸。束腰露一尺，格身版柱造，作平面或起突作壶（壶）门造。石段里用砖填后，心内用土填筑。

卷輋水窗

造卷輋水窗之制：用长三尺，

广二尺，厚六寸石造。随渠河之广。如单眼卷輋，自下两壁开掘至硬地，各用地钉，木橛也。打筑入地。留出镶卯。上铺衬石方三路，用碎砖瓦打筑空处，令与衬石方平；方上并二横砌石涩一重；涩上随岸顺砌并二厢壁版，铺垒令与岸平。如骑河者，每段用熟铁鼓卯二枚，仍以锡灌。如并三以上厢壁版者，每二层铺铁叶一重。于水窗当心，平铺石地面一重；于上下出入水处，侧砌线道三重，其前密钉擗石桩二路。于两边厢壁上相对卷輋。随渠河之广，取半圜为卷輋棬（捲）内圆势。用斧刃石斗卷合；又于斧刃石上用缴背一重；其背上又平铺石段二重；两边用石随棬（捲）势补填令平。若双卷眼造，则于渠河心依两岸用地钉打筑二渠之间，补填同上。若当河道卷輋，其当心平铺地面石一重，用连二厚六寸石。其缝上用熟铁鼓卯与厢壁同。及于卷輋之外，上下水随河岸斜分四摆手，亦砌地面，令与厢壁平。摆手内亦砌地面一重，亦用熟铁鼓卯。地面之外，侧砌线道石三重，其前密钉擗石桩三路。

水槽子

造水槽之制：长七尺，方二尺。

每广一尺，唇厚二寸；每高一尺，底厚二寸五分。唇内底上并为槽内广深。

马台

造马台之制：高二尺二寸，长三尺八寸，广二尺二寸。其面方，外余一尺八寸，下面分作两踏。身内或通素，或叠涩造；随宜雕镌华文。

井口石 并[井]盖子。

造井口石之制：每方二尺五寸，则厚一尺。心内开凿井口，径一尺；或素平面，或作素覆盆，或作起突莲华瓣造。盖子径一尺二寸，下作子口，径同井口。上凿二窍，每窍径五分。两窍之间开渠子，深五分，安讹角铁手把。

山棚铤脚石

造山棚铤脚石之制：方二尺，厚七寸；中心凿窍，方一尺二寸。

幡竿颊

造幡竿颊之制：两颊各长一丈

五寸(尺)，广二尺，厚一尺二寸，笋在内。下埋四尺五寸。其石颊下出笋，以穿铤脚。其铤脚长四尺，广二尺，厚六寸。

赑屃鳌坐碑

造赑屃鳌坐碑之制：其首为赑屃盘龙，下施鳌坐。于土衬之外，自坐至首，共高一丈八尺。其名件广厚，皆以碑身每尺之长，积而为法。

碑身：每长一尺，则广四寸，厚一寸五分。上下有卯，随身棱并破瓣。

鳌坐：长倍碑身之广，其高四寸四分；驼峰广三分。余作龟文造。

碑首：方四寸四分，厚一寸八分；下为云盘，每碑广一尺，则高一寸半。上作盘龙六条相交；其心内刻出篆额天宫。其长广计字数随宜造。

土衬：二段，各长六寸，广三寸，厚一寸；心内刻出鳌坐版，长五尺，广四尺。外周四侧作起突宝山，面上作出没水地。

笏头碣

造笏头碣之制：上为笏首，下

为方坐,共高九尺六寸。碑[身]广厚并准石碑制度。笏首在内。其坐,每碑身高一尺,则长阙[五寸],高二寸。坐身之内,或作方直,或作垒涩,随宜雕镌华文。

營 造 法 式
卷 四

大木作制度一

材 其名有三：一曰章，二曰材，三曰方桁。

凡构屋之制，皆以材为祖。材有八等，度屋之大小，因而用之。

第一等：广九寸，厚六寸。以六分为一分。

右（以上）殿身九间至十一间则用之。若副阶并殿挟屋，材分减殿身一等；廊屋减挟屋一等。余准此。

第二等：广八寸二分五厘，厚五寸五分。以五分五厘为一分。

右（以上）殿身五间至七间则用之。

第三等：广七寸五分，厚五寸。以五分为一分。

右（以上）殿身三间至殿五间或堂七间则用之。

第四等：广七寸二分，厚四寸八分。以四分八厘为一分。

右（以上）殿三间厅堂五间则用之。

第五等：广六寸六分，厚四寸四分。以四分四厘为一分。

右（以上）殿小三间厅堂大三间则用之。

第六等：广六寸，厚四寸。以四分为一分。

右（以上）亭榭或小厅堂皆用之。

第七等：广五寸二分五厘，厚三寸五分。以二分五厘为一分。

右（以上）小殿及亭榭等用之。

第八等：广四寸五分，厚三寸。以三分为一分。

右（以上）殿内藻井或小亭榭施铺作多则用之。

栔广六分、厚四分。材上加栔者，谓之"足材"。施之栱眼内两科之间者，谓之"闇栔"。

各以其材之广,分为十五分,以十分为其厚。凡屋宇之高深,名物之短长,曲直举折之势,规矩绳墨之宜,皆以所用材之分,以为制度焉。凡分寸之"分"皆如字,材分之"分",音符问切。余准此。

栱 其名有六:一曰闌(闃),二曰椽,三曰欂,四曰曲枅,五曰栾,六曰栱。

造栱之制有五:

一曰华栱。或谓之"抄(杪)栱",又谓之"卷头",亦谓之"跳头"。足材栱也。若补间铺作,则用单材。两卷头者,其长七十二分。若铺作多者,里跳减长二分。七铺作以上,即第二里外跳各减四分。六铺作以下不减。若八铺作下两跳偷心,则减第三跳,令上下跳上交互枓畔相对。若平坐出跳,杪栱并不减。其第一跳于栌枓口外,添令与上跳相应。每头以四瓣卷杀,每瓣长四分。如里跳减多,不及四瓣者,只用三瓣,每瓣长四分。与泥道栱相交,安于栌枓口内,若累铺作数多,或内外俱匀,或里跳减一铺至两铺。其骑槽担栱,皆随所出之跳加之。每跳之长,心不过三十分;传跳虽多,不过一百五十分。若造厅堂,里跳承梁出楷头者,长更加一跳。其楷头或谓之压跳。交角内外,皆随铺作之数,斜出跳一缝。

栱谓之"角栱",昂谓之"角昂"。其华栱则以斜长加之。假如跳头长五寸,则加二寸五厘之类。后称斜长者准此。若丁头栱,其长三十三分,出卯长五分。若只里跳转角者,谓之"虾须栱",用股卯到心,以斜长加之。若入柱者,用双卯,长六分或[至]七分。

二曰泥道栱。其长六十二分。若枓口跳及铺作全用单栱造者,只用令栱。每头以四瓣卷杀,每瓣长三分半。与华栱相交,安于栌枓口内。

三曰瓜子栱。施之于跳头。若五铺作以上重栱造,即于令栱内,泥道栱外用之。四铺作以下不用。其长六十二分;每头以四瓣卷杀,每瓣长四分。

四曰令栱。或谓之"单栱"。施之于里外跳头之上,外在檐檐方之下,内在算桯方之下。与耍头相交,亦有不用耍头者,及屋内槫缝之下。其长七十二分。每头以五瓣卷杀,每瓣长四分。若里跳骑栿,则用足材。

五曰慢栱。或谓之"肾栱"。施之于泥道、瓜子栱之上。其长九十二分;每头以四瓣卷杀,每瓣长三分。骑栿及至角,则用足材。

凡栱之广厚并如材。栱头上留六分,下杀九分;其九分匀分为四大分；又从栱头顺身量为四瓣。瓣又谓之“胥”，亦谓之“枨”，或谓之“生”。各以逐分之首，自下而至上，与逐瓣之末，自内而至外，以直尺对斜画定，然后斫造。用五瓣及分数不同者准此。栱两头及中心，各留坐枓处，余并为栱眼，深三分。如造足材栱，则更加一栔，隐出心枓及栱眼。

凡栱至角相交出跳，则谓之“列栱”。其过角栱或角昂处，栱眼外长内小，自心向外量出一材分，又栱头量一枓底，余并为小眼。

泥道栱与华栱出跳相列。

瓜子栱与小栱头出跳相列。小栱头从心出，其长二十三分；以三瓣卷杀，每瓣长三分；上施散枓。若平坐铺作，即不用小栱头，却与华栱头相列。其华栱之上，皆累跳至令栱，于每跳当心上施耍头。

慢栱与切几头相列。切几头微(微)刻材下作两卷瓣。如角内足材下昂造，即与华头子出跳相列。华头子承昂者，在昂制度内。

令栱与瓜子栱出跳相列。乘(承)替木头或橑檐方头。

凡开拱口之法：华栱于底面开口，深五分，角华栱深十分。广二十分。包栌枓耳在内。口上当心两面，各开子荫通栱身，各广十分，若角华栱连隐枓通开。深一分。余栱谓泥道栱、瓜子栱、令栱、慢栱也。上开口，深十分，广八分。其骑栿，绞昂栿者，各随所用。若角内足材列栱，则上下各开口，上开口深十分连栔，下开口深五分。

凡栱至角相连长两跳者，则当心施枓，枓底两面相交，隐出栱头，如令栱只用四瓣。谓之“鸳鸯交手栱”。里跳上栱，同。

飞昂 其名有五：一曰櫼，二曰飞昂，三曰英昂，四曰斜角，五曰下昂。

造昂之制有二：

一曰下昂。自上一材，垂尖向下，从枓底心下取直，其长二十三分。其昂身上彻屋内。自枓外斜杀向下，留厚二分；昂面中（上鱼下页）二分，令（上鱼下页）势圜和。亦有于昂面上随（上鱼下页）加一分，讹杀至两棱者，谓之“琴面昂”；亦有自枓外斜杀至尖者，其昂面平直，谓之“批竹昂”。

凡昂安枓处，高下及远近皆准一跳。若从下第一昂，自上一材下出，斜垂向下；枓口内以华头子承之。华头子自枓口外长九分；将昂势尽处匀分。刻作两卷瓣，每瓣长四分。如至第二昂以上，只于枓口内出昂，其承昂枓口及昂身下，皆斜开镫口，令上大下小，与昂身相衔。

凡昂上坐枓，四铺作、五铺作并归平；六铺作以上，自五铺作外，昂上枓并再向下二分至五分。如逐跳计心造，即于昂身开方斜口，深二分；两面各开子荫，深一分。

若角昂，以斜长加之。角昂之上，别施由昂。长同角昂，广或加一分至二分。所坐枓上安角神，若宝藏神或宝瓶。

若昂身于屋内上出，[即]皆至下平槫。若四铺作用插昂，即其长斜随跳头。"插昂"又谓之"挣昂"；亦谓之"矮昂"。

凡昂栓，广四分至五分，厚二分。若四铺作，即于第一跳上用之；五铺作至八铺作，并于第二跳上用之。并上彻昂背，自一昂至三昂，只用一栓，彻上面昂之背。下入栱身之半或三分之一。

若屋内彻上明造，即用挑斡，或只挑一枓，或挑一材两栔。谓一栱上下皆有枓也。若不出昂而用挑斡者，即骑东（束）阑方下昂桯。如用平棊，即自槫安蜀柱以义（叉）昂尾；如当柱头，即以草栿或丁栿压之。

二曰上昂。头向外留六分。其昂头外出，昂身斜收向里，并通过柱心。

如五铺作单抄（杪）上用者，自栌枓心出，第一跳华栱心长二十五分；第二跳上昂心长二十二分。其第一跳上，枓口内用鞾楔。其平棊方至栌枓口内，共高五材四栔。其第一跳重栱计心造。

如六铺作重抄（杪）上用者，自栌枓心出，第一跳华栱心长二十七分；第二跳华栱心及上昂心共长二十八分。华栱上用连珠枓，其枓口内用鞾楔。七铺作、八铺作同。其平棊方至栌枓口内，共高六材五栔。于两跳之内，当中施骑枓（枓）栱。

如七铺作于重抄（杪）上用上昂两重者，自栌枓心出，第一跳华栱心长二十三分；第二跳华栱心长一十五分；华栱上用连珠枓。第三跳上昂心两重上昂共此一跳。长三十五分。其平棊方至栌枓口内，共高七材六栔。其骑枓栱与六铺作同。

如八铺作于三抄（杪）上用上昂两重者，自栌枓心出，第一跳华栱心长二十六分；第二跳、第三跳并华栱心各长一十六分；于第三跳华栱上用连珠枓。第四跳上昂心两重上昂共此一跳。长二十六分。其平棊方至栌枓口内，共高八材七栔。

其骑枓栱与七铺作同。

凡昂之广厚并如材。其下昂施之于外跳，或单栱或重栱，或偷心或计心造。上昂施之里跳之上及平坐铺作之内；昂背斜尖，皆至下枓底外；昂底于跳头枓口内出，其枓口外用鞾楔。刻作三卷瓣。

凡骑枓栱，宜单用；其下跳并偷心造。凡铺作计心、偷心，并在"总铺作次序制度"之内。

爵头 其名有四：一曰爵头，二曰耍头，三曰胡孙头，四曰蜉蚪头。

造耍头之制：用足材自枓心出，长二十五分，自上棱斜杀向下六分，自头上量五分，斜杀向下二分。谓之"鹊台"。两面留心，各斜抹五分，下随尖各斜杀向上二分，长五分。下大棱上，两面开龙牙口，广半分，斜稍向尖。又谓之"锥眼"。开口与华栱同，与令栱相交，安于齐心枓下。

若累铺作数多，皆随所出之跳加长，若角内用，则以斜长加之。于里外令栱两出安之。如上下有碍昂处，即随昂势斜杀，放过昂身。或有不出耍头者，皆于里外令栱之内，安到心股卯。只用单材。

枓 其名有五：一曰欂，二曰栭，三曰栌，四曰楂，五曰枓。

造枓之制有四：

一曰栌枓。施之于柱头。其长与广皆三十二分。若施于角柱之上者，方三十六分，如造圜枓，则面径三十六分，底径二十八分。高二十分。上八分为耳，中四分为平，下八分为敧。今俗谓之"溪"者，非。开口广十分，深八分。出跳则十字开口，四耳；如不出跳，则顺身开口，两耳。底四面各杀四分，敧顀一分。如柱头用圜枓，即补间铺作用讹角枓。

二曰交互枓。亦谓之"长开枓"。施之于华栱出跳之上。十字开口，四耳；如施之于替木下者，顺身开口，两耳。其长十八分，广十六分。若屋内梁栿下用者，其长二十四分，广十八分，厚十二分半，谓之"交栿枓"，于梁栿头横用之。如梁栿项归一材之厚者，只用交互枓。如柱大小不等，其枓量柱材随宜加减。

三曰齐心枓。亦谓之"华心枓"。施之于栱心之上。顺身开口，两耳；若施之于平坐出头木之下，则十字开口，四耳。其长与广皆十六分。如施之于田（由）昂及内外转角出跳之上，则不用耳，谓之"平盘枓"，其高六分。

四曰散枓。亦谓之"小枓"，或谓

之"顺桁枓",又谓之"骑互枓"。施之于栱两头。横开口,两耳,以广为面。如铺作偷心,则施之于华栱出跳之上。其长十六分,广十四分。

凡交互枓、齐心枓,散枓,皆高十分;上四分为耳,中二分为平,下四分为敧。开口皆广十分,深四分,底四面各杀二分,敧颊半分。

凡四耳枓,于顺跳口内前后里壁,各留隔口包耳,高二分,厚一分半。栌枓则倍之。角内栌枓,于出角栱口内留隔口包耳,其高随耳。抹角内荫入半分。

总铺作次序

总铺作次序之制:凡铺作自柱头上栌枓口内出一栱或一昂,皆谓之一跳;传至五跳止。

出一跳谓之四铺作,或用华头子,上出一昂。

出两(二)跳谓之五铺作,下出一卷头,上施一昂。

出三跳谓之六铺作,下出一卷头,上施两昂。

出四跳谓之七铺作,下出两卷头,上施两昂。

出五跳谓之八铺作,下出两卷头,上施三昂。

自四铺作至八铺作,皆于上跳

之上,横施令栱与耍头相交,以承橑檐方;至角,各于角昂之上,别施一昂,谓之"由昂",以坐角神。

凡于阑额上坐栌枓安铺作者,谓之"补间铺作"。今俗谓之"步间"者非。当心间须用补间铺作两朵,次间及梢间各用一朵。其铺作分布,令远近皆匀。若逐间皆用双补间,则每间之广,丈尺皆同。如只心间用双补间者,假如心间用一丈五尺,则次间用一丈之类。或间广不匀,即每补间铺作一朵,不得过一尺。

凡铺作逐跳上,下昂之上亦同。安栱,谓之"计心";若逐跳上不安栱,而再出跳或出昂者,谓之"偷心"。凡出一跳,南中谓之出一枝;计心谓之转叶,偷心谓之不转叶,其实一也。

凡铺作逐跳计心,每跳令栱上,只用素方一重,谓之"单栱"。素方在泥道栱上者,谓之"柱头方";在跳上者,谓之"罗汉(汉)方";方上斜安遮椽版(板)。即每跳上安两材一栔。令栱、素方为两材,令栱上枓一为栔。

若每跳瓜子栱上,至橑檐方下,用令栱。施慢栱,慢栱上用素方,谓之"重栱";方上斜施遮椽版(板)。即每跳上安三材两梁(栔)。瓜子栱、慢栱、素方为三材;瓜子栱上枓、慢栱上枓为两栔。

凡铺作,并外跳出昂;里跳及

平坐，只用卷头。若铺作数多，里跳恐太远，即里跳减一铺或两铺；或平棊低，即于平棊方下更加慢栱。

凡转角铺作，须与补间铺作勿令相犯；或梢间近者，须连栱交隐；补间铺作不可移远，恐间内不匀。或于次角补间近角处，从上减一跳。

凡铺作当柱头壁栱，谓之"影栱"。又谓之"扶壁栱（栱）"。

如铺作重栱全计心造，则于泥道重栱上施素方。方上斜安遮椽版（板）。

五铺作一抄（杪）一昂，若下一抄（杪）偷心，则泥道重栱上施素方，方上又施令栱，栱上施承椽方。

单栱七铺作两抄（杪）两昂及六铺作一抄（杪）两昂或两抄（杪）一昂，若下一抄（杪）偷心，则于栌科之上施两令栱两素方。方上平铺遮椽版（板）。或只于泥道重栱上施素方。

单栱八铺作两抄（杪）三昂，若下两抄（杪）偷心，则泥道栱上施素方，方上又施重栱、素方。方上平铺遮椽版（板）。

凡楼阁上屋铺作，或减下屋一铺。其副阶缠腰铺作，不得过殿身，或减殿身一铺。

平坐 其名有五：一曰阁道，二曰墱道，三曰飞陛，四曰平坐，五曰鼓坐。

造平坐之制：其铺作减上屋一跳或两跳。其铺作宜用重栱及逐跳计心造作。

凡平坐铺作，若义（叉）柱造，即每角用栌科一枚，其柱根义（叉）于栌科之上。若缠柱造，即每角于柱外普拍方上安栌科三枚。每面互见两科，于附角科上，各别加铺作一缝。

凡平坐铺作下用普拍方，厚随材广，或更加一栔；其广尽所用方木。若缠柱造，即于普拍方里用柱脚方，广三材，厚二材，上坐柱脚卯。凡平坐先自地立柱，谓之"永定柱"；柱上安搭头木，木上安普拍方，方上坐科栱。

凡平坐四角生起，比角柱减半。生角柱法在"柱制度"内。平坐之内，逐间下草栿，前后安地面方，以拘前后铺作。铺作之上安铺版方，用一材。四周安雁翅版，广加材一倍，厚四分至五分。

營造法式
卷五

大木作制度二

梁 其名有三：一曰梁，二曰宗廇，三曰欐。

造梁之制有五：

一曰檐栿。如四椽及五椽栿；若四铺作以上至八铺作，并广两材两梁（栔）；草栿广三材。如六椽至八椽以上栿，若四铺作至八铺作，广四材；草栿同。

二曰乳栿。若对大梁用者，与大梁广同。三椽栿，若四铺作、五铺作，广两材一栔；草栿广两材。六铺作以上，广两材两栔。草栿同。

三曰劄牵。若四铺作至八铺作出跳，广两材；如不出跳，并不过一材一栔。草牵梁准此。

四曰平梁。若四铺作、五铺作，广加材一倍。六铺作以上，广两材一栔。

五曰厅堂梁栿。五椽、四椽，广不过两材一栔；三椽广两材。余屋量椽数，准此法加减。

凡梁之大小，各随其广分为三分，以二分为厚。凡方木小，须缴贴令大；如方木大，不得裁减，即于广厚加之。如碍槫及替木，即于梁上角开抱传口。若直梁狭，即两面安榑栿版。如月梁狭，即上架缴背，下贴两颊；不得剜刻梁面。

造月梁之制：明栿，其广四十二分。如彻上明造，其乳栿、三椽栿各广四十二分；四椽栿广五十分；五椽栿广五十五分；六椽栿以上，其广并至六十分止。梁首谓出跳者。不以大小从，下高二十一分。其上余材，自枓里平之上，随其高匀分作六分；其上以六瓣卷杀，每瓣长十分。其梁下当中顣六分。自枓心下量三十八分为斜项。如下两跳者长六十八分。斜项外，其下起顣，以六瓣卷杀，每瓣长十分；第六瓣尽处下顣五分。去三分，留二分作琴面。自第六瓣尽处渐起至心,又加高一分,令頔势圓和。梁尾 谓入柱者。上背下頔,皆以五瓣卷杀。余并同梁首之制。梁底面厚二十五分。其项 入枓口处。厚十分。枓口外两肩各以四瓣卷杀,每瓣长十分。

若平梁,四椽六椽上用者,其广三十五分;如八椽至十椽上用者,其广四十二分。不以大小从,下高二十五分。上背下頔皆以四瓣卷杀,两头并同。其下第四瓣尽处頔四分。去二分,留一分作琴面。自第四瓣尽处渐起至心,又加高一分。余并同月梁之制。

若劄牵,其广三十五分。不以大小从,下高一十五分,上至枓底。牵首上以六瓣卷杀,每瓣长八分;下同。牵尾上以五瓣。其下頔,前后各以三瓣。斜项同月梁法。頔内去留同平梁法。

凡屋内彻上明造者,梁头相叠处须随举势高下用驼峰。其驼峰长加高一倍,厚一材。枓下两肩或作入瓣,或作出瓣,或圜讹两肩,两头卷尖。梁头安替木处并作隐枓;两头造要头或切几头,切几头刻梁上角作一入瓣。与令栱或襻间相交。

凡屋内若施平棊,平闇亦同。在大梁之上。平棊之上,又施草栿;乳栿之上亦施草乳栿,并在压槽方之上,压槽方在柱头方之上。其草栿长同下梁,直至撩檐方止。若在两面,则安丁栿。丁栿之上,别安抹角栿,与草栿相交。

凡角梁下,又施隐(隐)衬角栿,在明梁之上,外至撩檐方,内至角后栿项;长以两椽斜长加之。

凡衬方头,施之于梁背要头之上,其广厚同材。前至撩檐方,后至昂背或平棊方。如无铺作,即至托脚木止。若骑槽,即前后各随跳,与方、栱相交。开子荫以压枓上。

凡平棊之上,须随槫栿用方木及矮柱敦桥,随宜挂(枝)撑(樘)固济,并在草栿之上。凡明梁只阁平棊,草栿在上承屋盖之重。

凡平棊方在梁背上,其广厚并如材,长随间广。每架下平棊方一道。平闇同。又随架安椽以遮版缝。其椽,若殿宇,广二寸五分,厚一寸五分;余屋广二寸二分,厚一寸三分。如材小,即随宜加减。绞井口并随补间。令纵横分布方正。若用峻脚,即于四阑内安版贴华。如平闇,即安峻脚椽,广厚并与平闇椽同。

阑额

造阑额之制:广加材一倍,厚

减广三分之一，长随间广，两头至柱心。入柱卯减厚之半。两肩各以四瓣卷杀，每瓣长八分。如不用补间铺作，即厚取广之半。

凡担（檐）额，两头并出柱口；其广两材一栔至三材；如殿阁即广三材一栔或加至三材三栔。担（檐）额下绰幕方，广减担（檐）额三分之一；出柱长至补间；相对作楮头或三瓣头。如角梁。

凡由额，施之于阑额之下。广减阑额二分至三分。出卯，卷杀并同阑额法。如有副阶，即于峻脚椽下安之。如无副阶，即随宜加减，令高下得中。若副阶额下，即不须用。

凡屋内额，广一材三分至一材一栔；厚取广三分之一；长随间广，两头至柱心或驼峰心。

凡地栿，广加材二分至三分；厚取广三分之二；至角出柱一材。上角或卷杀作梁切几头。

柱 其名有二：一曰楹，二曰柱。

凡用柱之制：若殿阁，即径两材两栔至三材；若厅堂柱即径两材一栔，余屋即径一材一栔至两材。若厅堂等屋内柱，皆随举势定其短长，以下檐柱为则。若副阶廊舍，下

檐柱虽长，不越间之广。至角则随间数生起角柱。若十三间殿堂，则角柱比平柱生高一尺二寸。"平柱"谓当心间两柱也。自平柱叠进向角渐次生起，令势圆和；如逐间大小不同，即随宜加减，他皆仿此。十一间生高一尺；九间生高八寸；七间生高六寸；五间生高四寸；三间生高二寸。

凡杀梭柱之法：随柱之长，分为三分，上一分又分为三分，如栱卷杀，渐收至上径比栌科底四周各出四分；又量柱头四分，紧杀如覆盆样，令柱项与栌科底相副。其柱身下一分，杀令径围与中一分同。

凡造柱下椹，径周各出柱三分，厚十分，下三分为平，其上并为欹；上径四周各杀三分，令与柱身通上匀平。

凡立柱，并令柱首微收向内，柱脚微出向外，谓之"侧脚"。每屋正面，谓柱首东西相向者。随柱之长，每一尺即侧脚一分；若侧面，谓柱首南北相向者。每长一尺，即侧脚八厘。至角柱，其柱首相向各依本法。如长短不定，随此加减。

凡下侧脚墨，于柱十字墨心里再下直墨，然后截柱脚柱首，各令平正。

若楼阁柱侧脚，祇（祇）以柱

上为则,侧脚上更加侧脚,逐层仿此。塔同。

阳马 其名有五:一曰觚棱,二曰阳马,三曰阙角,四曰角梁,五曰梁抹。

造角梁之制:大角梁,其广二十八分至加材一倍;厚十八分至二十分。头下斜杀长三分之二。或于叙面上留二分,外余直,卷为三瓣。

子角梁,广十八分至二十分,厚减大角梁三分,头杀四分,上折深七分。

隐角梁,上下广十四分至十六分,厚同大角梁,或减二分。上两面隐广各三分,深各一椽分。余随逐架接续,隐法皆仿此。

凡角梁之长,大角梁自下平槫至下架檐头;子角梁随飞檐头外至小连檐下,斜至柱心。安于大角梁内。隐角梁随架之广,自下平槫至子角梁尾,安于大角梁中,皆以斜长加之。

凡造四阿殿阁,若四椽、六椽五间及八椽七间,或十椽九间以上,其角梁相续,直至脊槫,各以逐架斜长加之。如八椽五间至十椽七间,并两头增出即槫各三尺。随所加脊槫尽处,别施角梁一重。俗谓之

“吴殿”,亦曰“五脊殿”。

凡堂厅(厅堂)若厦两头造,则两梢间用角梁转过两椽。亭榭之类转一椽。今亦用此制为殿阁者,俗谓之“曹殿”,又曰“汉殿”,亦曰“九脊殿”。按《唐六典》及《营缮令》云:“王公以下居第并厅厦两头者,此制也。”

侏儒柱 其名有六:一曰棁,二曰侏儒柱,三曰浮柱,四曰掇,五曰上楹,六曰蜀柱。斜柱附其名有五:一曰斜柱,二曰梧,三曰迕,四曰枝撑(樘),五曰叉手。

造蜀柱之制:于平梁上,长随举势高下。殿阁径一材半,余屋量枓厚加减。两面各顺平槫,随举势斜安义(叉)手。

造义(叉)手之制:若殿阁,广一材一栔;余屋,广随材或加二分至三分;厚取广三分之一。蜀柱下安合楂者,长不过梁之半。

凡中下平槫缝,并于梁首向里斜安托脚,其广随材,厚三分之一,从上梁角过抱槫,出卯以托向上槫缝。

凡屋如彻上明造,即于蜀柱之上安枓。若义(叉)手上角内安栱,两面出要头者,谓之“丁华抹颏栱”。枓上安

随间襻间，或一材，或两材；襻间广厚并如材，长随间广，出半栱在外，半栱连身对隐。若两材造，即每间各用一材，隔间上下相闪，令慢栱在上，瓜子栱在下。若一材造，只用令栱，隔间一材，如屋内遍用襻间一材或两材，并与梁头相交。或于两际随槫作楷头以乘替木。凡襻间如在平棊上者，谓之"草襻间"，并用全条方。

凡蜀柱量所用长短，于中心安顺脊串；广厚如材，或加三分至四分；长随间；隔间用之。若梁上用短柱者，径随相对之柱；其长随举势高下。

凡顺栿串，并出柱作丁头栱，其广一足材；或不及，即作楷头；厚如材。在牵梁或乳栿下。

栋 其名有九：一曰栋，二曰桴，三曰檩，四曰梦，五曰甍，六曰极，七曰槫，八曰檩，九曰橒。两际附。

用槫之制：若殿阁，槫径一材一栔或加材一倍；厅堂，槫径加材三分至一栔；余屋，槫径加材一分至二分。长随间广。

凡正屋用槫，若心间及西间者，皆头东而尾西；如东间者，头西而尾东。其廊屋面东西者皆头南

而尾北。

凡出际之制：槫至两梢间，两际各出柱头。又谓之"屋废"。如两椽屋，出二尺至二尺五寸；四椽屋，出三尺至三尺五寸；六椽屋，出三尺五寸至四尺；八椽至十椽屋，出四尺五寸至五尺。若殿阁转角造，即出际长随架。于丁栿上随架立夹际柱子，以柱槫梢；或更于丁栿背上，添闾头栿。

凡橑檐方，更不用橑风槫及替木。当心间之广加材一倍，厚十分；至角随宜取圜，贴生头木，令里外齐平。凡两头梢间，槫背上并安生头木，广厚并如材，长随梢间。斜杀向里，令生势圜和，与前后橑檐方相应。其转角者，高与角梁背平，或随宜加高，令椽头背低角梁头背一椽分。凡下昂作第一跳心之上，用槫承椽，以代承椽方。谓之"牛脊槫"；安于草栿之上，至角即抱角梁；下用矮柱敦桥。如七铺作以上，其牛脊槫于前跳内更加一缝。

搏风版 其名有二：一曰荣，二曰搏风。

造搏风版之制：于屋两际出槫头之外安搏风版，广两材至三材；厚三分至四分；长随架道。中、上

架两面各斜出搭掌，长二尺五寸至三尺。下架随椽与瓦头齐。转角者至曲脊内。

柎 其名有三：一曰柎，二曰复栋，三曰替木。

造替木之制：其厚十分，高一十二分。单枓上用者，其长九十六分；令栱上用者，其长一百四分；重栱上用者，其长一百二十六分。

凡替木两头，各下杀四分，上留八分，以三瓣卷杀，每瓣长四分。若至出际，长与榑齐。随榑齐处更不卷杀。其栱上替木，如补间铺作相近者，即相连用之。

椽 其名有四：一曰桷，二曰椽，三曰榱，四曰橑。短椽，其名有二：一曰栋，二曰禁楄。

用椽之制：椽每架平不过六尺。若殿阁，或加五寸至一尺五寸，径九分至十分；若厅堂，椽径七分至八分，余屋，径六分至七分。长随架斜；至下架，即加长出檐。每榑上为缝，斜批相搭钉之。凡用椽，皆令椽头向下而尾在上。

凡布椽，令一间当间心；若有补间铺作者，令一间当耍头心。若四裴回转角者，并随角梁分布，令椽头疏密得所，过角归间，至次角补间铺作心。并随上中架取直。其稀密以两椽心相去之广为法。殿阁，广九寸五分至九寸；副阶，广九寸至八寸五分；厅堂，广八寸五分至八寸；廊库屋，广八寸至七寸五分。若屋内有平棊者，即随椽长短，令一头取齐，一头放过上架，当榑钉之，不用裁截。谓之"雁脚钉"。

檐 其名有十四：一曰宇，二曰檐，三曰樀，四曰楣，五曰屋垂，六曰梠，七曰棂，八曰联櫋，九曰橝，十曰房，十一曰庑，十二曰櫋，十三曰槐，十四曰庴。

造檐之制：皆从橑檐方心出，如椽径三寸，即檐出三尺五寸；椽径五寸，即檐出四尺至四尺五寸。檐外别加飞檐。每檐一尺，出飞子六寸。其檐自次角柱补间铺作心，椽头皆生出向外，渐至角梁：若一间生四寸；三间生五寸；五间生七寸；五间以上，约度随宜加减。其角柱之内，檐身亦令微杀向里。不尔，恐檐圜而不直。

凡飞子，如椽径十分，则广八分，厚七分。大小不同，约此法量宜加减。各以其广厚分为五分,两边各斜杀一分,底面上留三分,下杀二分;皆以三瓣卷杀,上一瓣长五分,次二瓣各长四分。此瓣分谓广厚所得之分。尾长斜随檐。凡飞子须两条通造;先除出两头于飞魁内出者,后量身内,令随檐长,结角解开。若近角飞子,随势上曲,令背与小连檐平。凡飞魁,又谓之"大连檐"。广厚并不越材。小连檐广加栔二分至三分,厚不得越栔之厚。并交斜解造。

举折 其名有四:一曰陠,二曰峻,三曰陠峭,四曰举折。

举折之制:先以尺为丈,以寸为尺,以分为寸,以厘为分,以豪(毫)为厘,侧画所建之屋于平正壁上,定其举之峻慢,折之圜和,然后可见屋内梁柱之高下,卯眼之远近。今俗谓之"定侧样",亦曰"点草架"。

举屋之法:如殿阁楼台,先量前后橑檐方心相去远近,分为三分。若余屋柱头作或不出跳者,则用前后檐柱心。从橑檐方背至脊槫背举起一分。如屋深三丈,即举起一丈之类。

如甋瓦厅堂,即四分中举起一分,又通以四分所得丈尺,每一尺加八分。若甋瓦廊屋及瓪瓦厅堂,每一尺加五分;或瓪瓦廊屋之类,每一尺加三分。若两椽屋,不加;其副阶或缠腰,并二分中举一分。

折屋之法:以举高尺丈,每尺折一寸,每架自上递减半为法。如举高二丈,即先从脊槫背上取平,下屋橑檐方背,〈其上第一缝折二尺;又从上第一缝槫背取平,下至橑檐方背,〉①于第二缝折一尺;若椽数多,即逐缝取平,皆下至橑檐方背,每缝并减上缝之半。

如第一缝二尺,第二缝一尺,第三缝五寸,第四缝二寸五分之类。如取平,皆从槫心抨绳令紧为则。如架道不匀,即约度远近,随宜加减。以脊槫及橑檐方为准。若八角或四角斗尖亭榭,自橑檐方背举至角梁底,五分中举一分,至上簇角梁,即两分中举一分。若亭榭只用瓪瓦者,即十分中举四分。

簇角梁之法:用三折,先从大角背,自橑檐方心量,向上至枨杆

---

① 梁思成《营造法式注释》(上)及《梁思成全集》第七卷(《营造法式注释》)均脱落了此处24个字,即"其上第一缝折二尺;又从上第一缝槫背取平,下至橑檐方背"。参见《梁思成全集》第七卷,第158页。

卯心,取大角梁背一半,立上折簇梁,斜向枨杆举分尽处;<small>其簇角梁上下并出卯,中下折簇梁同。</small>次从上折簇梁尽处,量至橑檐方心,取大角梁背一半,立中折簇梁,斜向上折簇梁当心之下;又次从橑檐方心立下折簇梁,斜向中折簇梁当心近下。<small>令中折簇角梁上一半与上折簇梁一半之长同。其折分并同折屋之制。唯量折以曲尺于弦上取方量之,用瓪瓦者同。</small>

小木作制度一

版门 双扇版门、独扇版门

造版门之制：高七尺至二丈四尺，广与高方。谓门高一丈，则每扇之广不得过五尺之类。如减广者，不得过五分之一。谓门扇合广五尺，如减不得过四尺之类。其名件广厚，皆取门每尺之高，积而为法。独扇用者，高不过七尺，余准此法。

肘版：长视门高。别留出上下两镊；如用铁桶子或鞲臼，即下不用镊。每门高一尺，则广一寸，厚三分。谓门高一丈，则肘版广一尺，厚三丈（寸）。尺丈不等。依此加减。下同。

副肘版：长广同上，厚二分五

厘。高一丈二尺以上用，其肘版与副肘版，皆加至一尺五寸止。

身口版：长同上，广随材，通肘版与副肘版合缝计数，令足一扇之广，如牙缝造者，每一版广加五分为定法。厚二分。

楅：每门广一尺，则长九寸二分，①广八分，厚五分。衬关楅同。用楅之数；若门高七尺以下，用五楅；高八尺至一丈三尺，用七楅；高一丈四尺至一丈九尺，用九楅；高二丈至二丈二尺，用十一楅；高二丈三尺至二丈四尺，用十三楅。

额：长随间之广，其广八分，厚三分。双卯入柱。

鸡栖木：长厚同额，广六分。

门簪：长一寸八分，方四分，头长四分半。余分为三分，上下各去一分，留中心为卯。颊、内额上，两壁各留半分，外均作三分，安簪四枚。

立颊：长同肘版，广七分，厚同

---

① 梁本注云："'每门广一尺，则长九寸二分'十一个字，《营造法式》各版本都印作小注。按文意及其他各条体制，改为正文。"（《梁思成全集》第七卷，第 167 页注⑯）

额。三分中取一分为心卯,下同。如颊外有余空,即里外用难子安泥道版。

地栿:长厚同额,广同颊。若断砌门,则不用地栿,于两颊下安卧株、立株。

门砧:长二寸一分,广九分,厚六分。地栿内外各留二分,余并桃(挑)肩破瓣。

凡版门如高一丈,所用门关径四寸。关上用柱门枴。搰锁柱长五尺,广六寸四分,厚二寸六分。如高一丈以下者,只用伏兔、手栓。伏兔广厚同楅,长令上下至楅。手栓长二尺至一尺五寸,广二寸五分至二寸,厚二寸至一寸五分。缝内透栓及劄,并间楅用。透栓广二寸,厚七分。每门增高一尺,则关径加一分五厘;搰锁柱长加一寸,广加四分,厚加一分,透栓广加一分,厚加三厘。透栓若减,亦同加法。一丈以上用四栓,一丈以下用二栓。其劄,若门高二丈以上,长四寸,广三寸二分,厚九分;一丈五尺以上,长同上,广二寸七分,厚八分;一丈以上,长三寸五分,广二寸二分,厚七分;高七尺以上,长三寸,广一寸八分,厚六分。若门高七尺以上,则上用鸡栖木,下用门砧。若七尺以下,则上下并用伏兔。高一丈二尺以上者,或用铁桶子鹅台石砧。高二丈以上者,门上镶安铁铜,鸡栖木安铁钏,下镶安铁鞾臼,用石地栿、门砧及铁鹅台。如断砌,即卧株,立株并用石造。地栿(株)版长随立株之广,其广同阶之高,厚量长广取宜;每长一尺五寸用楅一枚。

乌头门 其名有三:一曰乌头大门,二曰表楬,三曰阀阅,今呼为"棂星门"。

造乌头门之制:俗谓之"棂星门"。高八尺至二丈二尺,广与高方。若高一丈五尺以上,如减广者不过五分之一。用双腰串。七尺以下或用单腰串;如高一丈五尺以上,用夹腰华版,版心内用桩子。每扇各随其长,于上腰串中心分作两分,腰上安子桯、棂子。棂子之数,须双用。腰华以下,并安障水版。或下安锃脚,则于下桯上施串一条。其版内外并施牙头护缝。下牙头或用如意头造。门后用罗文楅。左右结角斜安,当心绞口。其名件广厚,皆取门每尺之高,积而为法。

肘:长视高。每门高一尺,广五分,厚三分三厘。

桯:长同上,方三分三厘。

腰串:长随扇之广,其广四分,厚同肘。

腰华版：长随两程之内，广六分，厚六厘。

锃脚版：长厚同上，其广四分。

子程：广二分二厘，厚三分。

承棂串：穿棂当中，广厚同子程。于子程之内横用一条或二条。

棂子：厚一分。长入子程之内三分之一。若门高一丈，则广一寸八分。如高增一尺，则加一分；减亦如之。

障水版：广随两程之内，厚七厘。

障水版及锃脚、腰华内难子：长随程内四周，方七厘。

牙头版：长同腰华版，广六分，厚同障水版。

腰华版及锃脚内牙头版：长视广，其广亦如之，厚同上。

护缝：厚同上。广同棂子。

罗文榥：长对角，广二分五厘，厚二分。

额：广八分，厚三分。其长每门高一尺，则加六寸。

立颊：长视门高。上下各别出卯。广七分，厚同额。颊下安卧柣、立柣。

挟门柱：方八分。其长每门高一尺，则加八寸。柱下栽入地内，上施乌头。

日月版（板）：长四寸，广一寸二分，厚一分五厘。

抢柱：方四分。其长每门高一尺，则加二寸。

凡乌头门所用鸡栖木、门簪、门砧、门关、搕锁柱、石砧、铁鞾臼、鹅台之类，并准版门之制。

软门　牙头护缝软门、合版软门

造软门之制：广与高方；若高一丈五尺以上，如减广者不过五分之一。用双腰串造。或用单腰串。每扇各随其长，除程及腰串外，分作三分，腰上留二分，腰下留一分，上下并安版，内外皆施牙头护缝。其身内版及牙头护缝所用版，如门高七尺至一丈二尺，并厚六分；高一丈三尺至一丈六尺，并厚八分；高七尺以下，并厚五分，皆为定法。腰华版厚同。下牙头或用如意头。其名件广厚，皆取门每尺之高，积而为法。

拢程内外用牙头护缝软门：高六尺至一丈六尺。额、栿内上下施伏兔用立桥。

肘：长视门高，每门高一尺，则广五分，厚二分八厘。

程：长同上，上下各出二分，方二分八厘。

腰串：长随每扇之广，其广四分，厚二分八厘。随其厚三分，以一分为卯。

腰华版：长同上，广五分。

合版软门：高八尺至一丈三尺，并用七楅，八尺以下用五楅。上下牙头，通身护缝，皆厚六分。如门高一丈，即牙头广五寸，护缝广二寸，每增高一尺，则牙头加五分，护缝加一分，减亦如之。

肘版：长视高，广一寸，厚二分五厘。

身口版：长同上，广随材，通肘版合缝计数，令足一扇之广。厚一分五厘。

楅：每门广一尺，则长九寸二分。广七分，厚四分。

凡软门内或用手栓、伏兔，或用承枅楅，其额、立颊、地栿、鸡栖木、门簪、门砧、石砧、铁桶子、鹅台之类，并准版门之制。

破子桱窗

造破子[桱]窗之制：高四尺至八尺。如间广一丈，用一十七桱。若广增一尺，即更加二桱。相去空一寸。不以桱之广狭，只以空一寸为定法。其名件广厚，皆以窗每尺之高，积而为法。

破子桱：每窗高一尺，则长九寸八分。令上下入子桯内，深三分之二。

广五分六厘，厚二分八厘。每用一条，方四分，结角解作两条，则自得上项广厚也。每间以五楅出卯透子桯。

子桯：长随桱空。上下并合角斜义（叉）立颊。广五分，厚四分。

额及腰串：长随间广，广一寸二分，厚随子桯之广。

立颊：长随窗之高，广、厚同额。两壁内隐出子桯。

地栿：长厚同额，广一寸。

凡破子窗，于腰串下，地栿上，安心柱。樽颊。柱内或用障水版、牙脚、牙头填心难子造，或用心柱编竹造，或于腰串下用隔减窗坐造。凡安窗，于腰串下高四尺至三尺，仍令窗额与门额齐平。

睒电窗

造睒电窗之制：高二尺至三尺。每间广一丈，用二十一桱。若广增一尺，则更加二桱，相去空一寸。其桱实广二寸，曲广二寸七分，厚七分。谓以广二寸七分直桱，左右剜刻取曲势，造成实广二寸也。此广厚皆为定法。其名件广厚，皆取窗每尺之高，积而为法。

桱子：每窗高一尺，则长八寸七分。广厚已见上项。

上下串:长随间广,其广一寸。如窗高二尺,厚一寸七分;每增高一尺,加一分五厘;减亦如之。

两立颊:长视高,其广厚同串。

凡睒电窗,刻作四曲或三曲;若水波文造,亦如之。施之于殿堂后壁之上,或山壁高处。如作看窗,则下用横钤、立旌,其广厚并准版棂窗所用制度。

版棂窗

造版棂窗之制:高二尺至六尺。如间广一丈,用二十一棂。若广增一尺,即更加二棂。其棂相去空一寸,广二寸,厚七分。并为定法。其余名件长及广厚,皆以窗每尺之高,积而为法。

版棂:每窗高一尺,则长八寸七分。

上下串:长随间广,其广一寸。如窗高五尺,则厚二寸;若增高一尺,加一分五厘;减亦如之。

立颊:长视窗之高,广同串。厚亦如之。

地栿:长同串。每间广一尺,则广四分五厘,厚二分。

立旌:长视高。每间广一尺,则广三分五厘,厚同上。

横钤:长随立旌内。广厚同上。

凡版[棂]窗,于串下地栿上安心柱编竹造,或用隔减窗坐造。若高三尺以下,只安于墙上。令上串与门额齐平。

截间版帐

造截间版帐之制:高六尺至一丈,广随间之广。内外并施牙头护缝。如高七尺以上者,用额、栿、搏(槫)柱,当中用腰串造。若间远则立榥柱。其名件广厚,皆取版帐每尺之广,积而为法。

榥柱:长视高,每间广一尺,则方四分。

额:长随间广,其广五分,厚二分五厘。

腰串、地栿:长及广厚皆同额。

搏(槫)柱:长视额、栿内广,其广厚同额。

版:长同搏(槫)柱,其广量宜分布。版及牙头、护缝、难子,皆以厚六分为定法。

牙头:长随搏(槫)柱内广,其广五分。

护缝:长视牙头内高,其广二分。

难子:长随四周之广,其广一分。

凡截间版帐,如安于梁外乳
栿、札牵之下,与全间相对者,其名
件广厚,亦用全间之法。

照壁屏风骨 截间屏风骨、四扇屏风

骨。其名有四:一曰皇邸,二曰后
版,三曰扆,四曰屏风。

造照壁屏风骨之制:用四直大
方格眼。若每间分作四扇者,高七
尺至一丈二尺。如只作一段截间
造者,高八尺至一丈二尺。其名件
广厚,皆取屏风每尺之高,积而
为法。

截间屏风骨

桯:长视高,其广四分,厚一分
六厘。

条桱:长随桯内四周之广,方
一分六厘。

额:长随间广,其广一寸,厚三
分五厘。

搏(槫)柱:长同桯,其广六
分,厚同额。

地栿:长厚同额,其广八分。

难子:广一分二厘,厚八厘。

四扇屏风骨

桯:长视高,其广二分五厘,厚
一分二厘。

条桱:长同上法,方一分二厘。

额:长随间之广,其广七分,厚
二分五厘。

搏(槫)柱:长同桯,其广五
分,厚同额。

地栿:长厚同额,其广六分。

难子:广一分,厚八厘。

凡照壁屏风骨,如作四扇开闭
者,其所用立桥、搏肘,若屏风高一
丈,则搏肘方一寸四分;立桥广二
寸,厚一寸六分;如高增一尺,即方
及广厚各加一分;减亦如之。

隔截横钤立旌

造隔截横钤立旌之制:高四尺
至八尺,广一丈至一丈二尺。每间
随其广,分作三小间,用立旌,上下
视其高,量所宜分布,施横钤。其
名件广厚,皆取每间一尺之广,积
而为法。

额及地栿:长随间广,其广五
分,厚三分。

搏(槫)柱及立旌:长视高,其
广三分五厘,厚二分五厘。

横钤:长同额,广厚并同立旌。

凡隔截所用横钤、立旌,施之
于照壁、门、窗或墙之上;及中缝截
间者亦用之,或不用额、栿、搏
(槫)柱。

露篱 其名有五：一曰樆，二曰栅，三曰据，四曰藩，五曰落。今谓之"露篱"。

造露篱之制：高六尺至一丈，广八尺至一丈二尺。下用地栿、横钤、立旌；上用榻头木施版屋造。每一间分作三小间。立旌长视高，栽入地；每高一尺，则广四分，厚二分五厘。曲椺长一寸五分，曲广三分，厚一分。其余名件广厚，皆取每间一尺之广，积而为法。

地栿、横钤：每间广一尺，则长二寸八分，其广厚并同立旌。

榻头木：长随间广，其广五分，厚三分。

山子版：长一寸六分，厚二分。

屋子版：长同榻头木，广一寸二分，厚一分。

沥水版：长同上，广二分五厘，厚六厘。

压脊、垂脊木：长广同上，厚二分。

凡露篱若相连造，则每间减立旌一条。谓如五间，只用立旌十六条之类。其横钤、地栿之长，各加（减）一分三厘。版屋两头施搏风版及垂鱼、惹草，并量宜造。

版引檐

造屋垂前版引檐之制：广一丈至一丈四尺，如间太广者，每间作两段。长三尺至五尺。内外并施护缝。垂前用沥水版。其名件广厚，皆以每尺之广，积而为法。

程：长随间广，每间广一尺，则广三分，厚二分。

檐版：长随引檐之长，其广量宜分擘。以厚六分为定法。

护缝：长同上，其广二分。厚同上定法。

沥水版：长广随程。厚同上定法。

跳椽：广厚随程，其长量宜用之。

凡版引檐施之于屋垂之外。跳椽上安阑头木、挑斡，引檐与小连檐相续。

水槽

造水槽之制：直高一尺，口广一尺四寸。其名件广厚，皆以每尺之高，积而为法。

厢壁版：长随间广，其广视高，每一尺加六分，厚一寸二分。

底版：长厚同上。每口广一尺，则广六寸。①

罨头版：长随厢壁版内，厚同上。

口襻：长随口广，其方一寸五分。

跳椽：长随所用，广二寸，厚一寸八分。

凡水槽施之于屋檐之下，以跳椽襻拽。若厅堂前后檐用者，每间相接；令中间者最高，两次间以外，远（逐）间各低一版，两头出水。如廊屋或挟屋偏用者，并一头安罨头版。其槽缝并包底荫牙缝造。

井屋子

造井屋子之制：自地至脊共高八尺。四柱，其柱外方五尺。垂檐及两际皆在外。柱头高五尺八寸。下施井匮，高一尺二寸。上用厦瓦版，内外护缝；上安压脊、垂脊；两际施垂鱼、惹草。其名件广厚，皆以每尺之高，积而为法。

柱：每高一尺，则长七寸五分，镵、耳在内。方五分。

额：长随柱内，其广五分，厚二分五厘。

栿：长随方，每壁每长一尺加二寸，跳头在内。其广五分，厚四分。

蜀柱：长一寸三分，广厚同上。

义（叉）手：长三寸，广四分，厚二分。

槫：长随方，每壁每长一尺加四寸，出际在内。广厚同蜀柱。

串：长同上，加亦同上，出头在内。广三分，厚二分。

厦瓦版：长随方，每方一尺，则长八寸，斜长随檐在内。其广随材合缝。以厚六分为定法。

上下护缝：长厚同上，广二分五厘。

压脊：长及广厚并同槫。其广取槽在内。

垂脊：长三寸八分，广四分，厚三分。

搏风版：长五寸五分，广五分。厚同厦瓦版。

沥水牙子：长同槫，广四分。厚同上。

垂鱼：长二寸，广一寸二分。厚同上。

惹草：长一寸五分，广一寸。厚同上。

---

① "梁本"将此小注作为正文。参见《梁思成全集》第七卷，第185页。

井口木:长同额,广五分,厚三分。

地栿:长随柱外,广厚同上。

井匮版:长同井口木,其广九分,厚一分二厘。

井匮内外难子:长同上。以方七分为定法。

凡井屋子,其井匮与柱下齐,安于井阶之上,其举分准大木作之制。

地棚

造地棚之制:长随间之广,其广随间之深。高一尺二寸至一尺五寸。下安敦桥,中施方子,上铺地面版。其名件广厚,皆以每尺之高,积而为法。

敦桥:每高一尺,长加三寸。广八寸,厚四寸七分。每方子长五尺用一枚。

方子:长随间深,接搭用。广四寸,厚三寸四分。每间用三路。

地面版:长随间广,其广随材,合贴用。厚一寸三分。

遮羞版:长随门道间广,其广五寸三分,厚一寸。

凡地棚施之于仓库屋内。其遮羞版安于门道之外,或露地棚处皆用之。

小木作制度二

格子门 四斜毬文格子、四斜毬文上出条桱重格眼、四直方格眼、担（檐）壁、两明格子

造格子门之制有六等：一曰四混，中心出双线，入混内出单线。或混内不出线。二曰破瓣双混，平地出双线。或单混出单线。三曰通混出双线。或单线。四曰通混压边线。五曰素通混。以上并撺尖入卯。六曰方直破瓣。或撺尖或义（叉）瓣造。高六尺至一丈二尺，每间分作四扇。如梢间狭促者，只分作二扇。如担（檐）额及梁栿下用者，或分作六扇造，用双腰串。或单腰串造。每扇各随其长，除桱及腰串外，分作三分；腰上留二分安格眼，或用四斜毬文格眼，或用四直方格眼，如就毬文

者，长短随宜加减。腰下留一分安障水版。腰华版及障水版皆厚六分；桱四角外，上下各出卯，长一寸五分，并为定法。其名件广厚，皆取门桱每尺之高，积而为法。

四斜毬文格眼：其条桱厚一分二厘。毬文径三寸至六寸。每毬文圜径一寸，则每瓣长七分，广三分，绞口广一分；四周压[边]线。其条桱瓣数须双用，四角各令一瓣入角。

桱：长视高，广三分五厘，厚二分七厘。腰串广厚同桱。横卯随桱三分中存向里（裏）二分为广；腰串卯随其广。如门高一丈，桱卯及腰串卯皆厚六分；每高增一尺，即加二厘；减亦如之。后同。

子桱：广一分五厘，厚一分四厘。斜合四角，破瓣单混造。后同。

腰华版：长随扇内之广，广（厚）四分。施之于双腰串之内；版外别安雕华。

障水版：长广各随桱。令四面各入池槽。

额：长随间之广，广八分，厚三分。用双卯。

搏(槫)柱、颊:长同桯,广五分,量摊擘扇数,随宜加减。厚同额。二分中取一分为心卯。

地栿:长厚同额,广七分。

四斜毬文上出条桱重格眼:其条桱之厚,每毬文圆径二寸,则加毬文格眼之厚二分。每毬文圆径加一寸,则厚又加一分;桯及子桯亦如之。其毬文上采出条桱,四擪尖,四混出双线或单线造。如毬文圆径二寸,则采出条桱方三分,若毬文圆径加一寸,则条桱方又加一分。其对格眼子桯,则安擪尖,其尖外入子桯,内对格眼,合尖令线混转过。其对毬文子桯,每毬文圆径一寸,则子桯广五厘;若毬文圆径加一寸,则子桯之广又加五厘。或以毬文随四直格眼者,则子桯之下采出毬文,其广与身内毬文相应。

四直方格眼:其制度有七等:一曰四混绞双线。或单线。二曰通混压边线,心内绞双线。或单线。三曰丽口绞瓣双混。或单混出线。四曰丽口素绞瓣。五曰一混四擪尖。六曰平出线。七曰方绞眼。其条桱皆广一分,厚八厘,眼内方三寸至二寸。

桯:长视高,广三分,厚二分五厘。腰串同。

子桯:广一分二厘,厚一分。

腰华版及障水版:并准四斜毬文法。

额:长随间之广,广七分,厚二分八厘。

搏(槫)柱、颊:长随门高,广四分,量摊擘扇数,随宜加减。厚同额。

地栿:长厚同额,广六分。

版壁:上二分不安格眼,亦用障水版者。名件并准前法,唯桯厚减一分。

两明格子门:其腰华、障水版、格眼皆用两重。桯厚更加二分一厘。子桯及条桱之厚各减二厘。额、颊、地栿之厚,各加二分四厘。其格眼两重,外面者安定;其内者,上开池槽深五分,下深二分。

凡格子门所用搏肘、立桥,如门高一丈,即搏肘方一寸四分,立桥广二寸,厚一寸六分,如高增一尺,即方及广厚各加一分;减亦如之。

阑槛钩(钩)窗

造钩(钩)窗阑槛之制:共高七尺至一丈,每间分作三扇,用四直方格眼。槛面外施云栱鹅项钩阑,内用托柱。各四枚。其名件广厚,各取窗槛每尺之高,积而为法。其格眼出线,并准格子门四直方格眼制度。

　钧(钩)窗:高五尺至八尺。

　子桯:长视窗高,广随逐扇之广,每窗高一尺,则广三分,厚一分四厘。

　条櫺:广一分四厘,厚一分二厘。

　心柱、搏(槫)柱:长视子桯,广四分五厘,厚三分。

　额:长随间广,其广一寸一分,厚三分五厘。

　槛:面高一尺八寸至二尺。每槛面高一尺,鹅项至寻杖共加九寸。

　槛面版:长随间心。每槛面高一尺,则广七寸,厚一寸五分。如柱径或有大小,则量宜加减。

　鹅项:长视高,其广四寸二分,厚一寸五分。或加减同上。

　云栱:长六寸,广三寸,厚一寸七分。

　寻杖:长随槛面,其方一寸七分。

　心柱及搏(槫)柱:长自槛面版下至栿上,其广二寸,厚一寸三分。

　托柱:长自槛面下至地,其广五寸,厚一寸五分。

　地栿:长同窗额,广二寸五分,厚一寸三分。

　障水版:广六寸。以厚六分为定法。

　凡钧(钩)窗所用搏肘,如高五尺,则方一寸;卧关如长一丈,即广二寸,厚一寸六分。每高与长增一尺,则各加一分,减亦如之。

殿内截间格子

　造殿堂内截间格子之制:高一丈四尺至一丈七尺。用单腰串,每间各视其长,除桯及腰串外,分作三分。腰上二分安格眼,用心柱、搏(槫)柱分作二间。腰下一分为障水版,其版亦用心柱、搏(槫)柱分作三间。内一间或作开闭门子。用牙脚、牙头填心,内或合版拢桯。上下四周并缠难子。其名件广厚,皆取格子上下每尺之通高,积而为法。

　上子桯:长视格眼之高,广三分五厘,厚一分六厘。

　条櫺:广厚并准格子门法。

　障水子桯:长随心柱,搏(槫)柱内,其广一分八厘,厚二分。

　上下难子:长随子桯,其广一分二厘,厚一分。

　搏肘:长视子桯及障水版,方八厘。出镶在外。

额及腰串:长随间广,其广九分,厚三分二厘。

地栿:长厚同额,其广七分。

上搏(槫)柱及心柱:长视搏肘,广六分,厚同额。

下搏(槫)柱及心柱:长视障水版,其广五分,厚同上。

凡截间格子,上二分子桯内所用四斜球文格眼,圜径七寸至九寸,其广厚皆准格子门之制。

堂阁内截间格子

造堂阁内截间格子之制:皆高一丈,广一丈一尺。其桯制度有三等:一曰面上出心线,两边压线;二曰瓣内双混,或单混;三曰方直破瓣撺尖。其名件广厚,皆取每尺之高,积而为法。

截间格子:当心及四周皆用桯,其外上用额,下用地栿;两边安搏(槫)柱。格眼毬文径五寸。双腰串造。

桯:长视高。卯在内。广五分,厚三分七厘。上下者,每间广一尺,即长九寸二分。

腰串:每间广(隔)一尺,即长四寸六分。广三分五厘,厚同上。

腰华版:长随两桯内,广同上。

以厚六分为定法。

障水版:长视腰串及下桯,广随腰华版之长。厚同腰华版。

子桯:长随格眼四周之广,其广一分六厘,厚一分四厘。

额:长随间广,其广八分,厚三分五厘。

地栿:长厚同额,其广七分。

搏(槫)柱:长同桯,其广五分,厚同地栿。

难子:长随桯四周,其广一分,厚七厘。

截间开门格子:四周用额、栿、搏(槫)柱。其内四周用桯,桯内上用门额;额上作两间,施毬文,其子桯高一尺六寸。两边留泥道施立颊;泥道施毬文,其子桯广(长)一尺二寸。中安毬文格子门两扇,格眼毬文径四寸。单腰串造。

桯:长及广厚同前法。上下桯广同。

门额:长随桯内,其广四分,厚二分七厘。

立颊:长视门额下桯内,广厚同上。

门额上心柱:长一寸六分,广厚同上。

泥道内腰串:长随搏(槫)柱、立颊内,广厚同上。

障水版:同前法。

门额上子桯:长随额内四周之广,其广二分,厚一分二厘。泥道内所用广厚同。

门肘:长视扇高,镶在外。方二分五厘。

门桯:长同上,出头在外。广二分,厚二分五厘。上下桯亦同。

门障水版:长视腰串及下桯内,其广随扇之广。以厚六分为定法。

门桯内子桯:长随四周之广,其广厚同额上子桯。

小难子:长随子桯及障水版四周之广。以方五分为定法。

额:长随间广,其广八分,厚三分五厘。

地栿:长厚同上,其广七分。

搏(槫)柱:长视高,其广四分五厘,厚同上。

大难子:长随桯四周,其广一分,厚七厘。

上下伏兔:长一寸,广四分,厚二分。

手栓伏兔:长同上,广三分五厘,厚一分五厘。

手栓:长一寸五分,广一分五厘,厚一分二厘。

凡堂阁内截间格子,所用四斜毬文格眼、及障水版等分数,其长径并准格子门之制。

殿阁照壁版

造殿阁照壁版之制:广一丈至一丈四尺,高五尺至一丈一尺。外面缠贴,内外皆施难子,合版造。其名件广厚,皆取每尺之高,积而为法。

额:长随间广,每高一尺,则广七分,厚四分。

搏(槫)柱:长视高,广五分,厚同额。

版:长同搏(槫)柱,其广随搏(槫)柱之内,厚二分。

贴:长随桯内四周之广,其广三分,厚一分。

难子:长厚同贴,其广二分。

凡殿阁照壁版,施之于殿阁槽内,及照壁门窗之上者皆用之。

障日版

造障日版之制:广一丈一尺,高三尺至五尺。用心柱、搏(槫)柱,内外皆施难子,合版或用牙头护缝造。其名件广厚,皆以每尺之广,积而为法。

额:长随间之广,其广六分,厚三分。

心柱、搏(槫)柱:长视高,其广四分,厚同额。

版:长视高,其广随心柱、搏(槫)柱之内。版及牙头、护缝,皆以厚六分为定法。

牙头版:长随广,其广五分。

护缝:长视牙头之内,其广二分。

难子:长随桯内四周之广,其广一分,厚八厘。

凡障日版,施之于格子门及门、窗之上,其上或更不用额。

廊屋照壁版

造廊屋照壁版之制:广一丈至一丈一尺,高一尺五寸至二尺五寸。每间分作三段,于心柱、搏(槫)柱之内。内外皆施难子,合版造。其名件广厚,皆以每尺之广,积而为法。

心柱、搏(槫)柱:长视高,其广四分,厚三分。

版:长随心[柱]、搏(槫)柱内之广,其广视高,厚一分。

难子:长随桯内四周之广,方一分。

凡廊屋照壁版,施之于殿廊由额之内。如安于半间之内与全间相对者,其名件广厚亦用全间之法。

胡梯

造胡梯之制:高一丈,拽脚长随高,广三尺,分作十二级;拢颊棍施促踏版,侧立者谓之“促版”,平者谓之“踏版”。上下并安望柱。两颊随身各用钩阑,斜高三尺五寸,分作四间。每间内安卧棍三条。其名件广厚,皆以每尺之高,积而为法。钩阑名件广厚,皆以钩阑每尺之高,积而为法。

两颊:长视梯高,每高一尺,则长加六寸,拽脚镫口在内。广一寸二分,厚二分一厘。

棍:长随两颊内,卯透外,用抱寨。其方三分。每颊长五尺用棍一条。

促、踏版:长同上,广七分四厘,厚一分。

钩阑望柱:每钩阑高一尺,则长加四寸五分,卯在内。方一寸五分。破瓣、仰覆莲华,单胡桃子造。

蜀柱:长随钩阑之高,卯在内。广一寸二分,厚六分。

寻杖:长随上下望柱内,径

七分。

盆唇：长同上，广一寸五分，厚五分。

卧棍：长随两蜀柱内，其方三分。

凡胡梯，施之于楼阁上下道内，其钩阑安于两颊之上。更不用地栿。如楼阁高远者，作两盘至三盘造。

垂鱼、惹草

造垂鱼、惹草之制：或用华瓣，或用云头造。垂鱼长三尺至一丈，惹草长三尺至七尺。其广厚皆取每尺之长，积而为法。

垂鱼版：每长一尺，则广六寸，厚二分五厘。

惹草版：每长一尺，则广七寸，厚同垂鱼。

凡垂鱼，施之于屋山搏风版合尖之下。惹草施之于搏风版之下、槫之外。每长二尺，则于后面施福一枚。

栱眼壁版

造栱眼版之制：于材下、额上、两栱头相对处凿池槽，随其曲直，安版于池槽之内。其长广皆以枓栱材分为法。枓、栱、材、分，在“大木作制度”内。

重栱眼壁版：长随补间铺作，其广五十（寸）四分。厚一寸二分。

单栱眼壁版：长同上，其广三十三（三寸四）分。厚同上。

凡栱眼壁版，施之于铺作担（檐）额之上。其版如随材合缝，则缝内用剳造。

裹栿版

造裹栿版之制：于栿两侧各用厢壁版，栿下安底版，其广厚皆以梁栿每尺之广，积而为法。

两侧厢壁版：长广皆随梁栿，每长一尺，则厚二分五厘。

底版：长厚同上，其广随梁栿之厚，每厚一尺，则广加三寸。

凡裹栿版，施之于殿槽内梁栿。其下底版合缝，令承两厢壁版，其两厢壁版及底版皆造雕华。雕华等次序，在“雕作制度”内。

擗帘竿

造擗帘竿之制有三等：一曰八

混,二曰破瓣,三曰方直。长一丈至一丈五尺。其广厚皆以每尺之高,积而为法。

擗帘竿:长视高,每高一尺,则方三分。

腰串:长随间广,其广三分,厚二分。只方直造。

凡擗帘竿,施之于殿堂等出跳栱之下。如无出跳者,则于椽头下安之。

护殿阁檐竹网木贴

造安护殿阁檐枓栱竹雀眼网上下木贴之制:长随所用逐间之广,其广二寸,厚六分,为定法。皆方直造。地衣簟贴同。上于椽头,下于担额(檐头)之上,压雀眼网安钉。地衣簟贴,若至柱或碇之类,并随四周,或圜或曲,压簟安钉。

营 造 法 式
卷 八

小木作制度三

平棊 其名有三:一曰平机,二曰平橑,三曰平棊。俗谓之"平起"。其以方椽施素版者,谓之"平闇"。

造殿内平棊之制:于背版之上,四边用程;程内用贴,贴内留转道,缠难子。分布隔截,或长或方,其中贴络华文,有十三品:一曰盘毬。二曰斗八。三曰叠胜。四曰琐子。五曰簇六毬文。六曰罗文。七曰柿蒂。八曰龟背。九曰斗二十四。十曰簇三簇四毬文。十一曰六入圜华。十二曰簇六雪华。十三曰车钏毬文。其华文皆间杂互用。华品或更随宜用之。或于云盘华盘内施明镜,或施隐起龙凤及雕华。每段以长一丈四尺,广五尺五寸为率。其名件广厚,若间架虽长

广,更不加减。唯盝顶敧斜处,其程量所宜减之。

背版:长随间广,其广随材合缝计数,令足一架之广,厚六分。

程:[长]随背版四周之广,其广四寸,厚二寸。

贴:长随程四周之内,其广二寸,厚同背版。

难子并贴华:厚同贴。每方一尺用华子十六枚。华子先用胶贴,候干,划削令平,乃用钉。

凡平棊,施之于殿内铺作算程方之上。其背版后皆施护缝及楅。护缝广二寸,厚六分。楅广三寸五分,厚二寸五分,长皆随其所用。

斗八藻井 其名有三:一曰藻井,二曰圜泉,三曰方井。今谓之"斗八藻井"。

造斗八藻井之制:共高五尺三寸。其下曰"方井",方八尺,高一尺六寸;其中曰"八角井",径六尺四寸,高二尺二寸;其上曰"斗八",

径四尺二寸,高一尺五寸。于顶心之下施垂莲,或雕华云卷,皆内安明镜。其名件广厚,皆以每尺之径,积而为法。

方井:于算桯方之上,施六铺作下昂重栱;材广一寸八分,厚一寸二分。其枓栱等分数制度,并准大木作法。四入角。每面用补间铺作五朵。凡所用枓栱并立施(旌),枓槽版［随瓣方］枓栱之上,用压厦版。八角井同此。

枓槽版:长随方面之广,每面广一尺,则广一寸七分,厚二分五厘。压厦版,长厚同上,其广一寸五分。

八角井:于方井铺作之上,施随瓣方,抹角勒作八角。八角之外四角,谓之“角蝉”。于随瓣方之上,施七铺作上昂重栱。材分等,并同方井法。八入角,每瓣用补间铺作一朵。

随瓣方:每直径一尺,则长四寸,广四分,厚三分。

枓槽版:长随瓣,广二寸,厚二分五厘。

压厦版:长随瓣,斜广二寸五分,厚二分七厘。

斗八:于八角井铺作之上,用随瓣方。方上施斗八阳马,“阳马”,今俗谓之“梁抹”。阳马之内施背版,贴络华文。

阳马:每斗八径一尺,则长七寸,曲广一寸五分,厚五分。

随瓣方:长随每瓣之广,其广五分,厚二分五厘。

背版:长视瓣高,广随阳马之内。其用贴并难子,并准平棊之法。华子每方一尺用十六枚或二十五枚。

凡藻井,施之于殿内照壁屏风之前。或殿身内、前门之前、平棊之内。

小斗八藻井

造小藻井之制:共高二尺二寸。其下曰八角井,径四尺八寸;其上曰斗八,高八寸。于顶心之下,施垂莲或雕华云卷。皆内安明镜。其名件广厚,各以每尺之径及高,积而为法。

八角井:抹角勒算桯方作八瓣。于算桯方之上,用普拍方。方上施五铺作卷头重栱。材广六分,厚四分;其枓栱等分数制度,皆准大木作法。枓栱之内,用枓槽版,上用压厦版,上施版壁贴络门窗,钩阑,其上又用普拍方。方上施五铺作一抄(杪)一昂重栱,上下并八入角,每瓣用补间铺作两朵。

枓槽版:每径一尺,则长九寸;

每高一尺，则广六寸。以厚八分为定法。

普拍方：长同上，每高一尺，则方三分。

随瓣方：每径一尺，则长四寸五分；每高一尺，则广八分，厚五分。

阳马：每径一尺，则长五寸；每高一尺，则曲广一寸五分，厚七分。

背版：长视瓣高，广随阳马之内，以厚五分为定法。其用贴并难子，并准殿内斗八藻井之法。贴络华数亦如之。

凡小藻井，施之于殿宇副阶之内。其腰内所用贴络门窗，钩阑，钩阑上施雁翅版。其大小广厚，并随高下量宜用之。

拒马义（叉）子 其名有四：一曰樀枑，二曰樀拒，三曰行马，四曰拒马义（叉）子。

造拒马义（叉）子之制：高四尺至六尺。如间广一丈者，用二十一棍；每广增一尺，则加二棍，减亦如之。两边用马衔木，上用穿心串，下用拢桯连梯。广三尺五寸，其卯广减桯之半，厚三分，中留一分，其名件广厚，皆以高五尺为祖，随其

大小而加减之。

棍子：其首制度有二：一曰五瓣云头桃（挑）瓣，二曰素讹角。义（叉）子首于上串上出者，每高一尺，出二寸四分；桃（挑）瓣处下留三分。斜长五尺五寸，广二寸，厚一寸二分。每高增一尺，则长加一尺一寸，广加二分，厚加一分。

马衔木：其首破瓣同棍，减四分。长视高，每义（叉）子高五尺，则广四寸半，厚二寸半。每高增一尺，则广加四分，厚加二分，减亦如之。

上串：长随间广，其广五寸五分，厚四寸。每高增一尺，则广加三分，厚加二分。

连梯：长同上串，广五寸，厚二寸五分。每高增一尺，则广加一寸，厚加五分。两头者广厚同，长随下广。

凡拒马义（叉）子，其棍子自连梯上，皆左右隔间分布于上串内，出首交斜相向。

义（叉）子

造义（叉）子之制：高二尺至七尺，如广一丈，用二十七棍。若广增一尺，即更加二棍。减亦如之。两壁用马衔木，上下用串。或于下

串之下用地栿、地霞造。其名件广厚，皆以高五尺为祖，随其大小而加减之。

望柱：如义（叉）子高五尺，即长五尺六寸，方四寸。每高增一尺，则加一尺一寸，方加四分。减亦如之。

棂子：其首制度有三：一曰海石榴头；二曰桃（挑）瓣云头；三曰方直笏头。义（叉）子首于上串上出者，每高一尺，出一寸五分。内桃（挑）瓣处下留三分。其身制度有四：一曰一混、心出单线、压边线；二曰瓣内单混、面上出心线；三曰方直出线、压边线或压白；四曰方直不出线。其长四尺四寸，透下串者长四尺五寸，每间三条。广二寸，厚一寸二分。每高增一尺，则长加九寸，广加二分，厚加一分。减亦如之。

上下串：其制度有三：一曰侧面上出心线、压边线或压白；二曰瓣内单混出线；三曰破瓣不出线。长随间广，其广三寸，厚二寸。如高增一尺，则广加三分，厚加二分。减亦如之。

马衔木：破瓣同棂。长随高，上随棂齐，下至地栿上。制度随棂。其广三寸五分，厚二寸。每高增一尺，则广加四分，厚加二分。减亦如之。

如之。

地霞：长一尺五寸，广五寸，厚一寸二分。每高增一尺，则长加三寸，广加一寸，厚加二分。减亦如之。

地栿：皆连梯混，或侧面出线。或不出线。长随间广，或出绞头在外。其广六寸，厚四寸五分。每高增一尺，则广加六分，厚加五分。减亦如之。

凡义（叉）子，若相连或转角，皆施望柱，或栽入地，或安于地栿上，或下用衮砧托柱。如施于屋柱间之内及壁帐之间者，皆不用望柱。

钩阑 重台钩阑、单钩阑。其名有八：一曰棂槛，二曰轩槛，三曰櫺，四曰楗牢，五曰阑楯，六曰柃，七曰阶槛，八曰钩阑。

造楼阁殿亭钩阑之制有二：一曰重台钩阑，高四尺至四尺五寸；二曰单钩阑，高三尺至三尺六寸。若转角则用望柱。或不用望柱，即以寻杖绞角。如单钩阑枓子蜀柱者，寻杖或合角。其望柱头破瓣仰覆莲。当中用单胡桃子，或作海石榴头。如有慢道，即计阶之高下，随其峻势，令斜高与钩阑身齐。不得令高,其地栿之类,广厚准此。其名件广厚,皆取钩阑每尺之高,谓自寻杖上至地栿下。积而为法。

重台钩阑

望柱:长视高,每高一尺,则加二寸,方一寸八分。

蜀柱:长同上,上下出卯在内,广二寸,厚一寸,其上方一寸六分,刻为瘿项。其项下细处比上减半,其下桃心尖,留十分之二;两肩各留十分中四厘(分);其上出卯以穿云栱、寻杖。其下卯穿地栿。

云栱:长二寸七分,广减长之半,荫一分二厘,在寻杖下。厚八分。

地霞:或用花盆亦同。长六寸五分,广一寸五分,荫一分五厘,在束腰下。厚一寸三分。

寻杖:长随间,方八分。或圜混或四混、六混、八混造。下同。

盆唇木:长同上,广一寸八分,厚六分。

束腰:长同上,方一寸。

上华版:长随蜀柱内,其广一寸九分,厚三分。四面各别出卯入池槽,各一寸。下同。

下华版:长厚同上,卯入至蜀柱卯。广一寸三分五厘。

地栿:长同寻杖,广一寸八分,厚一寸六分。

单钩阑

望柱:方二寸。长及加同上法。

蜀柱:制度同重台钩阑蜀柱法。自盆唇木之上,云栱之下,或造胡桃子撮项,或作蜻蜓头,或用枓子蜀柱。

云栱:长三寸二分,广一寸六分,厚一寸。

寻杖:长随间之广,其方一寸。

盆唇木:长同上,广二寸,厚六分。

华版:长随蜀柱内,其广三寸四分,厚三分。若万字或钩片造者,每华版广一尺,万字条桱,广一寸五分,厚一寸。子桱,广一寸二分五厘;钩片条桱广二寸,厚一寸一分;子桱广一寸五分。其间空相去,皆比条桱减半;子桱之厚皆同条桱。

地栿:长同寻杖,其广一寸七分,厚一寸。

华托柱:长随盆唇木,下至地栿上,其广一寸四分,厚七分。

凡钩阑,分间布柱,令与补间铺作相应。角柱外一间与阶齐,其钩阑之外,阶头随屋大小留三寸至五寸为法。如补间铺作太密,或无补间者,量其远近,随宜加减。如殿前中心作折槛者,今俗谓之"龙池"。每钩阑高一尺,于盆唇内广别加一寸。其蜀柱更不出项，内加华托柱。

棵笼子

造棵笼子之制：高五尺，上广二尺，下广三尺。或用四柱，或用六柱，或用八柱。柱子上下，各用槫子、脚串、版棍。下用牙子，或不用牙子。或双腰串，或下用双槫子锃脚版造。柱子每高一尺，即首长一寸，垂脚空五分。柱身四瓣方直。或安子桯，或采子桯，或破瓣造。柱首或作仰覆莲，或单胡桃子，或科柱桃瓣方直，或刻作海石榴。其名件广厚，皆以每尺之高，积而为法。

柱子：长视高，每高一尺，则方四分四厘；如六瓣或八瓣，即广七分，厚五分。

上下槫并腰串：长随两柱内，其广四分，厚三分。

锃脚版：长同上。下随槫子之长。其广五分。以厚六分为定法。

槫子：长六寸六分，卯在内。广二分四厘。厚同上。

牙子：长同锃脚版。分作二条。广四分。厚同上。

凡棵笼子，其槫子之首在上槫子内，其槫相去准义（叉）子制度。

井亭子

造井亭子之制：自下锃脚至脊，共高一丈一尺，鸱尾在外。方七尺。四柱，四椽，五铺作一抄（杪）一昂。材广一寸二分，厚八分，重栱造。上用压厦版，出飞檐，作九脊结瓦（宽）。其名件广厚，皆取每尺之高，积而为法。

柱：长视高，每高一尺，则方四分。

锃脚：长随深广，其广七分，厚四分。绞头在外。

额：长随柱内，其广四分五厘，厚二分。

串：长与广厚并同上。

普拍方：长广同上，厚一分五厘。

科槽版：长同上，减十二（减二寸）。广六分六厘，厚一分四厘。

平棊版：长随科槽版内，其广合版令足。以厚六分为定法。

平棊贴：长随四周之广，其广二分。厚同上。

楅：长随版之广，其广同上，厚同普拍方。

平棊下难子：长同平棊版，方一分。

压厦版：长同铌脚，每壁加八寸五分。广六分二厘，厚四厘。

枕：长随深，加五寸。广三分五厘，厚二分五厘。

大角梁：长二寸四分，广二分四厘，厚一分六厘。

子角梁：长九分，曲广三分五厘，厚同福。

贴生：长同压厦版，加六寸。广同大角梁，厚同枓槽版。

脊榑蜀柱：长二寸二分，卯在内。广三分六厘，厚同枕。

平屋榑蜀柱：长八寸五分（八分五厘），广厚同上。

脊榑及平屋榑：长随广，其广三分，厚二分二厘。

脊串：长随榑，其广二分五厘，厚一分六厘。

义（叉）手：长二寸（一）六分，广四分，厚二分。

山版：每深一尺，即长八寸，广一寸五分，以厚六分为定法。

上架椽：每深一尺，即长三寸七分。曲广一寸（分）六分（厘），厚九厘。

下架椽：每深一尺，即长四寸五分。曲广一寸（分）七分（厘），厚同上。

厦头下架椽：每广一尺，即长三寸。曲广一分二厘，厚同上。

从角椽：长取宜，均摊使用。

大连檐：长同压厦版，每面加二尺四寸。广二分，厚一分。

前后厦屋（瓦）版：长随榑，其广自脊至大连檐，合贴令数足，以厚五分为定法。每至角，长加一尺五寸。

两头厦屋（瓦）版：其长自山版至大连檐。合版令数足，厚同上。至角加一尺一寸五分。

飞子：长九分，尾在内。广八厘，厚六厘。其飞子至角令随势上曲。

白版：长同大连檐，每壁长加三尺。广一寸。以厚五分为定法。

压脊：长随榑，广四分六厘，厚三分。

垂脊：长自脊至压厦外，曲广五分，厚二分五厘。

角脊：长二寸，曲广四分，厚二分五厘。

曲阑搏脊：每面长六尺四寸。广四分，厚二分。

前后瓦陇条：每深一尺，即长八寸五分。方九厘。相去空九厘。

厦头瓦陇条：每广一尺，即长三寸三分。方同上。[①]

搏风版：每深一尺，即长四寸三分。

---

① "梁本""方同上"为小注。见《梁思成全集》第七卷，第224页。

以厚七分为定法。

瓦口子：长随子角梁内，曲广四分，厚亦如之。

垂鱼：长一尺三寸；每长一尺，即广六寸，厚同搏风版。

惹草：长一尺；每长一尺，即广七寸。厚同上。

鸱尾：长一寸一分，身广四分，厚同压脊。

凡井亭子，锯脚下齐，坐于井阶之上。其枓栱分数及举折等，并准大木作之制。

牌

造殿堂楼阁门亭等牌之制：长二尺至八尺。其牌首、牌上横出者。牌带、牌两旁下垂者。牌舌牌面下两带之内横施者。每广一尺，即上边绰四寸向外。牌面每长一尺，则首、带随其长，外各加长四寸二分，舌加长四分。谓牌长五尺，即首长六尺一寸，带长七尺一寸，舌长四尺二寸之类，尺寸不等。依此加减。下同。其广厚皆取牌每尺之长，积而为法。

牌面：每长一尺，则广八寸，其下又加一分，令牌面下广，谓牌长五尺，即上广四尺，下广四尺五分之类，尺寸不等，依此加减。下同。

首：广三寸，厚四分。

带：广二寸八分，厚同上。

舌：广二寸，厚同上。

凡牌面之后，四周皆用楅，其身内七尺以上者用三楅，四尺以上者用二楅，三尺以上者用一楅。其楅之广厚，皆量其所宜而为之。

小木作制度四

佛、道帐

造佛道帐之制：自坐下龟脚至鸱尾，共高二丈九尺；内外拢深一丈二尺五寸。上层施天宫楼阁，次平坐，次腰檐。帐身下安芙蓉瓣、叠涩、门窗、龟脚坐。两面与两侧制度并同。作五间造。其名件广厚，皆随逐层每尺之高，积而为法。后钩阑两等，皆以每寸之高，积而为法。

帐坐：高四尺五寸，长随殿身之广，其广随殿身之深。下用龟脚，脚上施车槽，槽之上下，各用涩一重。于上涩之上，又叠子涩三重。于上一重之下施坐腰，上涩之上，用坐面涩；面上安重台钩阑，高一尺。阑内，遍用明金版。钩阑之内，施宝柱两重。留外（外留）一重为转道。内壁贴络门窗。其上设五铺作卷头平坐。材广一寸八分，腰檐平坐准此。平坐上又安重台钩阑。并瘿项云栱造（坐）。自龟脚上，每涩至上钩阑，逐层并作芙蓉瓣造。

龟脚：每坐高一尺，则长二寸，广七分，厚五分。

车槽上下涩：长随坐长及深，外每面加二寸。广二寸，厚六分五厘。

车槽：长同上，每面减三寸，安华版在外。广一寸，厚八分。

上子涩：两重，在坐腰上下者。各长同上，减二寸。广一寸六分，厚二分五厘。

下子涩：长同坐，广厚并同上。

坐腰：长同上，每面减八寸。方一寸。安华版在外。

坐面涩：长同上，广二寸，厚六分五厘。

猴面版：长同上，广四寸，厚六分七厘。

明金版：长同上，每面减八寸。

广二寸五分,厚一分二厘。

科槽版:长同上,每面减三尺。广二寸五分,厚二分二厘。

压厦版:长同上,每面减一尺。广二寸四分,厚二分二厘。

门窗背版:长随科槽版,减长三寸。广自普拍方下至明金版上。以厚六分为定法。

车槽华版:长随车槽,广八分,厚三分。

坐腰华版:长随坐腰,广一寸,厚同上。

坐面版:长广并随猴面版内,其厚二分六厘。

猴面棍:每坐深一尺,则长九寸。方八分。每一瓣用一条。

猴面马头棍:每坐深一尺,则长一寸四分。方同上。每一瓣用一条。

连梯卧棍:每坐深一尺,则长九寸五分。方同上。每一瓣用一条。

连梯马头棍:每坐深一尺,则长一寸。方同上。

长短柱脚方:长同车槽涩,每一面减三尺二寸,方一寸。

长短榻头木:长随柱脚方内,方八分。

长立幌:长九寸二分,方同上。随柱脚方、榻头木逐瓣用之。

短立幌:长四寸,方六分。

拽后棍:长五寸,方同上。

穿串透栓:长随榻头木,广五分,厚二分。

罗文棍:每坐高一尺,则加长四(一)寸。方八分。

帐身:高一丈二尺五寸,长与广皆随帐坐,量瓣数随宜取间。其内外皆拢帐柱。柱下用锃脚隔科(枓),柱上用内外侧当隔科(枓)。四面外柱并安欢门、帐带。前一面裹(里)槽柱内亦用。每间用算桯方施平棊、斗八藻井。前一面每间两颊,各用毬文格子门。格子桯四混出双线,用双腰串、腰华版造。门之制度,并准本法。两侧及后壁,并用难子安版。

帐内外槽柱:长视帐身之高,每高一尺,则方四分。

虚柱:长三寸二分,方三分四厘。

内外槽上隔科(枓)版:长随间架,广一寸二分,厚一分二厘。

上隔科(枓)仰托棍:长同上,广二分八厘,厚二分。

上隔科(枓)内外上下贴:长同锃脚贴,广二分,厚八厘。

隔科(枓)内外上柱子:长四分四厘。下柱子长三分六厘。其广厚并同上。

裹(里)槽下锭脚版:长随每间之深广,其广五分二厘,厚一分二厘。

锭脚仰托棍:长同上,广二分八厘,厚二分。

锭脚内外贴:长同上,其广二分,厚八厘。

锭脚内外柱子:长三分二厘,广厚同上。

内外欢门:长随帐柱之内,其广一寸二分,厚一分二厘。

内外帐带:长二寸八分,广二分六厘,厚亦如之。

两侧及后壁版:长视上下仰托棍内,广随帐柱,心柱内,其厚八厘。

心柱:长同上,其广三分二厘,厚二分八厘。

颊子:长同上,广三分,厚二分八厘。

腰串:长随帐柱内,广厚同上。

难子:长同后壁版,方八厘。

随间栿:长随帐身之深,其方三分六厘。

算桯方:长随间之广,其广三分二厘,厚二分四厘。

四面搏难子:长随间架,方一分二厘。

平棊:华文制度并准殿内平棊。

背版:长随方子内,广随栿心。以厚五分为定法。

桯:[长]随方子四周之内,其广二分,厚一分六厘。

贴:长随桯四周之内,其广一分二厘。厚同背版。

难子并贴华:厚同贴。每方一尺,用贴华二十五枚或十六枚。

斗八藻井:径三尺二寸,共高一尺五寸。五铺作重栱卷头造。材广六分。其名件并准本法,量宜减之。

腰檐:自栌枓至脊,共高三尺。六铺作一抄两昂,重栱造。柱上施枓槽版与山版。版内又施夹槽版,逐缝夹安钥匙头版,其上顺槽安钥匙头棍;及于(又施)钥匙头版上通用卧棍,棍上栽柱子;柱上又施卧棍,棍上安上层平坐。铺作之上,平铺压厦版,四角用角梁、子角梁,铺椽安飞子。依副阶举分结瓽(宽)。

普拍方:长随四周之广,其广一寸八分,厚六分。绞头在外。

角梁:每高一尺,加长四寸,广一寸四分,厚八分。

丁角梁:长五寸,其曲广二寸,厚七分。

抹角栿:长七寸,方一寸四分。

槫:长随间广,其广一寸四分,

厚一寸。

曲椽：长七寸六分,其曲广一寸,厚四分。每补间铺作一朵,用四条。

飞子：长四寸,尾在内。方三分。角内随宜刻曲。

大连檐：长同樽,梢间长至角梁,每壁加三尺八(六)寸。广五分,厚三分。

白版：长随间之广。每梢间加出角一尺五寸。其广三寸五分。以厚五分为定法。

夹科槽版：长随间之深广,其广四寸四分,厚七分。

山版：长同科槽版,广四寸二分,厚七分。

科槽钥匙头版：每深一尺,则长四寸。广厚同科槽版。逐间段数亦同科槽版。

科槽压厦版：长同科槽〈版〉,每梢间长加一尺。其广四寸,厚七分。

贴生：长随间之深广,其方七分。

科槽卧棵：每深一尺,则长九寸六分五厘。方一寸。每铺作一朵用二条。

绞钥匙头上下顺身棵：长随间之广,方一寸。

立棵：长七寸,方一寸。每铺作一朵用二条。

厦屃(瓦)版：长随间之广深,每梢间加出角一尺二寸五分。其广九寸。以厚五分为定法。

搏(榑)脊：长同上,广一寸五分,厚七分。

角脊：长六寸,其曲广一寸五分,厚七分。

瓦陇条：长九寸,瓦头在内。方三分五厘。

瓦口子：长随间广,每梢间加出角二尺五寸。其广三分。以厚五分为定法。

平坐：高一尺八寸,长与广皆随帐身。六铺作卷头重栱造,四出角,于压厦版上施雁翅版,槽内名件并准腰檐法。上施单钩阑,高七寸。撮项栱造。

普拍方：长随间之广,合用(角)在外。其广一寸二分,厚一寸。

夹科槽版：长随间之深广,其广九寸,厚一寸一分。

科槽钥匙头版：每深一尺,则长四寸。其广厚同科槽版。逐间段数亦同。

压厦版：长同科槽版,每梢间加长一尺五寸。广九寸五分,厚一寸一分。

科槽卧棵：每深一尺,则长九寸六分五厘。方一寸六分。每铺作一朵用二条。

立榥：长九寸，方一寸六分。每铺作一朵用四条。

雁翅版：长随压厦版，其广二寸五分，厚五分。

坐面版：长随枓槽内，其广九寸，厚五分。

天宫楼阁：共高七尺二寸，深一尺一寸至一尺三寸。出跳及檐并在柱外。下层为副阶；中层为平坐；上层为腰檐；檐上为九脊殿结瓦（宪）。其殿身，茶楼，有挟屋者。角楼，并六铺作单抄（杪）重昂。或单栱或重栱。角楼长一瓣半。殿身及茶楼各长三瓣。殿挟及龟头，并五铺作单抄（杪）单昂。或单栱或重栱。殿挟长一瓣，龟头长二瓣。行廊四铺作，单抄（杪），或单栱或重栱。长二瓣、分心。材广六分。每瓣用补间铺作两朵。两侧龟头等制度并准此。中层平坐：用六铺作卷头造。平坐上用单钩阑，高四寸。枓子蜀柱造。

上层殿楼、龟头之内，唯殿身施重檐"重檐"谓殿身并副阶，其高五尺者不用。外，其余制度并准下层之法。其枓槽版及最上结瓦（宪）压脊、瓦陇条之类，并量宜用之。

帐上所用钩阑：应用小钩阑者，并通用此制度。

重台钩阑：共高八寸至一尺二寸，其钩阑并准楼阁殿亭钩阑制度。下同。其名件等，以钩阑每尺之高，积而为法。

望柱：长视高，加四寸。每高一尺，则方二寸。通身八瓣。

蜀柱：长同上，广二寸，厚一寸。其上方一寸六分，刻为瘿项。

云栱：长三寸，广一寸五分，厚九分。

地霞：长五寸，广同上，厚一寸三分。

寻杖：长随间广，方九分。

盆唇木：长同上，广一寸六分，厚六分。

束腰：长同上，广一寸，厚八分。

上华版：长随蜀柱内，其广二寸，厚四分。四面各别出卯，合入池槽。下同。

下华版：长厚同上，卯入至蜀柱卯。广一寸五分。

地栿：长随望柱内，广一寸八分，厚一寸一分。上两棱连梯混各四分。

单钩阑：高五寸至一尺者，并用此法。其名件等，以钩阑每寸之高，积而为法。

望柱：长视高，加二寸。方一分八厘。

蜀柱：长同上。制度同重台钩阑法。自盆唇木上，云栱下，作撮项胡桃子。

云栱：长四分，广二分，厚一分。

寻杖：长随间之广，方一分。

盆唇木：长同上。广一分八厘，厚八厘。

华版：长随蜀柱内，广三分。以厚四分为定法。

地栿：长随望柱内，其广一分五厘，厚一分二厘。

枓子蜀柱钩阑：高三寸至五寸者，并用此法。其名件等，以钩阑每寸之高，积而为法。

蜀柱：长视高，卯在内。广二分四厘，厚一分二厘。

寻杖：长随间之广，方一分三厘。

盆唇木：长同上，广二分，厚一分二厘。

华版：长随蜀柱内，其广三分。以厚三分为定法。

地栿：长随间广，其广一分五厘，厚一分二厘。

踏道圜桥子：高四尺五寸，斜拽长三尺七寸至五尺五寸，面广五尺。下用龟脚，上施连梯、立旌，四周缠难子合版，内用榥。两颊之内，逐层安促踏版；上随圜势，施钩阑、望柱。

龟脚：每桥子高一尺，则长二寸，广六分，厚四分。

连梯桯：其广一寸，厚五分。

连梯榥：长随广，其方五分。

立柱：长视高，方七分。

拢立柱上榥：长与方并同连梯榥。

两颊：每高一尺，则加六寸，曲广四寸，厚五分。

促版、踏版：每广一尺，则长九寸六分。广一寸三分，踏版又加三分。厚二分三厘。

踏版榥：每广一尺，则长加八分。方六分。

背版：长随柱子内，广视连梯与上榥内。以厚六分为定法。

月版：长视两颊及柱子内，广随两颊与连梯内。以厚六分为定法。

上层如用山华蕉叶造者，帐身之上，更不用结瓦（宽）。其压厦版，于椽檐方外出四十分，上施混肚方。方上用仰阳版，版上安山华蕉叶，共高二尺七寸七分。其名件广厚，皆取自普拍方至山华每尺之高，积而为法。

顶版：长随间广，其广随深。以厚七分为定法。

混肚方：广二寸，厚八分。

仰阳版：广二寸八分，厚三分。

山华版：广厚同上。

仰阳上下贴：长同仰阳版，其广六分，厚二分四厘。

合角贴：长五寸六分，广厚同上。

柱子：长一寸六分，广厚同上。

榑：长三寸二分，广同上，厚四分。

凡佛道帐芙蓉瓣，每瓣长一尺二寸、随瓣用龟脚。上对铺作。结瓦（宠）陇条，每条相去如陇条之广。至角随宜分布。其屋盖举折及枓栱等分数，并准大木作制度随材减之。杀棘（卷杀）瓣柱及飞子亦如之。

小木作制度五

牙脚帐

造牙脚帐之制:共高一丈五尺,广三丈,内外拢共深八尺。以此为率。下段用牙脚坐;坐下施龟脚。中段帐身上用隔科(枓);下用锃脚。上段山华仰阳版;六铺作。每段各分作三段造。其名件广厚,皆随逐层每尺之高,积而为法。

牙脚坐:高二尺五寸,长三丈二尺,深一丈。坐头在内。下用连梯龟脚,中用束腰压青牙子、牙头、牙脚,背版填心。上用梯盘、面版,安重台钩阑,高一尺。其钩阑并准"佛道帐制度"。

龟脚:每坐高一尺,则长三寸,广一寸二分,厚一寸四分。

连梯:随坐深长,其广八分,厚一寸二分。

角柱:长六寸二分,方一寸六分。

束腰:长随角柱内,其广一寸,厚七分。

牙头:长三寸二分,广一寸四分,厚四分。

牙脚:长六寸二分,广二寸四分,厚同上。

填心:长三寸六分,广二寸八分,厚同上。

压青牙子:长同束腰,广一寸六分,厚二分六厘。

上梯盘:长同连梯,其广二寸,厚一寸四分。

面版:长广皆随梯盘长深之内,厚同牙头。

背版:长随角柱内,其广六寸二分,厚三分二厘。

束腰上贴络柱子:长一尺(寸),两头义(叉)瓣在外。方七分。

束腰上榑(衬)版:长三分六

厘,广一寸,厚同牙头。

连梯榥:每深一尺,则长八寸六分。方一寸。每面广一尺用一条。

立榥:长九寸,方同上。随连梯榥用五路(条)。

梯盘榥:长同连梯,方同上。用同连梯榥。

帐身:高九尺,长三丈,深八尺。内外槽柱上用隔科(枓),下用镊脚。四面柱内安欢门、帐带。两侧及后壁皆施心柱、腰串、难子安版。前面每间两边,并用立颊泥道版。

内外帐柱:长视帐身之高,每高一尺,则方四分五厘。

虡(虚)柱:长三寸,方四分五厘。

内外槽上隔科(枓)版:长随每间之深广,其广一寸二分四厘,厚一分七厘。

上隔科(枓)仰托榥:长同上,广四分,厚二分。

上隔科(枓)内外上下贴:长同上,广二分,厚一分。

上隔科(枓)内外上柱子:长五分。下柱子:长三分四厘,其广厚并同上。

内外欢门:长同上。其广二分,厚一分五厘。

内外帐带:长三寸四分,方三分六厘。

裹(里)槽下镊脚版:长随每间之深广,其广七分,厚一分七厘。

镊脚仰托榥:长同上,广四分,厚二分。

镊脚内外贴:长同上,广二分,厚一分。

镊脚内外柱子:长五分,广二分,厚同上。

两侧及后壁合版:长同立颊,广随帐柱,心柱内,其厚一分。

心柱:长同上,方三分五厘。

腰串:长随帐柱内,方同上。

立颊:长视上下仰托榥内,其广三分六厘,厚三分。

泥道版:长同上,其广一寸八分,厚一分。

难子:长同立颊,方一分。安平棋(棊)亦用此。

平棋(棊):华文等并准殿内平棋(棊)制度。

桯:长随枓槽四周之内,其广二分三厘,厚一分六厘。

背版:长广随桯。以厚五分为定法。

贴:长随桯内,其广一分六厘。厚同背版。

难子并贴华:每方一尺,厚同

贴。用华子二十五枚或十六枚。

棍：长同桯，其广二分三厘，厚一分六厘。

护缝：长同背版，其广二分。厚同贴。

帐头：共高三尺五寸。枓槽长二丈九尺七寸六分，深七尺七寸六分。六铺作，单抄（枛）重昂重栱转角造。其材广一寸五分。柱上安枓槽版。铺作之上用压厦版。版上施混肚方、仰阳山华版。每间用补间铺作二十八朵。

普拍方：长随间广，其广一寸二分，厚四分七厘。绞头在外。

内外槽并两侧夹枓槽版：长随帐之深广，其广三寸，厚五分七厘。

压厦版：长同上，至角加一寸三分（一尺三寸）。其广三寸二分六厘，厚五分七厘。

混肚方：长同上，至角加一尺五寸。其广二分，厚七分。

顶版：长随混肚方内。以厚六分为定法。

仰阳版：长同混肚方，至角加一尺六寸。其广二寸五分，厚三分。

仰阳上下贴：下贴长同上，上贴随合角贴内，广五分，厚二分五厘。

仰阳合角贴：长随仰阳版之广，其广厚同上。

山华版：长同仰阳版，至角加一尺九寸。其广二寸九分，厚三分。

山华合角贴：广五分，厚二分五厘。

卧棍：长随混肚方内，其方七分。每长一尺用一条。

马头棍：长四寸，方七分。用同卧棍。

棍：长随仰阳山华版之广，其方四分。每山华用一条。

凡牙脚帐坐，每一尺作一壸门，下施龟脚，合对铺作。其所用枓栱名件分数，并准大木制度，随材减之。

九脊小帐

造九脊小帐之制：自牙脚坐下龟脚至脊，共高一丈二尺，鸱尾在外。广八尺，内外拢共深四尺。下段、中段与牙脚帐同；上段五铺作、九脊殿结屍（宽）造。其名件广厚，皆随逐层每尺之高，积而为法。

牙脚坐：高二尺五寸，长九尺六寸，坐头在内。深五尺。自下连梯、龟脚，上至面版安重台钩阑，并准牙脚帐坐制度。

龟脚：每坐高一尺，则长三寸，

广一寸二分,厚六分。

连梯:[长]随坐深长,其广二寸,厚一寸二分。

角柱:长六寸二分,方一寸二分。

束腰:长随角柱内,其广一寸,厚六分。

牙头:长二寸八分,广一寸四分,厚三分二厘。

牙脚:长六寸二分,广二寸,厚同上。

填心:长三寸六分,广二寸二分,厚同上。

压青牙子:长同束腰,随深广。减一寸五分;其广一寸六分,厚二分四厘。

上梯盘:长厚同连梯,广一寸六分。

面版:长广皆随梯盘内,厚四分。

背版:长随角柱内,其广六寸二分,厚同压青牙子。

束腰上贴络柱子:长一寸,别出两头义(叉)瓣。方六分。

束腰锃脚内衬版:长二寸八分,广一寸,厚同填心。

连梯棍:长随连梯内,方一寸。每广一尺用一条。

立棍:长九寸,卯在内。方同上。随连梯棍用三路(条)。

梯盘棍:长同连梯,方同上。用同连梯棍。

帐身:一间,高六尺五寸,广八尺,深四尺。其内外槽柱至泥道版,并准牙脚帐制度。唯后壁两侧并不用腰串。

内外帐柱:长视帐身之高,方五分。

虖(虚)柱:长三寸五分,方四分五厘。

内外槽上隔科(枓)版:长随帐柱内,其广一寸四分二厘,厚一分五厘。

上隔科(枓)仰托棍:长同上,广四分三厘,厚二分八厘。

上隔科(枓)内外上下贴:长同上,广二分八厘,厚一分四厘。

上隔科(枓)内外上柱子:长四分八厘,下柱子:长三分八厘,广厚同上。

内欢门:长随立颊内。外欢门:长随帐柱内。其广一寸五分,厚一分五厘。

内外帐带:长三寸二分,方三分四厘。

裹(里)槽下锃脚板(版):长同上隔科(枓)上下贴,其广七分二厘,厚一分五厘。

锃脚仰托棍:长同上,广四分

三厘,厚二分八厘。

铤脚内外贴:长同上,广二分八厘,厚一分四厘。

铤脚内外柱子:长四分八厘,广二分八厘,厚一分四厘。

两侧及后壁合版:长视上下仰托榥,广随帐柱、心柱内,其厚一分。

心柱:长同上,方三分六厘。

立颊:长同上,广三分六厘,厚三分。

泥道版:长同上,广随帐柱、立颊内,厚同合版。

难子:长随立颊及帐身版、泥道版之长广,其方一分。

平棋(棊):华文等并准殿内平棋制度。作三段造。

桯:长随科槽四周之内,其广六分三厘,厚五分。

背版:长广随桯。以厚五分为定法。

贴:长随桯内,其广五分。厚同上。

贴络华文:厚同上。每方一尺,用华子二十五枚或十六枚。

福:长同背版,其广六分,厚五分。

护缝:长同上,其广五分。厚同贴。

难子:长同上,方二分。

帐头:自普拍方至脊共高三尺,鸱尾在外广八尺,深四尺。四柱,五铺作,下出一抄,上施一昂,材广一寸二分,厚八分,重栱造。上用压厦版,出飞檐作九脊结㼧(宽)。

普拍方:长随广深,绞头在外。其广一寸,厚三分。

科槽版:长厚同上,减二寸。其广二寸五分。

压厦版:长厚同上,每壁加五寸。其广二寸二分。

栿:长随深,加五寸。其广一寸,厚八分。

大角梁:长七寸,广八分,厚六分。

子角梁:长四寸,曲广二寸,厚同上。

贴生:长同压厦版,加七寸。其广六分,厚四分。

脊槫:长随广,其广一寸,厚八分。

脊槫下蜀柱:长八寸,广厚同上。

脊串:长随槫,其广六分,厚五分。

义(叉)手:长六寸,广厚皆同角梁。

山版:每深一尺,则长九寸。广四寸五分。以厚六分为定法。

曲椽:每深一尺,则长八寸。曲广同脊串,厚三分。每补间铺作一朵用三条。

厦头椽:每深一尺,则长五寸。广四分,厚同上。角同上。

从角椽:长随宜,均摊使用。

大连檐:长随深广,每壁加一尺二寸。其广同曲椽,厚同贴生。

前后厦瓦版:长随槫。每至角加一尺五寸。其广自脊至大连檐随材合缝,以厚五分为定法。

两厦头厦瓦版:长随深,加同上。其广自山版至大连檐。合缝同上,厚同上。

飞子:长二寸五分,尾在内。广二分五厘,厚二分三厘。角内随宜取曲。

白版:长随飞檐,每壁加二尺。其广三寸。〈以〉厚同厦瓦版。

压脊:长随厦瓦版,其广一寸五分,厚一寸。

垂脊:长随脊至压厦版外,其曲广及厚同上。

角脊:长六寸,广厚同上。

曲阑槫脊:共长四尺。广一寸,厚五分。

前后瓦陇条:每深一尺,则长八寸

五分,厦头者长五寸五分。若至角,并随角斜长。方三分,相去空分同。

搏风版:每深一尺,则长四寸五分。曲广一寸二分。以厚七分为定法。

瓦口子:长随子角梁内,其曲广六分。

垂鱼:共(其)长一尺二寸;每长一尺,即广六寸,厚同搏风版。

惹草:共(其)长一尺。每长一尺,即广七寸。厚同上。

鸱尾:共高一尺一寸。每高一尺,即广六寸。厚同压脊。

凡九脊小帐,施之于屋一间之内。其补间铺作前后各八朵,两侧各四朵。坐内壸门等,并准"牙脚帐制度"。

壁帐

造壁帐之制:高一丈三尺至一丈六尺。山华仰阳在外。其帐柱之上安普拍方;方上施隔科(枓)及五铺作下昂重栱,出角入角造。其材广一寸二分,厚八分。每一间用补间铺作一十三朵。铺作上施压厦版、混肚方,混肚方上与梁下齐。方上安仰阳版及山华。仰阳版山华在两梁之间。帐内上施平棋(棊)。两柱之内并用叉子栿。其名件广厚,皆取帐身间内每尺之广,积而为法。

帐柱:见(长)视高,每间广一尺,则方三分八厘。

仰托榥:长随间广,其广三分,厚二分。

隔科(枓)版:长同上,其广一寸一分,厚一分。

隔科(枓)贴:长随两柱之内,其广二分,厚八厘。

隔科(枓)柱子:长随贴内,广厚同贴。

枓槽版:长同仰托榥,其广七分六厘,厚一分。

压厦版:长同上,其广八分,厚一分。枓槽版及压厦版,如减材分,即广随所用减之。

混肚方:长同上,其广四分,厚二分。

仰阳版:长同上,其广七分,厚一分。

仰阳贴:长同上,其广二分,厚八厘。

合角贴:长视仰阳版之广,其厚同仰阳贴。

山华版:长随仰阳版[之]广,其厚同压厦版。

平棋(棊):华文并准殿内平棋制度。长广并随间内。

背版:长随平棋(棊),其广随帐之深。以厚六分为定法。

桯:[长]随背版四周之广,其广二分,厚一分六厘。

贴:长随桯四周之内,其广一分六厘。厚同上。

难子并贴华:每方一尺,用贴络华二十五枚或十六枚。

护缝:长随平棋(棊),其广同桯。厚同背版。

福:广三分,厚二分。

凡壁帐,上山华仰阳版后,每华尖皆施福一枚。所用飞子、马衔,皆量宜造(用)之。其枓栱等分数,并准大木作制度。

营 造 法 式
卷 十 一

小木作制度六

转轮经藏

造经藏之制:共高二丈,径一丈六尺,八棱,每棱面,广六尺六寸六分。内外槽柱;外槽帐身柱上腰檐平坐,坐上施天宫楼阁。八面制度并同,其名件广厚,皆随逐层每尺之高,积而为法。

外槽帐身:柱上用隔科(科)、欢门、帐带造,高一丈二尺。

帐身外槽柱:长视高,广四分六厘,厚四分。归瓣造。

隔科(科)版:长随帐柱内,其广一寸六分,厚一分二厘。

仰托榥:长同上,广三分,厚二分。

隔科(科)内外贴:长同上,广二分,厚九厘。

内外上下柱子:上柱长四分,下柱长三分,广厚同上。

欢门:长同隔科版,其广一寸二分,厚一分二厘。

帐带:长二寸五分,方二分六厘。

腰檐并结瓦(宽):共高二尺,科槽径一丈五尺八寸四分。科槽及出檐在外。内外并六铺作重栱,用一寸材,厚六分六厘。每瓣补间铺作五朵。外跳单抄(抄)重昂;里跳并卷头。其柱上先用普拍方施科栱,上用压厦版,出椽并飞子、角梁、贴生。依副阶举折结瓦(宽)。

普拍方:长随每瓣之广,绞角在外。其广二寸,厚七分五厘。

科槽版:长同上,广三寸五分,厚一寸。

压厦版:长同上,加长七寸。广七寸五分,厚七分五厘。

山版:长同上,广四寸五分,厚一寸。

贴生:长同山版,加长六寸。方

一分。

角梁:长八寸,广一寸五分,厚同上。

子角梁:长六寸,广同上,厚八分。

搏脊槫:长同上,加长一寸。广一寸五分,厚一寸。

曲椽:长八寸,曲广一寸,厚四分。每补间铺作一朵用三条,与从椽取匀分擘。

飞子:长五寸,方三分五厘。

白版:长同山版,加长一尺。广三寸五分。以厚五分为定法。

井口椽:长随径,方二寸。

立棍:长视高,方一寸五分。每瓣用三路(条)。

马头棍:方同上。用数亦同上。

厦瓦版:长同山版,加长一尺。广五寸。以厚五分为定法。

瓦陇条:长九寸,方四分。瓦头在内。

瓦口子:长厚同厦瓦版,曲广三寸。

小山子版:长广各四寸,厚一寸。

搏脊:长同山版,加长二寸。广二寸五分,厚八分。

角脊:长五寸,广二寸,厚一寸。

平坐:高一尺,枓槽径一丈五尺八寸四分。压厦版出头在外。六铺作,卷头重栱,用一寸材。每瓣用补间铺作九朵。上施单钩阑,高六寸。撮项云栱造,其钩阑准"佛道帐制度"。

普拍方:长随每瓣之广,绞头在外。方一寸。

枓槽版:长同上,其广九寸,厚二寸。

压厦版:长同上,加长七寸五分。广九寸五分,厚二寸。

雁翅版:长同上,加长八寸。广二寸五分,厚八分。

井口棍:长同上,方三寸。

马头棍:每直径一尺,则长一寸五分。方三分。每瓣用三条。

钿面版:长同井口棍,减长四寸。广一尺二寸,厚七分。

天宫楼阁:三层,共高五尺,深一尺。下层副阶内角楼子,长一瓣,六铺作,单抄(杪)重昂。角楼挟屋长一瓣,茶楼子长二瓣,并五铺作,单抄(杪)单昂。行廊长二瓣,分心。四铺作,以上并或单栱或重栱造。材广五分,厚三分三厘,每瓣用补间铺作两朵,其中层平坐上安单钩阑,高四寸。枓子蜀柱造,其钩阑准"佛道帐制度"。铺作并用卷头,与上层楼阁所用铺作之数,并准下层之制。其结𥦗(宽)名件,准腰檐制度,量所宜减之。

裹(里)槽坐:高三尺五寸。并(并)帐身及上层楼阁,共高一丈三尺;帐身直径一丈。面径一丈一尺四寸四分;枓槽径九尺八寸四分;下用龟脚;脚上施车槽、叠涩等。其制度并准佛道帐坐之法。内门窗上设平坐;坐上施重台钩阑,高九寸。云栱瘿项造,其钩阑准"佛道帐制度"。用六铺作卷头;其材广一寸,厚六分六厘。每瓣用补间铺作五朵,门窗或用壸(壶)门、神龛。并作芙蓉瓣造。

龟脚:长二寸,广八分,厚四分。

车槽上下涩:长随每瓣之广,加长一寸。其广二寸六分,厚六分。

车槽:长同上,减长一寸。广二寸,厚七分。安华版在外。

上子涩:两重,在坐腰上下者。长同上,减长二寸。广二寸,厚三分。

下子涩:长厚同上,广二寸三分。

坐腰:长同上,减长三寸五分。广一寸三分,厚一寸。安华版在外。

坐面涩:长同上,广二寸三分,厚六分。

猴面版:长同上,广三寸,厚六分。

明金版:长同上,减长二寸。广一寸八分,厚一分五厘。

普拍方:长同上,绞头在外。方三分。

枓槽版:长同上,减长七寸。广二寸,厚三分。

压厦版:长同上,减长一寸。广一寸五分,厚同上。

车槽华版:长随车槽,广七分,厚同上。

坐腰华版:长随坐腰,广一寸,厚同上。

坐面版:长广并随猴面版内,厚二分五厘。

坐内背版:每枓槽径一尺,则长二寸五分;广随坐高,以厚六分为定法。

猴面梯盘棍:每枓槽径一尺,则长八寸。方一寸。

猴面钿版棍:每枓槽径一尺,则长二寸。方八分。每瓣用三条。

坐下榻头木并下卧棍:每枓槽径一尺,则长八寸。方同上。随瓣用。

榻头木立棍:长九寸,方同上。随瓣用。

拽后棍:每枓槽径一尺,则长二寸五分。方同上。每瓣上下用六条。

柱脚方并下卧榥:每料槽径一尺,则长五寸。方一寸。随瓣用。

柱脚立榥:长九寸,方同上。每瓣上下用六条。

帐身:高八尺五寸,径一丈。帐柱下用锃脚,上用隔料,四面并安欢门、帐带,前后用门。柱内两边皆施立颊、泥道版造。

帐柱:长视高,其广六分,厚五分。

下锃脚上隔料版:各长随帐柱内,广八分,厚一分四厘;内上隔料版广一寸七分。

下锃脚上隔料仰托榥:各长同上,广三分六厘,厚二分四厘。

下锃脚上隔料内外贴:各长同上,广二分四厘,厚一分一厘。

下锃脚及上隔料上内外柱子:各长六分六厘。上隔料内外下柱子:长五分六厘,各广厚同上。

立颊:长视上下仰托榥内,广厚同仰托榥。

泥道版;长同上,广八分,厚一分。

难子:长同上,方一分。

欢门:长随两立颊内,广一寸二分,厚一分。

帐带:长三寸二分,方二分四厘。

门子:长视立颊。广随两立颊内。合版令足两扇之数。以厚八分为定法。

帐身版:长同上,广随帐柱内,厚一分二厘。

帐身版上下及两侧内外难子:长同上,方一分二厘。

柱上帐头:共高一尺,径九尺八寸四分。檐及出跳在外。六铺作,卷头重栱造。其材广一寸,厚六分六厘。每瓣用补间铺作五朵,上施平棋(棊)。

普拍方:长随每瓣之广,绞头在外。广三寸,厚一寸二分。

料槽版:长同上,广七寸五分,厚二寸。

压厦版:长同上,加长七寸。广九寸,厚一寸五分。

角栿:每径一尺,则长三寸。广四寸,厚三寸。

算程方:广四寸,厚二寸五分。长用两等:一每径一尺,长六寸二分;一每径一尺,长四寸八分。

平棋(棊):贴络华文等,并准殿内平棋(棊)制度。

桯;长随内外算程方及算程方心,广二寸,厚一分五厘。

背版:长广随桯四周之内。以厚五分为定法。

辐:每径一尺,则长五寸七分。方二寸。

护缝:长同背版,广二寸。以厚五分为定法。

贴:长随桯内,广一寸二分。厚同上。

难子并贴络华:厚同贴。每方一尺,用华子二十五枚或十六枚。

转轮:高八尺,径九尺。当心用立轴,长一丈八尺,径一尺五寸。上用铁铜钏,下用铁鹅台桶子。如造地藏,其辐量所用增之。其轮七格,上下各札辐挂辋;每格用八辋,安十六辐,盛经匣十六枚。

辐:每径一尺,则长四寸五分。方三分。

外辋:径九尺,每径一尺,则长四寸八分。曲广七分,厚二分五厘。

内辋:径五尺,每径一尺,则长三寸八分。曲广五分,厚四分。

外柱子:长视高,方二分五厘。

内柱子:长一寸五分,方同上。

立颊:长同外柱子,方一分五厘。

钿面版:长二寸五分,外广二寸二分,内广一寸二分。以厚六分为定法。

格版:长二寸五分,广一寸二分。厚同上。

后壁格版:长广一寸二分。厚同上。

难子:长随格版、后壁版四周,方八厘。

托辐牙子:长二寸,广一寸,厚三分。隔间用。

托枨:每径一尺,则长四寸。方四分。

立绞榥:长视高,方二分五厘。随辐用。

十字套轴版:长随外平坐上外径,广一寸五分,厚五分。

泥道版:长一寸一分,广三分二厘。以厚六分为定法。

泥道难子:长随泥道版四周,方三厘。

经匣:长一尺五寸,广六寸五分,高六寸。盝顶在内。上用趄尘盝顶,陷顶开带,四角打卯,下陷底。每高一寸,以二分为盝顶斜高,以一分三厘为开带。四壁版长,随匣之长广,每匣高一寸,则广八分,厚八厘。顶版、底版,每匣长一尺,则长九寸五分。每匣广一寸,则广八分八厘。每匣高一寸,则厚八厘。子口版,长随匣四周之内。每高一寸,则广二分,厚五厘。

凡经藏坐芙蓉瓣,长六寸六分,下施龟脚。上对铺作。套轴版安于外槽平坐之上，其结冤（宛）、瓦陇条之类，并准“佛道帐制度”。举折等亦如之。

壁藏

造壁藏之制：共高一丈九尺，身广三丈，两摆手各广六尺，内外槽共深四尺。坐头及出跳皆在柱外。前后与两侧制度并同，其名件广厚，皆取逐层每尺之高，积而为法。

坐：高三尺，深五尺二寸，长随藏身之广。下用龟脚，脚上施车槽、叠涩等。其制度并准佛道帐坐之法。唯坐腰之内，造神龛壶（壶）门，门外安重台钩阑，高八寸。上设平坐，坐上安重台钩阑。高一尺，用云栱瘿项造。其钩阑准“佛道帐制度”。用五铺作卷头，其材广一寸，厚六分六厘。每六寸六分施补间铺作一朵，其坐并芙蓉瓣造。

龟脚：每坐高一尺，则长二寸，广八分，厚五分。

车槽上下涩：后壁侧当者，长随坐之深加二寸；内上涩面前长减坐八尺。广二寸五分，厚六分五厘。

车槽：长随坐之深广，广二寸，厚七分。

上子涩：两重，长同上，广一寸七分，厚三分。

下子涩：长同上，广二寸，厚同上。

坐腰：长同上，减五寸。广一寸二分，厚一寸。

坐面涩：长同上，广二寸，厚六分五厘。

猴面版：长同上，广三寸，厚七分。

明金版：长同上，每面减四寸。广一寸四分，厚二分。

枓槽版：长同车槽上下涩，侧当减一尺二寸，面前减八尺，摆手面前广减六寸。广二寸三分，厚三分四厘。

压厦版：长同上，侧当减四寸，面前减八尺，摆手面前减二寸。广一寸六分，厚同上。

神龛壶（壶）门背版：长随枓槽，广一寸七分，厚一分四厘。

壶（壶）门牙头：长同上，广五分，厚三分。

柱子：长五分七厘，广三分四厘，厚同上。随瓣用。

面版：长与广皆随猴面版内。以厚八分为定法。

普拍方：长随枓槽之深广，方三分四厘。

下车槽卧栿：每深一尺，则长九寸，卯在内。方一寸一分。隔瓣用。

柱脚方：长随枓槽内深广，方一寸二分。绞荫在内。

柱脚方立榥：长九寸，卯在内。方一寸一分。隔瓣用。

榻头木：长随柱脚方内，方同上。绞荫在内。

榻头木立榥：长九寸一分，卯在内。方同上。隔瓣用。

拽后榥：长五寸，卯在内。方一寸。

罗文榥：长随高之斜长，方同上。隔瓣用。

猴面卧榥：每深一尺，则长九寸，卯在内。方同榻头木。隔瓣用。

帐身：高八尺，深四尺。帐柱上施隔枓；下用锃脚；前面及两侧皆安欢门、帐带。帐身施版门子。上下截作七格。每格安经匣四十枚。屋内用平棋（棊）等造。

帐内外槽柱：长视帐身之高，方四分。

内外槽上隔枓版：长随帐柱内，广一寸三分，厚一分八厘。

内外槽上隔枓仰托榥：长同上，广五分，厚二分二厘。

内外槽上隔枓内外上下贴：长同上，广二分二厘，厚一分二厘。

内外槽上隔枓内外上柱子：长五分，广厚同上。

内外槽上隔枓内外下柱子：长三分六厘，广厚同上。

内外欢门：长同仰托榥，广一寸二分，厚一分八厘。

内外帐带：长三寸，方四分。

里槽下锃脚版：长同上隔枓版，广七分二厘，厚一分八厘。

里槽下锃脚仰托榥：长同上，广五分，厚二分二厘。

里槽下锃脚外柱子：长五分，广二分二厘，厚一分二厘。

正后壁及两侧后壁心柱：长视上下仰托榥内，其腰串长随心柱内，各方四分。

帐身版：长视仰托榥、腰串内，广随帐柱、心柱内。以厚八分为定法。

帐身版内外难子：长随版四周之广，方一分。

逐格前后格榥：长随间广，方二分。

钿版榥：每深一尺，则长五寸五分。广一分八厘，厚一分五厘。每广六寸用一条。

逐格钿面版：长同版前后两侧格榥，广随前后格榥内。以厚六分为定法。

逐格前后柱子：长八寸，方二分。每匣小间用二条。

格版：长二寸五分，广八分五

厘,厚同钿面版。

破间心柱:长视上下仰托榥内,其广五分,厚三分。

折叠门子:长同上,广随心柱、帐柱内。以厚一寸(分)为定法。

格版难子:长随格版之广,其方六厘。

里槽普拍方:长随间之深广,其广五分,厚二分。

平棋(棊):华文等准"佛道帐制度"。

经匣:盝顶及大小等,并准"转轮藏经匣制度"。

腰檐:高二(一)尺,枓槽共长二丈九尺八寸四分,深三尺八寸四分。枓栱用六铺作,单抄(杪)双昂;材广一寸,厚六分六厘。上用压厦版出檐结宽(瓦)。

普拍方:长随深广,绞头在外。广二寸,厚八分。

枓槽版:长随后壁及两侧摆手深广,前面长减八尺(寸)。广三寸五分,厚一寸。

压厦版:长同枓槽版,减六寸,前面长减同上。广四寸,厚一寸。

枓槽钥匙头:长随深广,厚同枓槽版。

山版:长同普拍方,广四寸五分,厚一寸。

出入角角梁:长视斜高,广一寸五分,厚同上。

出入角子角梁:长六寸,卯在内。曲广一寸五分,厚八分。

抹角方:长七寸,广一寸五分,厚同角梁。

贴生:长随角梁内,方一寸。折计用。

曲椽:长八寸,曲广一寸,厚四分。每补间铺作一朵用三条,从角均(匀)摊。

飞子:长五寸,尾在内。方三分五厘。

白版:长随后壁及两侧摆手,到角长加一尺,前面长减九尺。广三寸五分。以厚五分为定法。

厦宽(瓦)版:长同白版,加一尺三寸,前面长减八尺。广九寸。厚同上。

瓦陇条:长九寸,方四分。瓦头在内,隔间均(匀)摊。

搏脊:长同山版,加二寸,前面长减八尺。其广二寸五分,厚一寸。

角脊:长六寸,广二寸,厚同上。

搏脊槫:长随间之深广,其广一寸五分,厚同上。

小山子版:长与广皆二寸五分,厚同上。

山版枓槽卧棍：长随枓槽内，其方一寸五分。隔瓣上下用二枚。

山版枓槽立棍：长八寸，方同上。隔瓣用二枚。

平坐：高一尺，枓槽长随间之广，共长二丈九尺八寸四分，深三尺八寸四分。安单钩阑，高七寸。其钩阑准"佛道帐制度"。用六铺作卷头，材之广厚及用压厦版，并准腰檐之制。

普拍方：长随间之深广，合角在外。方一寸。

枓槽版：长随后壁及两侧摆手，前面减八尺，广九寸，子口在内。厚二寸。

压厦版：长同枓槽版，至出角加七寸五分，前面减同上。广九寸五分，厚同上。

雁翅版：长同枓槽版，至出角加九寸，前面减同上。广二寸五分，厚八分。

枓槽内上下卧棍：长随枓槽内，其方三寸。随瓣隔间上下用。

枓槽内上下立棍：长随坐高，其方二寸五分。随卧棍用二条。

钿面版：长同普拍方。厚以七分为定法。

天宫楼阁：高五尺，深一尺。用殿身、茶楼、角楼、龟头、殿挟屋、行廊等造。

下层副阶：内殿身长三瓣，茶楼子长二瓣，角楼长一瓣，并六铺作单抄（杪）双昂造。龟头、殿挟各长一瓣，并五铺作单抄（杪）单昂造；行廊长二瓣，分心四铺作造。其材并广五寸（分），厚三分三厘。出入转角，间内并用补间铺作。

中层副阶上平坐：安单钩阑，高四寸。其钩阑准"佛道帐制度"。其平坐并用卷头铺作等，及上层平坐上天宫楼阁，并准副阶法。

凡壁藏芙蓉瓣，每瓣长六寸六分，其用龟脚至举折等，并准"佛道帐之制"。

营 造 法 式
卷 十 二

雕作制度

混作

雕混作之制有八品：

一曰神仙；真人、女真、金童、玉女之类同。二曰飞仙；嫔伽、共命鸟之类同。三曰化生；以上并手执乐器或芝草，华果、瓶盘、器物之属。四曰拂菻（菻）；蕃王，夷人之类同，手内牵拽走兽，或执旌旗、矛、戟之属；五曰凤凰（皇）；孔雀、仙鹤、鹦鹉、山鹧、练鹊、锦鸡、鸳鸯、鹅、鸭、鳬、雁之类同；六曰师子；狻猊、麒麟、天马、海马、羱（羚）羊、仙鹿、熊象之类同。以上并施之于钩阑柱头之上或牌带四周，其牌带之内，上施飞仙，下用宝床真人等，如系御书，两颊作升龙，并在起突华地之外。及照壁版之类亦用之。七曰角神；宝藏神之类同。施之于屋出入转角大角梁之下，及帐坐腰内之类亦用之。八曰缠柱龙。盘龙、坐龙、牙鱼之类同。施之于帐及经藏柱之上，或缠宝山，或盘于藻井之内。

凡混作雕刻成形之物，令四周皆备，其人物及凤凰（皇）之类，或立或坐，并于仰覆莲华或覆瓣莲华坐上用之。

雕插写生华

雕插写生华之制有五品：

一曰牡丹华；二曰芍药华；三曰黄葵华；四曰芙蓉华；五曰莲荷华。以上并施之于栱眼壁之内。

凡雕插写生华，先约栱眼壁之高广，量宜分布画样，随其卷舒，雕成华叶，于宝山之上，以华盆安插之。

起突卷叶华

雕剔地起突 或透突。卷叶华

之制有三品:

一曰海石榴华;二曰宝牙华;三曰宝相华。谓皆卷叶者,牡丹华之类同。每一叶之上,三卷者为上,两卷者次之,一卷者又次之。以上并施之于梁、额 里贴同,格子门腰版、牌带、钩阑版、云栱、寻杖头、橡头盘子 如殿阁橡头盘子,或盘起突龙凤之类。及华版。凡贴络,如平棋(茱)心中角内,若牙子版之类皆用之。或于华内间以龙、凤、化生、飞禽、走兽等物。

凡雕剔地起突华,皆于版上压下四周隐起。身内华叶等雕镂,叶内飜(翻)卷,令表里分明。剔削枝条,须圜混相压。其华文皆随版内长广,匀留四边,量宜分布。

剔地洼叶华

雕剔地 或透突。洼叶或平卷叶。叶(华)之制有七品①:

一曰海石榴华;二曰牡丹华;芍药华、宝相华之类,卷叶或写主(生)者并同。三曰莲荷华;四曰万岁藤;五曰卷头蕙草;长生草及蛮云、蕙草之类同。六曰蛮云。胡云及蕙草云之类同。以上所用,及华内间龙、凤之类并同上。

凡雕剔地洼叶华,先于平地隐起华头及枝条,其枝梗并交起相压。减压下四周叶外空地。亦有平雕透突 或压地。诸华者,其所用并同上。若就地随刃雕压出华文者,谓之"实雕",施之于云栱、地霞、鹅项或叉子之首,及叉子铤(锭)脚版内。及牙子版,垂鱼、惹草等皆用之。

旋作制度

殿堂等杂用名件

造殿堂屋宇等杂用名件之制:

橡头盘子:大小随橡之径。若橡径五寸,即厚一寸。如径加一寸,则厚加二分;减亦如之。加至厚一寸二分止;减至厚六分止。

楷(揭)角梁宝瓶:每瓶高一尺,即肚径六寸,头长三寸三分,足高二寸。余作瓶身。瓶上施仰莲胡

---

① 此处,虽标有"七品",文中实则只有"六品"。

桃子,下坐合莲。若瓶高加一寸,则肚径加六分,减亦如之。或作素宝瓶,即肚径加一寸。

莲华柱顶:每径一寸,其高减径之半。

柱头仰覆莲华胡桃子:二段或三段造。每径广一尺,其高同径[之广]。

门上木浮沤:每径一寸,即高七分五厘。

钩阑上葱台钉:每高一寸,即径二分。钉头随径,高七分。

盖葱台钉筒子:高视钉加一寸。每高一寸,即径广二分五厘。

照壁版宝床上名件

造殿内照壁版上宝床等所用名件之制:

香炉:径七寸,其高减径之半。

注子:共高七寸。每高一寸,即肚径七分。两段造。其项高〈径〉取高十分中以三分为之。

注盌:径六寸。每径一寸,则高八分。

酒杯:径三寸。每径一寸,即高七分。足在内。

杯盘:径五寸。每径一寸,即厚二分。足子径二寸五分。每径一寸,即高四分。心子并同。

鼓:高三寸。每高一寸,即肚径七分。两头隐出皮厚及钉子。

鼓(鼓)坐:径三寸五分。每径一寸,即高八分。两段造。

杖鼓(鼓):长三寸。每长一寸,鼓(鼓)大面径七分,小面径六分,腔口径五分,腔腰径二分。

莲子:径三寸。其高减径之半。

荷叶:径六寸。每径一寸,即厚一分。

卷荷叶:长五寸。其卷径减长之半。

披莲:径二寸八分。每径一寸,即高八分。

莲蓓蕾:高三寸。每高一寸,即径七分。

佛道帐上名件

造佛道等帐上所用名件之制:

火珠:高七寸五分,肚径三寸。每肚径一寸,即尖长七分。每火珠高加一寸,即肚径加四分。减亦如之。

滴当火珠:高二寸五分。每高一寸,即肚径四分。每肚径一寸,即尖长八分。胡桃子下合莲长七分。

瓦头子:每径一寸,其长倍径之广。若作瓦钱子,每径一寸,即厚三分。减亦如之。加至厚六分止,减至厚二分止。

宝柱子:作仰合莲华、胡桃子、宝瓶相间;通长造,长一尺五寸;每长一寸,即径广八厘。如坐内纱窗旁用者,每长一寸,即径广二(一)分。若坐腰车槽内用者,每长一寸,即径广四分。

贴络门盘:每径一寸,其高减径之半。

贴络浮沤:每径五分,即高三分。

平棋(棊)钱子:径一寸。[以]厚五分为定法。

角铃:每一朵九件:大铃,盖子、簧子各一,角内子角铃共六。

大铃:高二寸。每高一寸,即肚径广八分。

盖子:径同大铃,其高减半。

簧子:径及高皆减大铃之半。

子角铃:径及高皆减簧子之半。

圜栌枓:大小随材分。高二十分,径三十二分。

虡(虚)柱莲华钱子:用五段。上段径四寸;下四段各递减二分。[以]厚三分为定法。

虡(虚)柱莲华胎子:径五寸。每径一寸,即高六分。

锯作制度

用材植

用材植之制:凡材植,须先将大方木可以入长大料者,盘截解割;次将不可以充极长极广用者,量度合用名件,亦先从名件〈中〉就长或就广解割。

抨墨

抨绳墨之制:凡大材植,须合大面在下,然后垂绳取正抨墨。其材植广而薄者,先自侧面抨墨。务在就材充用,勿令将可以充长大用者,截割为细小名件。若所造之物,或斜,或讹,或尖者,并结角交解。谓如飞子,或颠倒交斜解割,可以两就长用之类。

就余材

就余材之制:凡用木植内,如

有余材,可以别用或作版者,其外面多有璺裂,须审视名件之长广量度,就璺解割。或可以带璺用者,即那(留)余材于心内,就其厚别用或作版,勿令失料。如璺裂深或不可就者,解作臁版。

竹作制度

造笆

造殿堂等屋宇所用竹笆之制:每间广一尺,用(再)经一道。经,顺椽用。若竹径二寸一分至径一寸七分者,广一尺用经一道;径一寸五分至一寸者,广八寸用经一道;径八分以下者,广六寸用经一道。每经一道,用竹四片,纬亦如之。纬,横铺椽上。殿阁等至散舍,如六椽以上,所用竹并径三寸二分至径二寸三分。若四椽以下者,径一寸二分至径四分。其竹不以大小,并劈作四破用之。如竹径八分至径四分者,并椎破用之。下同。

隔截编道

造隔截壁桯内竹编道之制:每

壁高五尺,分作四格。上下各横用经一道。凡上下贴桯者,俗谓之"壁齿";不以经数多寡,皆上下贴桯各用一道。下同。格内横用经三道。共五道。并(至)横经纵纬相交织之。或高少而广多者,则纵经横纬织之。每经一道,用竹三片,以竹签钉之。纬用竹一片。若栱眼壁高二尺以上,分作三格;共四道。高一尺五寸以下者,分作两格;共三道。其壁高五尺以上者,所用竹径三寸二分至〈径〉二寸五分;如不及五尺,及栱眼壁、屋山内尖斜壁所用竹,径二寸三分至径一寸;并劈作四破用之。露篱所用同。

竹栅

造竹栅之制:每高一丈,分作四格。制度与竹编道同。若高一丈以上者,所用竹径八分;如不及一丈者,径四分。并去梢全用之。

护殿檐雀眼网

造护殿阁檐料栱及托窗棂内竹雀眼网之制:用浑青篾。每竹一条,以径一寸二分为率。劈作篾一十二条;刮去青,广三分。从心斜起,以长篾为经，至四边却折篾入身内；以短篾直行作纬，往复织之。其雀眼径一寸。以篾心为则。如于雀眼内，间织人物及龙、凤、华、云之类，并先于雀眼上描定，随描道织补。施之于殿檐枓栱之外。如六铺作以上，即上下分作两格；随间之广，分作两间或三间，当缝施竹贴钉之。竹贴，每竹径一寸二分，分作四片。其窗棂内用者同。其上下或用木贴钉之。其木贴广二寸，厚六分。

地面棋（棊）文簟

造殿阁内地面棋文簟之制：用浑青篾，广一分至一分五厘；刮去青，横以刀刃拖令厚薄匀平；次立两刃，于刃中摘令广狭一等。从心斜起，以纵篾为则，先抬二篾，压三篾，起四篾，又压三篾，然后横下一篾织之。复于起四处抬二篾，循环如此。至四边寻斜取正，抬三篾至七篾织水路。水路外折边，归篾头于身内。当心织方胜等，或华文、龙、凤。并染

红、黄篾用之。其竹用径二寸五分至径一寸。障日篛等簟同。

障日篛等簟

造障日篛等所用簟之制：以青白篾相杂用，广二分至四分。从下直起，以纵篾为则，抬三篾，压三篾，然后横下一篾织之。复自抬三处，从长篾一条内，再起压三；循环如此。若造假棋文，并抬四篾，压四篾，横下两篾织之。复自抬四处，当心再抬；循环如此。

竹笍索

造绾系鹰架竹笍索之制：每竹一条，竹径二寸五分至一寸。劈作一十一片；每片揭作二片，作五股辫之。每股用篾四条或三条 若纯青造，用青白篾各二条，合青篾在外；如青白篾[相间，用轻篾一条，白篾二条]。造成，广一寸五分，厚四分。每条长二百尺，临时量度所用长短截之。

营 造 法 式
卷 十 三

瓦作制度

结宽(瓮)

结宽(瓮)屋宇之制有二等:

一曰瓪瓦:施之于殿、阁、厅、堂、亭、榭等。其结宽(瓮)之法:先将瓪瓦齐口斫去下棱,令上齐直;次斫去瓪瓦身内里棱,令四角平稳,甬(角)内或有不稳,须斫令平正。谓之"解挢"。于平版上安一半圈,高广与瓪瓦同。将瓪瓦斫造毕,于圈内试过,谓之"撺窠"。下铺仰瓪瓦。上压四分,下留六分;散瓪仰合,瓦并准此。两瓪瓦相去,随所用瓪瓦之广,匀分陇行,自下而上。其瓪瓦须先就屋上拽勘陇行,修斫口缝令密,再揭起,方用灰结宽(瓮)。宽(瓮)毕,先用大当沟,次用线道瓦,然后垒脊。

二曰瓯瓦:施之于厅堂及常行屋舍等。其结宽(瓮)之法:两合瓦相去,随所用合瓦广之半,先用当沟等垒脊毕,乃自上而至下,匀拽陇行。其仰瓦并小头向下,合瓦小头在上。凡结宽(瓮)至出檐,仰瓦之下,小运(连)檐之上,用燕额版;华废之下,用狼牙版。若殿宇七间以上,燕额版广三寸,厚八分,余屋并广二寸,厚五分为率。每长二尺用钉一枚;狼牙版同。其转角合版处,用铁叶里钉。其当檐所出华头瓪瓦,身内用葱台钉。下入小连檐,勿令透。若六椽以上,屋势紧峻者,于正脊下第四瓪瓦及第八瓪瓦背当中用着盖腰钉。先于栈笆或箔上约度腰钉远近,横安版两道,以透钉脚。

用瓦

用瓦之制:

殿阁厅堂等,五间以上,用瓪瓦长一尺四寸,广六寸五分。仰瓪瓦长一尺六寸，广一尺。三间以下，用甋瓦长一尺二寸，广五寸。仰瓪瓦长一尺四寸，广八寸。

散屋用甋瓦，长九寸，广三寸五分。仰瓪瓦长一尺二寸，广六寸五分。

小亭榭之类，柱心相去方一丈以上者，用甋瓦长八寸，广三寸五分。仰瓪瓦长尺，广六寸。若方一丈者，用甋瓦长六寸，广二寸五分。仰瓪瓦长八寸五分，广五寸五分。如方九尺以下者，用甋瓦长四寸，广二寸三分。仰瓪瓦长六寸，广四寸五分。

厅堂等用散瓪瓦者，五间以上，用瓪瓦长一尺四寸，广八寸。

厅堂三间以下，门楼同。及廊屋六椽以上，用瓪瓦长一尺三寸，广七寸。或廊屋四椽及散屋，用瓪瓦长一尺二寸，广六寸五分。以上仰瓦合瓦并同。至檐头，并用重唇甋瓦。其散瓪瓦结宽（窊）者，合瓦仍用垂尖华头瓪瓦。

凡瓦下铺衬柴栈为上，版栈次之。如用竹笆苇箔，若殿阁七间以上，用竹笆一重，苇箔五重；五间以下，用竹笆一重，苇箔四重；厅堂等五间以上，用竹笆一重，苇箔三重；如三间以下至廊屋，并用竹笆一重，苇箔二重。以上如不用竹笆，更加

苇箔两重；若用荻箔，则两重代苇箔三重。散屋用苇箔三重或两重。其栈柴之上，先以胶泥徧泥，次以纯石灰拖（施）瓦。若版及笆，箔上用纯、灰结宽（窊）者，不用泥抹，并用石灰随抹拖（施）宽（窊）。其只用泥结宽（窊）者，亦用泥先抹版及笆、箔，然后结宽（窊）。所用之瓦，须水浸过，然后用之。其用泥以灰点节缝者同。若只用泥或破灰泥，及浇灰下瓦者，其瓦更不用水浸。垒脊亦同。

垒屋脊

垒屋脊之制：

殿阁：若三间八椽或五间六椽，正脊高三十一层，垂脊低正脊两层。并线道瓦在内。下同。

堂屋：若三间八椽或五间六椽，正脊高二十一层。

厅屋：若间椽与堂等者，正脊减堂脊两层。余同堂法。

门楼屋：一间四椽，正脊高一十一层或一十三层；若三间六椽，正脊高一十七层。其高不得过厅。如殿门者，依殿制。

廊屋：若四椽，正脊高九层。

常行散屋：若六椽用大当沟瓦者，正脊高七层；用小当沟瓦者，高五层。

营房屋:若两椽,脊高三层。

凡垒屋脊,每增两间或两椽,则正脊加两层。殿阁加至三十七层止;厅堂二十五层止,门楼一十九层止;廊屋一十一层止;常行散屋大当沟者九层止;小当沟者七层止;营屋五层止。正脊于线道瓦上,厚一尺至八寸,垂脊减正脊二寸。正脊十分中上收二分;垂脊上收一分。线道瓦在当沟瓦之上,脊之下,殿阁等露三寸五分,堂屋等三寸,廊屋以下并二寸五分。其垒脊瓦并用本等。其本等用长一尺六寸至一尺四寸瓸瓦者,垒脊瓦只用长一尺三寸瓦。合脊瓪瓦亦用本等。其本等用八寸、六寸瓪瓦者,合脊用长九寸瓪瓦。令合垂脊瓪瓦在正脊瓪瓦之下。其线道上及合脊瓪瓦下,并用白石灰各泥一道,谓之"白道"。若瓪瓪瓦结宽(窀),其当沟瓦所压瓪瓦头,并勘缝刻项子,深三分,令与当沟瓦相衔。其殿阁于合脊瓪瓦上施走兽者,其走兽有九品:一曰行龙;二曰飞凤;三曰行师;四曰天马;五曰海马;六曰飞鱼;七曰牙鱼;八曰狻猊;九曰獬豸。相间用之。每隔三瓦或五瓦安兽一枚。其兽之长随所用瓪瓦,谓如用一尺六寸瓪瓦,即兽长一尺六寸之类。正脊当沟瓦之下垂铁索,两头各长五尺。以备修整绾系栅架之用。五间者十条,七间者十二条,九间者十四条,并匀分布

用之。若五间以下,九间以上,并约此加减。垂脊之外,横施华头瓪瓦及重唇瓪瓦者,谓之"华废"。常行屋垂脊之外,顺施瓪瓦相叠者,谓之"剪边"。

用鸱尾

用鸱尾之制:

殿屋八椽九间以上,其下有副阶者,鸱尾高九尺至一丈,若无副阶高八尺。五间至七间,不计椽数。高七尺至七尺五寸,三间高五尺至五尺五寸。

楼阁三层檐者与殿五间同,两层檐者与殿三间同。

殿挟屋,高四尺至四尺五寸。

廊屋之类,并高三尺至三尺五寸。若廊屋转角,即用合角鸱尾。

小亭殿等,高二尺五尺至三尺。

凡用鸱尾,若高三尺以上者,于鸱尾上用铁脚子及铁束子安抢铁。其抢铁之上,施五叉拒鹊子。三尺以下不用。身两面用铁鞠。身内用柏木桩或龙尾;唯不用抢铁。拒鹊加襻脊铁索。

用兽头等

用兽头等之制：

殿阁垂脊兽，并以正脊层数为祖。

正脊三十七层者，兽高四尺；三十五层者，兽高三尺五寸；三十三层者，兽高三尺；三十一层者，兽高二尺五寸。

堂屋等正脊兽，亦以正脊层数为祖。其垂脊兽并降正脊兽一等用之。谓正脊兽高一尺四寸者，垂（垂）脊兽高一尺二寸之类。

正脊二十五层者，兽高三尺五寸；二十三层者，兽高三尺；二十一层者，兽高二尺五寸；一十九层者，兽高二尺。

廊屋等正脊及垂脊兽祖并同上。散屋亦同。

正脊九层者，兽高二尺；七层者，兽高一尺八寸。

散屋等。正脊七层者，兽高一尺六寸；五层者，兽高一尺四寸。

殿、阁〈至〉、厅、堂、亭、榭转角，上下用套兽、嫔伽、蹲兽、滴当火珠等。四阿殿九间以上，或九脊殿十一间以上者，套兽径一尺二寸，嫔伽高一尺六寸；蹲兽八枚，各高一尺；滴当火珠高八寸。套兽施之于子角梁首；嫔伽施于角上，蹲兽在嫔伽之后。其滴当火珠在檐头华头甋瓦之上。下同。

四阿殿七间或九脊殿九间，套兽径一尺；嫔伽高一尺四寸，蹲兽六枚，各高九寸；滴当火珠高七寸。四阿殿五间，九脊殿五间至七间，套兽径八寸；嫔伽高一尺二寸；蹲兽四枚，各高八寸；滴当火珠高六寸。厅堂三间至五间以上，如五铺作造厦两头者，亦用此制，唯不用滴当火珠。下同。

九脊殿三间或厅堂五间至三间，枓口跳及四铺作造厦两头者，套兽径六寸，嫔伽高一尺，蹲兽两枚，各高六寸；滴当火珠高五寸。

亭榭厦两头者，四角或八角撮尖亭子同。如用八寸甋瓦，套兽径六寸；嫔伽高八寸；蹲兽四枚，各广（高）六寸；滴当火珠高四寸。若用六寸甋瓦，套兽径四寸；嫔伽高六寸；蹲兽四枚，各高四寸，如枓口跳或四铺作，蹲兽只用两枚。滴当火珠高三寸。

厅堂之类，不厦两头者，每角用嫔伽一枚，高一尺；或只用蹲兽一枚，高六寸。

佛道寺观等殿阁正脊当中用火珠等数：

殿阁三间，火珠径一尺五寸，五间，径二尺；七间以上，并径二尺五寸。火珠并两焰，其夹脊两面造盘龙或兽面。每火珠一枚，内用柏木竿一条，亭榭所用同。

亭榭斗尖用火珠等数：

四角亭子，方一丈至一丈二尺者，火珠径一尺五寸；方一丈五尺至二丈者，径二尺。火珠四焰或八焰；其下用圆坐。

八角亭子，方一丈五尺至二丈者，火珠径二尺五寸；方三丈以上者，径三尺五寸。

凡兽头皆顺脊用铁钩一条。套兽上以钉安之。嫔伽用葱台钉。滴当火珠坐于华头瓪瓦滴当钉之上。

泥作制度

垒墙

垒墙之制：高广随间。每墙高四尺，则厚一尺。每高一尺，其上斜收六分。每面斜收白上各三分。[1] 每用坯墼三重，铺襻竹一重。若高增一尺，则厚加二尺五寸（二寸五分）；减亦如之。

用泥 其名有四：一曰垷（垷），二曰墐（墐），三曰涂，四曰泥。

用石灰等泥壁（涂）之制：先用粗泥搭络不平处，候稍干，次用中泥趁平；又候稍干，次用细泥为衬；上施石灰泥毕，候水脉定，收压五遍，令泥面光泽。干厚一分三厘，其破灰浥（泥）不用中泥。

合红灰：每石灰一十五斤，用土朱五斤，非殿阁者用石灰一十七斤，土朱三斤。赤土一十一斤八两。

合青灰：用石灰及软石炭各一半。如无软石炭，每石灰一十斤，用粗墨一斤或黑煤一十一两，胶七钱。

合黄灰：每石灰三斤，用黄土一斤。

合破灰：每石灰一斤，用白篾土四斤八两。每用石灰十斤，用麦

---

① "梁本"为正文。参见《梁思成全集》第七卷，第260页。

爇九斤。收压两遍,令泥面光泽。

细泥:一重作灰衬同(用)。方一丈,用麦麹一十五斤。城壁增一倍。粗泥同。

粗泥:一重方一丈,用麦麹八斤。搭络及中泥作衬减半。

粗细泥:施之城壁及散屋内外。先用粗泥,次用细泥,收压两遍。

凡和石灰泥,每石灰三十斤,用麻捣二斤。其和红、黄、青灰等,即通计所用二(土)朱,赤土、黄土、石炭等斤数在石灰之内。如青灰内,若用墨煤或粗墨者,不计数。若矿石灰,每八斤可以充十斤之用。每矿石灰三十斤,加麻捣一斤。

画壁

造画壁之制:先以粗泥搭络毕,候稍干,再用泥横被竹篾一重,以泥盖平,又候稍干,钉麻华,以泥分披令匀,又用泥盖平;以上用粗泥五重,厚一分五厘。若栱眼壁,只用粗细泥各一重,上施沙泥,收压三遍。方用中泥细衬,泥上施沙泥,候水脉定,收压十遍,令泥面光泽。

凡和沙泥,每白沙二斤,用胶土一斤,麻捣洗择净者七两。

立灶 转烟、直拔。

造立灶之制:并台共高二尺五寸。其门、突之类,皆以锅口径一尺为祖加减之。锅径一尺者一斗;每增一斗,口径加五分,加至一石止。

转烟连二灶:门与突并隔烟后。

门:高七寸,广五寸。每增一斗,高广各加二分五厘。

身:方出锅口径四周各三寸。为定法。

台:长同上,广亦随身,高一尺五寸至一尺二寸。一斗者高一尺五寸;每加一斗者,减二分五厘,减至一尺二寸五分止。

腔内后项子:高同门、其广二寸,高广五分。项子内斜高向上入突,谓之“枪烟”;增减亦同门。

隔烟:长同台,厚二寸,高视身出一尺。为定法。

隔锅项子:广一尺,心内虚(虚),隔作两处,令分烟入突。

直拔立灶:门及台在前,突在烟匮之上。自一锅至连数锅。

门、身、台等:并同前制。唯不用隔烟。

烟匮子:长随身,高出灶身一尺五寸,广六寸。为定法。

山华子:斜高一尺五寸至二尺,长随烟匮子,在烟突两旁匮子之上。

凡灶突,高视屋身,出屋外三尺。如时暂用,不在屋下者,高三尺。突上作鞾头出烟。其方六寸。或锅增大者,量宜加之。加至方一尺二寸止。并以石灰泥饰。

釜镬灶

造釜镬灶之制:釜灶,如蒸作用者,高六寸。余并入地内。其非蒸作用,安铁甑或瓦甑者,量宜加高,加至三尺止。镬灶高一尺五寸。其门、项之类,皆以釜口径以每增一寸,镬口径以每增一尺为祖加减之。釜口径一尺六寸者一石;每增一石,口径加一寸,加至十石止。镬口径三尺,增至八尺止。

釜灶:金口径一尺六寸。

门:高六寸,于灶身内高三寸,余入地。广五寸。每径增一寸,高、广各加五分。如用铁甑者,灶门用铁铸造,及门前后各用生铁版。

腔内后项子高、广,抢烟及增加并后突,并同立灶之制。加连二或连三造者,并垒向后,其向后者,每一釜加高五寸。

镬灶:镬口径三尺。用砖垒造。

门:高一尺二寸,广九寸。每径增一尺,高广各加三寸。用铁灶门,其门前后各用铁版。

腔内后项子:高视身。抢烟向上。若镬口径五尺以上者,底下当心用铁柱子。

后驼项突:方一尺五寸。并二坯垒。斜高二尺五寸,曲长一丈七尺。令出墙外四尺。

凡釜镬灶面并取圜,泥造。其釜镬口径四周各出六寸。外泥饰与立灶同。

茶炉

造茶炉之制:高一尺五寸。其方广等皆以高一尺为祖,加减之。

面:方七寸五分。

口:圜径三寸五分,深四寸。

吵眼:高六寸,广三寸。内抢风斜高向上八寸。

凡茶炉,底方六寸,内用铁燎杖八条。其泥饰同立灶之制。

垒射垛

垒射垛之制:先筑墙,以长五丈、高二丈为率。墙心内长二丈,两边墙各长一丈五尺;两头斜收向里各三尺。上垒作五峰。其峰之高下,皆以墙每一丈之长,积而为法。

中峰:每墙长一丈,高二尺。

次中两峰:各高一尺二寸。其心至中峰心各一丈。

两外峰:各高一尺六寸。其心至次中两峰各一丈五尺。

子垛:高同中峰。广减高一尺,厚减高之半。

两边踏道:斜高视子垛,长随垛身。厚减高之半,分作一十二踏;每踏高八寸三分,广一尺二寸五分。

子垛上当心踏台:长一尺二寸,高六寸,面广四寸。厚减面之半,分作三踏;每一尺为一踏。

凡射垛五峰,每中峰高一尺,则其下各厚三寸;上收令方,减下厚之半。上收至方一尺五寸止。其两峰之间,并先约度上收之广。相对垂绳,令纵至墙上,为两峰颛内圈势。其峰上各安莲华坐瓦火珠各一枚。当面以青石灰,白石灰,上以青灰为缘泥饰之。

营造法式
卷十四

彩画作制度

总制度

彩画之制：先遍衬地，次以草色和粉，分衬所画之物。其衬色上方布细色，或叠晕，或分间剔填。应用五彩装及叠晕碾玉装者，并以赭笔描画。浅色之外，并旁描道量留粉晕。其余并以墨笔描画。浅色之外，并用粉笔盖压墨道。

衬地之法：

凡枓、栱、梁、柱及画壁：皆先以胶水遍刷。其贴金地以鳔胶水。

贴真金地：候鳔胶水干，刷白铅粉；候干，又刷；凡五遍。次又刷土朱铅粉，同上。亦五遍。上用熟薄胶水贴金，以绵按，令着实（寔）；候干，以玉或玛瑙或生狗牙研令光。

五彩地：其碾玉装，若用青绿叠晕者同。候胶水干，先以白土遍刷；候干，又以铅粉刷之。

碾玉装或青绿棱间者：刷雌黄合绿者同。候胶水干，用青淀和茶（茶）土刷之。每三分中，二分青淀、二分茶土。

沙泥画壁：亦候胶水干，以好白土纵横刷之。先立刷，候干，次横刷，各一遍。

调色之法：

白土：茶（茶）土同。先拣择令净，用薄胶汤。凡下云用汤者同，其称热汤者非，后同。浸少时，候化尽，淘出细华，凡色之极细而淡者皆谓之"华"，后同。入别器中，澄定，倾去清水，量度再入胶水用之。

铅粉：先研令极细，用稍浓胶水和成剂。如贴真金地，并以鳔胶水和之。再以热汤浸少时，候稍温，倾去；再用汤研化，令稀稠得所用之。

代赭石：土朱、土黄同，如块小者不捣。先捣令极细，次研；以汤淘取华。次取细者，及澄去，砂石、粗脚不用。

藤黄：量度所用，研细，以热汤化，淘去砂脚，不得用胶。笼罩粉地用之。

绵（紫）矿：先擘开，挦去心内绵无色者，次将面上色深者，以热汤捻取汁，入少汤用之。若于华心内斡淡或朱地内压深用者，熬令色深浅得所用之。

朱红：黄丹同。以胶水调令稀稠得所用之。其黄丹用之多涩燥者，调时入生油一点。

螺青：紫粉同。 先研令细，以汤调取清用。螺青澄去浅脚，充合碧粉用；紫粉浅脚充令（合）朱用。

雌黄：先捣次研，皆要极细；用热汤淘细华（笔）于别器中，澄去清水，方入胶水用之。其淘澄下粗者，再研再淘细华（笔）方可用。忌铅粉黄丹地上用。恶石灰及油不得相近。亦不可施之于缣素。

衬色之法：

青：以螺青合铅粉为地。铅粉二分，螺青一分。

绿：以槐华汁合螺青铅粉为地。粉青同上，用槐华一钱熬汁。

红：以紫粉合黄丹为地。或只以（用）黄丹。

取石色之法：

生青、层青同。石绿、朱砂：并各先捣令略细，若浮淘青，但研令细。用汤淘出，向上上（土）、石、恶水不用，收取近下水内浅色。入别器中。然后研令极细，以汤淘澄，分色轻重，各入别器中。先取水内色淡者，谓之"青华"；石绿者谓之"绿华"，朱砂者谓之"朱华"。次色稍深者，谓之"三青"；石绿谓之"三绿"，朱砂谓之"三朱"。又色渐深者，谓之"二青"；石绿谓之"二绿"，朱砂谓之"二朱"。其下色最重者，谓之"大青"。石绿谓之"大绿"，朱砂谓之"深朱"。澄定，倾去清水，候干收之。如用时，量度入胶水用之。

五色之中，唯青、绿、红三色为主，余色隔间品合而已。其为用亦各不同。且如用青，自大青至青华，外晕用白；朱、绿同。大青之内，用墨或矿汁压深，此只可以施之于装饰等用，但取其轮奂鲜丽，如组绣华锦之文尔。至于穷要妙夺生意，则谓之画。其用色之制，随其所写，或浅或深，或轻或重，千变万化，任其自然，虽不可以立言。其色之所相，亦不出于此。① 唯不用大

---

① 本小节，原文为小注，现依"梁本"改为正文。

青、大绿、深朱、雌黄、白土之类。

五彩遍装

五彩遍装之制：梁、栱之类，外棱四周皆留缘道，用青、绿或朱叠晕。梁栿之类缘道，其广二分。枓栱之类，其广一分。内施五彩诸华间杂，用朱或青、绿剔地，外留空缘，与外缘道对晕。其空缘之广，减外缘道三分之一。

华文有九品：一曰海石榴花（华）；宝牙华、太平华之类同。二曰宝相华；牡丹华之类同。三曰莲荷华；以上宜于梁、额、椽檐方、椽、柱、枓、栱、材、昂、栱眼壁及白版内。凡名件之上，皆可通用。其海石榴，若华叶肥大，不见枝条者，谓之"铺地卷成"；如华叶肥大而肥（微）露枝条者，谓之"枝条卷成"；并亦通用。其牡丹华及莲荷华，或作写生画者，施之于梁、额或栱眼壁内。四曰团科（窠）宝照；团科（窠）柿蒂，方胜合罗之类同。以上宜于方、桁、枓、栱内，飞子面相间用之。五曰圈头合子；六曰豹脚合晕；梭（棱）身合晕，连珠合晕、偏晕之类同。以上宜于方、桁、〈栱〉内飞子及大、小连檐〈面〉相间用。七曰玛瑙地；玻璃地之类同。以上宜于方、桁、枓内相间用之。八曰鱼鳞旗脚；宜于梁、栱下相间用之。九曰圈头柿蒂。胡玛瑙之类同。以上宜于枓内相间用之。

琐文有六品：一曰琐子；联环琐、玛瑙琐、叠环之类同。二曰簟文；金铤、文银铤、方环之类同。三曰罗地龟文；六出龟文、交脚龟文之类同。四曰四出；六出之类同。以上宜于（以）椽檐方、樽柱头及枓内；其四出、六出，亦宜于栱头、椽头、方、桁相间用之。五曰剑环；宜于枓内相间用之。六曰曲水。或作王字及万字，或作斗（枓）底及钥匙头，宜于普柏方内外用之。

凡华文施之于梁、额、柱者，或间以行龙、飞禽、走兽之类于华内。其飞、走之物，用赭笔描之于白粉地上，或更以浅色拂淡。若五彩及碾玉装华内，宜用白画；其碾玉华内者，亦宜用浅色拂淡，或以五彩装饰。如方、桁之类，全用龙、凤、走、飞者，则遍地以云文补空。

飞仙之类有二品：一曰飞仙；二曰频（嫔）伽。共命鸟之类同。

飞禽之类有三品：一曰凤凰（皇）；鸾、孔雀、鹤之类同。二曰鹦鹉；山鹧、练鹊、锦鸡之类同。三曰鸳鸯。溪鸱、鹅、鸭之类同。其骑跨飞禽人物有五品：一曰真人；二曰女真；三曰仙童；四曰玉女；五曰化生。

走兽之类有四品：一曰师子；麒麟、狻猊、獬豸之类同。二曰天马；海马、仙鹿之类同。三曰羱（羚）羊；山羊、华羊之类同。四曰白象。驯犀、黑熊之类同。其骑跨、牵拽走兽人物有三品：一曰拂菻；二曰獠蛮；三曰化生。若天马、仙鹿、猊（羚）羊，亦可用真人等骑跨。

云文有二品：一曰吴云，二曰曹云。蕙草云、蛮云之类同。

间装之法：青地上华文（纹），以赤黄、红、绿相间，外棱用红叠晕。红地上华文青、绿，心内以红相间，外棱用青或绿叠晕。绿地上华文，以赤黄、红、青相间，外棱用青、红、赤黄叠晕。其牙头青绿地，用赤黄；牙朱地，以二绿。若枝条绿地，用藤黄汁罩，以丹华或薄矿水节淡；青红地，如白地上单枝条，用二绿，随墨以绿华合粉，罩以三绿、二绿节淡。①

叠晕之法：自浅色起，先以青华，绿以绿华，红以朱华粉。次以三青，绿以三绿、红以三朱。次以二青，绿以二绿、红以二朱。次以大青。绿以大绿，红以深朱。大青之内，用深墨压心。绿以深色草汁罩心，朱以深色紫矿罩心。青华之外，留粉地一晕。

绿红准此。其晕内二绿华，或用藤黄汁罩。如华文、缘道等狭小或在高远处，即不用三青等及深色压罩。凡染赤黄，先布粉地，次以朱华合粉压晕，次用藤黄通罩，次以深朱压心。若合草绿汁，以螺青华汁用藤黄相和，量宜入好，墨数点及胶少许用之。

〈用〉叠晕之法：凡枓、栱、昂及梁、额之类，应外棱缘道并令深色在外，其华内剔地色，并浅色在外，与外棱对晕，令浅色相对，其华叶等晕。并浅色在外，以深色压心。凡外缘道用明金者，梁栿、枓栱之类，金缘之广与叠晕同。金缘内用青或绿压之。其青绿广比外缘五分之一。

凡五彩遍装，柱头谓额入处。作细锦或琐文；柱身自柱櫍上亦作细锦，与柱头相应，锦之上下，作青、红或绿叠晕一道；其身内作海石榴等华，或于华内间以飞凤之类。或作碾玉华内间以五彩飞凤之类，或间四入瓣科（窠），或四出尖科（窠）。科（窠）内间以化生或凤龙之类。

---

① 对于此小节的断句争议颇多。梁思成的断句为："其牙头青、绿，地用赤黄；牙朱，地以二绿。若枝条绿地，用藤黄汁罩以丹华或薄矿水节淡青；红地，如白地上单枝条，用二绿，随墨以绿华合粉，罩以三绿、二绿节淡。"参见《梁思成全集》第七卷，第268页。吴梅在其博士论文《〈营造法式〉彩画作制度研究和北宋建筑彩画考察》中对本小注条作了与梁思成不同的断句，即："其牙头，青绿地用赤黄牙；朱地以二绿。若枝条，绿地用藤黄汁罩，以丹华或薄矿水节淡；青红地，如白地上单枝条，用二绿随墨，以绿华合粉罩，以三绿、二绿节淡。"参见该论文第37页，东南大学博士学位论文2004。

栿作青瓣或红瓣叠晕莲华。檐额或大额及由额两头近柱处，作三瓣或两瓣如意头角叶，长加广之半。如身内红地，即以青地作碾玉，或亦用五彩装。或随两边缘道作分脚如意头。橑头面子，随径之圜，作叠晕莲华，青、红相间用之；或作出焰明珠，或作簇七车钏明珠，皆浅色在外。或作叠晕宝珠，深色在外，令近上，叠晕向下棱，当中点粉为宝珠心；或作叠晕合螺玛瑙，近头处，作青、绿、红晕子三道，每道广不过一寸。身内作通用六等华，外或用青、绿、红地作团科（窠），或方胜，或两尖，或四入瓣。白地外用浅色，青以青华、绿以绿华、朱以朱粉圈之。白地内随瓣之方圜 或两尖或四入瓣同。描华，用五彩浅色间装之。其青、绿、红地作团科（窠）、方胜等，亦施之枓、栱、梁栿之类者，谓之"海锦"，亦曰"净地锦"。飞子作青、绿连珠及梭（棱）身晕，或作方胜，或两尖，或团科（窠）；两侧壁，如下面用遍地华，即作两晕青、绿棱间；若下面素地锦，作三晕或两晕素（青）绿棱间；飞子头作四角柿蒂。或作玛瑙。如飞子遍地华，即椽用素地锦。若椽作遍华，即飞子用素地锦。白版或作红、青、绿地内两尖科（窠）素地锦。大连檐立面作三角叠晕柿蒂华。或作霞光。

碾玉装

碾玉装之制：梁、栱之类，外棱四周皆留缘道。缘道之广并同五彩之制。用青或绿叠晕，如绿缘内，于淡绿地上描华，用深青剔地，外留空缘，与外缘道对晕。绿缘内者，用绿处以青，用青处以绿。

华文及琐文等，并同五彩所用。华文内唯无写生及豹脚合晕，偏晕，玻璃地、鱼鳞旗脚，外增龙牙、蕙草一品琐文，内无琐子。用青、绿二色叠晕亦如之。内有青绿不可隔间处，于绿浅晕中用藤黄汁罩，谓之"菉豆褐"。其卷成华叶及琐文，并旁赭笔量粉道，从浅色起，晕至深色。其地以大青、大绿剔之。亦有华文稍肥者，绿地以二青；其青地以二绿，随华斡淡后，以粉笔旁墨道描者，谓之"映粉碾玉"，宜小处用。

凡碾玉装，柱碾玉或间白画，或素绿。柱头用五彩锦，或只碾玉。栿作红晕，或青晕莲华。橑头作出焰明珠，或簇七明珠，或莲华。身内碾玉或素绿。飞子正面作合晕，两旁并退晕，或素绿。仰版素红。或亦碾玉装。

青绿叠晕棱间装　三晕带红棱间装附。

青绿叠晕棱间装之制：凡枓、栱之类，外棱缘广二分。

外棱用青叠晕者，身内用绿叠晕，外棱用绿者，身内用青，下同。其外棱缘道浅色在内，身内浅色，在外通（道）压粉线。谓之"两晕棱间装"。外棱用青华、二青、大青，以墨压深；身内用绿华、三绿、二绿、大绿，以草汁压深。若绿在外缘，不用三绿；如青在身内，更加三青。

其外棱缘道用绿叠晕，浅色在内。次以青叠晕，浅色在外。当心又用绿叠晕者，深色在内。谓之"三晕棱间装"。皆不用二绿、三青，其外缘广与五彩同。其内均作两晕。

若外棱缘道用青叠晕，次以红叠晕，浅色在外，先用朱华粉，次用二朱，次用深朱，以紫矿压深。当心用绿叠晕者，若外缘用绿者，当心以青。谓之"三晕带红棱间装"。[①]

凡青、绿叠晕棱间装，柱身内笋文，或素绿，或碾玉装，柱头作四合青绿退晕如意头；梐作青晕莲华，或作五彩锦，或团科（窠）方胜素地锦，橡素绿身；共（其）头作明珠莲华。飞子正面，大小连檐，并青绿退晕，两旁素绿。

解绿装饰屋舍　解绿结华装附。

解绿刷饰屋舍之制：应材、昂、枓、栱之类，身内通刷土朱，其缘道及燕尾、八白等，并用青、绿叠晕相间，若枓用绿，即栱用青之类。

缘道叠晕，并深色在外，粉线在内，先用青华或绿华在中，次用大青或大绿在外，后用粉线在内。其广狭长短，并同丹粉刷饰之制；唯檐额或梁栿之类，并四周各用缘道，两头相对作如意头。由额及小额并同。若画松文，即身内通刷土黄，先以墨笔界画，次以紫檀间刷，其紫檀用深墨合土米（朱），令紫色。心内用墨点节。栱、梁等下面用合朱通刷。又有于丹地内用墨或檀紫点簇毬文与松文名件相杂者，谓之"卓柏装"。枓、栱、方、桁，缘内朱地上间诸华者，谓之"解绿结华装"。

柱头及脚并刷朱，用雌黄画方

---

① "梁本"将此句作为小注。参见《梁思成全集》第七卷，第270页。

胜及团华,或以五彩画四斜,或簇六毯文锦。其柱身内通刷合绿,画作笋文。或只用素绿、橡头或作青绿晕明珠。若橡身通刷合绿者,其搏(槫)亦作绿地笋(筒)文或素绿。

凡额上壁内影作,长广制度与丹粉刷饰同。身内上棱及两头,亦以青绿叠晕为缘。或作翻卷华叶。身内通刷土朱,其翻卷过(华)叶并以青绿叠晕。枓下莲华并以青晕。

凡(丹)粉刷饰屋舍 黄土刷饰附。

丹粉刷饰屋舍之制:应材木之类,面上用土朱通刷,下棱用白粉阑界缘道,两尽头斜讹向下。下面用黄丹通刷。昂、栱下面及耍头正面同。其白缘道长广等依下项:

枓、栱之类:栱、额、替木、义(叉)手、托脚、驼峰、大连檐、搏风版等同。随材之广,分为八分,以一分为白缘道。其广虽多,不得过一寸;虽狭,不得过五分。

栱头及替木之类:绰幕、仰楷、角梁等同。头下面刷丹,于近上棱处刷白。燕尾长五寸至七寸,其广随材之厚,分为四分,两边各以一分为尾。中心空二分。上刷横白,广一分半。其耍头及梁头正面用丹处,刷望

山子。上其长随高三分之二;其下广随厚四分之二;斜收向上,当中合尖。

檐额或大额刷八白者,如里面。随额之广,若广一尺以下者,分为五分;一尺五寸以下,分为六分;二尺以上者,分为七分。各当中以一分为八白。其八白两头近柱,更不用朱阑断,谓之入"柱白"。于额身内均之作七隔;其隔之长随白之广。俗谓之"七朱八白"。

柱头刷丹,柱脚同。长随额之广,上下并解粉线。柱身、椽、檩及门、窗之类,皆通刷土朱。其破子窗子桯及屏风难子正侧并橡头,并刷丹。平闇或版壁,并用土朱刷版并桯,丹刷子桯及牙头护缝。

额上壁内,或有补间铺作远者,亦于栱眼壁内。画影作于当心。其上先画枓,以莲华承之。身内刷朱或丹,隔间用之。若身内刷朱,则莲华用丹刷;若身内刷丹,则莲华用朱刷;皆以粉笔解出花瓣。中作项子,其广随宜。至五寸止。下分两脚,长取壁内五分之三,两头各空一分。广身内(身内广)随项,两头收斜尖向内五寸。若影作华脚者,身内刷丹,则翻卷叶用土朱;或身内刷土朱;则翻卷叶用丹。皆以粉笔压棱。

若刷土黄者,制度并同。唯以

土黄代土朱用之。其影作内莲华用朱或丹，并以粉笔解出华瓣。

若刷土黄解墨缘道者，唯以墨代粉刷缘道。其墨缘道之上，用粉线压棱。亦有枓、栱等下面合用丹处皆用黄土者，亦有只用墨缘，更不用粉线压棱者，制度并同。其影作内莲华，并用墨刷，以粉笔解出华瓣；或更不用莲华。

凡丹粉刷饰，其土朱用两遍，用毕并以胶水椀罩，若刷土黄则不用。若刷门、窗，其破子窗子桯及影缝之类用丹刷，余并用土朱。

杂间装

杂间装之制：皆随每色制度，相间品配，令华色鲜丽，各以逐等分数为法。

五彩间碾玉装。五彩遍装六分，碾玉装四分。

碾玉间画松文装。碾玉装三分，画松装七分。

青绿三晕棱间及碾玉间画松文装。青绿三晕棱间装三分，碾玉装三分，画松装四分。

画松文间解绿赤白装。画松文装五分，解绿赤白装五分。

画松文卓柏间三晕棱间装。画松文装六分，三晕棱间装二分，卓柏装二分。

凡杂间装以此分数为率，或用间红青绿三晕棱间装与五彩遍装及画一松文等相间装者，各约此分数，随宜加减之。

炼桐油

炼桐油之制：用文武火煎桐油令清，先燋胶令焦，取出不用，次下松脂搅候化；又次下研细定粉。粉色黄，滴油于水内成珠；以手试之，黏指处有丝缕，然后下黄丹。渐次去火，搅令冷、合金漆用。如施之于彩画之上者，以乱丝揩揾用之。

营造法式
卷十五

砖作制度

用砖

　　用砖之制：

　　殿阁等十一间以上，用砖方二尺，厚三寸。

　　殿阁等七间以上，用砖方一尺七寸，厚二寸八分。

　　殿阁等五间以上，用砖方一尺五寸，厚二寸七分。

　　殿阁、厅堂、亭榭等，用砖方一尺三寸，厚二寸五分。以上用条砖，并长一尺三寸，广六寸五分，厚二寸五分。如阶唇用压阑砖，长二尺一寸，广一尺一寸，厚二寸五分。

　　行廊、小亭榭、散屋等，用砖方一尺二寸，厚二寸。用条砖长一尺二寸，广六寸，厚二寸。

　　城壁所用走趄砖，长一尺二寸，面广五寸五分，底广六寸，厚二分。趄条砖面长一尺一寸五分，底长一尺二寸，广六寸，厚二寸。牛头砖长一尺三寸，广六寸五分，一壁厚二寸五分，一壁厚二寸二分。

垒阶基 其名有四：一曰阶，二曰陛，三曰陔，四曰墒（墒）。

　　垒砌阶基之制：用条砖。殿堂、亭榭、阶高四尺以下者，用二砖相并；高五尺以上至一丈者，用三砖相并。楼台基高一丈以上至二丈者，用四砖相并；高二丈至三丈以上者，用五砖相并；高四丈以上者，用六砖相并。普拍方外阶头，自柱心出三尺至三尺五寸，每阶外细砖高十层，其内相并砖高八层。其殿堂等阶，若平砌每阶高一尺，上收一分五厘。如露龈砌，每砖一层，上收一分。粗垒二分。楼台、亭榭，每砖一层，上收二分。粗垒五分。

铺地面

铺地殿堂等地面砖之制：用方砖，先以两砖面相合，磨令平；次斫四边，以曲尺较令方正；其四侧斫令下棱收入一分。殿堂等地面，每柱心内方一丈者，令当心高二分；方三丈者高三分。如厅堂、廊舍等，亦可以两椽为计。柱外阶广五尺以下，每一尺令自柱心起至阶龈垂二分，广六尺以上者垂三分。其阶龈压阑，用召（石）或亦用砖。其阶外散水，量檐上滴水远近铺砌；向外侧砖砌线道二周。

墙下隔减

垒砌墙隔减之制：殿阁外有副阶者，其内墙下隔减，长随墙广。下同。其广六尺至四尺五寸，自六尺以减五寸为法，减至四尺五寸止。高五尺至三尺四寸。自五尺以减六寸为法，至三尺四寸止。如外无副阶者，厅、堂同。广四尺至三尺五寸，高三尺至二尺四寸。若廊屋之类，广三尺至二尺五寸，高二尺至一尺六寸。其上收同阶基制度。

踏道

造踏道之制：广随间广，每阶基高一尺，底长二尺五寸，每一踏高四寸，广一尺。两颊各广一尺二寸。两颊内线道各厚二寸。若阶基高八砖，其两颊内地栿，柱子等，平双转一周；以次单转一周，退入一寸；又以次单转一周，当心为象眼。每阶基加三砖，两颊内单转加一周；若阶基高二十砖以上者，两颊内平双转加一周。踏道下线道亦如之。

慢道

垒砌慢道之制：城门慢道，每露台砖基高一尺，拽脚斜长五尺。其广减露台一尺。厅堂等慢道，每阶基高一尺。拽脚斜长四尺；作三瓣蝉翅；当中随间之广。每斜长一尺，加四寸为两侧翅瓣下之广。取宜约度。两额及线道，并同踏道之制。若作五瓣蝉翅，其两侧翅瓣下取斜长四分之三。凡慢道面砖露龈，皆深三分。如华砖即不露龈。

须弥坐

垒砌须弥坐之制:共高一十三砖,以二砖相并,以此为率。自下一层与地平,上施单混肚砖一层,次上牙脚砖一层,比混肚砖下龈收入一寸。次上罨牙砖一层,比牙脚出三分。次上合莲砖一层,比罨牙收入一寸五分。次上束腰砖一层,比合莲下龈收入一寸。次上仰莲砖一层,比束腰出七分。次上壶(壸)门、柱子砖三层,柱子比仰莲收入一寸五分,壶(壸)门比柱子收入五分。次上罨涩砖一层,比柱子出五分。次上方涩平砖两层,比罨涩出五分。如高下不同,约此率随宜加减之。如殿阶作须弥坐砌垒者,其出入并依"角石柱制度",或约此法加减。

砖墙

垒砖墙之制:每高一尺,底广五寸,每面斜收一寸。若粗砌斜收一寸三分,以此为率。

露道

砌露道之制:长广量地取宜,两边各侧砌双线道,其内平铺砌,或侧砖虹面叠砌,两边各侧砌四砖为线。

城壁水道

垒城壁水道之制:随城之高,匀分蹬踏。每踏高二尺,广六寸,以三砖相并。用趄模(条)砖。面与城平,广四尺七寸。水道广一尺一寸,深六寸;两边各广一尺八寸。地下砌侧砖散水,方六尺。

卷輂河渠口

叠砌卷輂河渠砖口之制:长广随所用,单眼卷輂者,先于渠底铺地面砖一重。每河渠深一尺,以二砖相并,垒两壁砖,高五寸。如深广五尺以上者,心内以三砖相并。其卷輂随圜分侧用砖。覆背砖同。其上缴背顺铺条砖。如双眼卷輂者,两壁砖以三砖相并,心内以六砖相并。余并同单眼卷輂之制。

接甑口

垒接甑口之制:口径随釜或锅。先依(以)口径圜样,取逐层砖定样,斫磨口径。内以二砖相并,上铺方砖一重为面。或只用条砖覆面。其高随所用。砖并倍用纯灰下。

马台

垒马台之制:高一尺六寸,分作两踏。上踏方二尺四寸,下踏广一尺,以此为率。

马槽

垒马槽之制:高二尺六寸,广三尺,长随间广,或随所用之长。其下以五砖相并,垒高六砖。其上四边垒砖一周,高三砖。次于槽内四壁,侧倚方砖一周。其方砖后随斜分斫贴,垒三重。方砖之上,铺条砖覆面一重,次于槽底铺方砖一重为槽底面。砖并用纯灰下。

井

甃井之制:以水面径四尺为法。

用砖:若长一尺二寸,广六寸,厚二寸条砖,除抹角就圜,实收长一尺,视高计之,每深一丈,以六百

口垒五十层。若深广尺寸不定,皆积而计之。

底盘版:随水面径料(斜),每斤(片)广八寸,牙缝搭掌在外。其厚[以]二寸为定法。

凡甃造井,于所留水面径外,四周各广二尺开掘。其砖瓶用竹并芦蕟编夹。垒及一丈,闪下甃砌。若旧井损缺(脱)艰(难)于修补者,即于径外各展掘一尺,栊套接垒下甃。

窑作制度

瓦 其名有二:一曰瓦,二曰甍。

造瓦坯:用细胶土不夹砂者,前一日和泥造坯。鸱、兽事件同。先于轮上安定札圈,次套布筒,以水搭泥拨圈,打搭收光,取札并布筒晾曝。鸱、兽事件捏造,火珠之类用轮床收托。其等第依下项。

瓶瓦

长一尺四寸,口径六寸,厚六(八)分。仍留曝干并烧变所缩分数,下准此。

长一尺二寸,口径五寸,厚

五分。

长一尺,口径四寸,厚四分。

长八寸,口径三寸五分,厚三分五厘。

长六寸,口径三寸,厚三分。

长四寸,口径二寸五分,厚二分五厘。

瓯瓦

长一尺六寸,大头广九寸五分,厚一寸,小头广八寸五分,厚八分。

长一尺四寸,大头广七寸,厚七分,小头广六寸,厚六分。

长一尺三寸,大头广六寸五分,厚六分,小头广五寸五分,厚五分五厘。

长一尺二寸,大头广六寸,厚六分,小头广五寸,厚五分。

长一尺,大头广五寸,厚五分,小头广四寸,厚四分。

长八寸,大头广四寸五分,厚四分,小头广四寸,厚三分五厘。

长六寸,大头广四寸,厚同上。小头广三寸五分,厚三分。

凡造瓦坯之类(制),候曝微干,用刀剺画,每桶作四片。瓪瓦作二片;线道瓦于每片中心画一道,条子十字剺画。线道条子瓦,仍以水饰露明处一边。

砖 其名有四:一曰甓,二曰瓴甋,三曰毂(瑴),四曰瓶砖。

造砖坯:前一日和泥打造。其等第依下项。

方砖

二尺,厚三寸。

一尺七寸,厚二寸八分。

一尺五寸,厚二寸七分。

一尺三寸,厚二寸五分。

一尺二寸,厚二寸。

条砖

长一尺三寸,广六寸五分,厚二寸五分。

长一尺二寸,广六寸,厚二寸。

压阑砖

长二尺一寸,广一尺一寸,厚二寸五分。

砖碇

方一尺一寸五分,厚四寸三分。

牛头砖

长一尺三寸,广六寸五分,一壁厚二寸五分,一壁厚二寸二分。

走趄砖

长一尺二寸,面广五寸五分,底广六寸,厚二寸。

趄条砖

面长一尺一寸五分,底长一尺二寸,广六寸,厚二寸。

镇子砖

方六寸五分,厚二寸。

凡造砖坯之制,皆先用灰衬隔模匣,次入泥;以杖刮(剖)脱曝令干。

琉璃瓦等 炒造黄丹附。

凡造琉璃瓦等之制:药以黄丹、洛河石[和]铜末,用水调匀。冬月以(用)汤。甋瓦于背面、鸱、兽之类于安卓露明处,青掍同。并遍浇刷。瓪瓦于仰面内中心。重唇瓪瓦仍于背上浇大头;其线道、条子瓦、浇唇一壁。

凡合琉璃药所用黄丹阙炒造之制,以黑锡、盆硝等入镬,煎一日为粗渣(扇),出候冷,捣罗作末;次日再炒,爆盖罨;第三日炒成。

青掍瓦 滑石掍、茶(荼)土掍。

青掍瓦等之制:以干坯用瓦石磨擦;甋瓦于背,瓪瓦于仰面,磨去布文。次用水湿布揩拭,候干;次以洛河石掍砑;次掺滑石末令匀。用茶(荼)土掍者,淮先掺茶(荼)土,次以石掍砑。

烧变次序

凡烧变砖瓦等之制:素白窑,前一日装窑,次日下火烧变,又次日土水窨,更三日开[窑],候冷通(透),及七日出窑。青掍窑,装窑、烧变,出窑日分准上法。先烧芟草,茶(荼)土掍者,止于曝窑内搭带,烧变不用紫(柴)草,羊粪、油粕。[1] 次蒿草,次松柏柴、羊粪、麻糠、浓油,盖罨不令透烟。琉璃窑,前一日装窑,次日下火烧变,(三)日开窑,天(火)候冷,至第五日出窑。

垒造窑

垒窑之制:大窑高二丈二尺四寸,径一丈八尺。外围地在外,曝窑同。

门:高五尺六寸,广二尺六寸。曝窑高一丈五尺四寸,径一丈二尺八寸。门高同大窑,广二尺四寸。

平坐:高五尺六寸,径一丈八

---

① 此处两条小注文,"梁本"将其作为正文。参见《梁思成全集》第七卷,第279页。

尺。曝窑一丈二尺八寸。垒二十八层。曝窑同。其上垒五币，高七尺，曝窑垒三币，高四尺二寸。垒七层。曝窑同。

收顶：七币，高九尺八寸，垒四十九层。曝窑四币，高五尺六寸垒二十八层；逐层各收入五寸，递减半砖。

龟壳窑眼暗突：底脚长一丈五尺，上留空分，方四尺二寸，盖暗突收长二尺四寸。曝窑同。广五寸，垒二十层。曝窑长一丈八尺，广同大窑，垒一十五层。

床：长一丈五尺，高一尺四寸，垒七层。曝窑长一丈八尺，高一尺六寸，垒八层。

壁：长一丈五尺，高一丈一尺四寸，垒五十七层。下作出烟口子、承重托柱。其曝窑长一丈八寸（尺），高一丈，垒五十层。

门两壁：各广五尺四寸，高五尺六寸，垒二十八层，仍垒脊。子门同。曝窑广四尺八寸，高同大窑。

子门两壁：各广五尺二寸，高八尺，垒四十层。

外围：径二丈九尺，高二丈，垒一百层。曝窑径二丈二寸，高一丈八寸（尺），垒五十四层。

池：径一丈，高二尺，垒一十层。曝窑径八尺，高一尺，垒五层。

踏道：长三丈八尺四寸。曝窑长二丈。

凡垒窑，用长一尺二寸，广六寸，厚二寸条砖。平坐并窑门，子门、窑床、外围、踏道，皆并二砌。其窑池下面，作蛾眉垒砌承重。上侧使暗突出烟。

营 造 法 式
卷 十 六

壕寨功限

总杂功

诸土干重六十斤为一担。诸物准此。如粗重物用八人以上,石段用五人以上可举者,或琉璃瓦名件等,每重五十斤为一担。诸石每方一尺,重一百四十三斤七两五钱。方一寸,二两三钱。砖,八十七斤八两。方一寸,一两四钱。瓦,九十斤六两二钱五分。方一寸,一两四钱五分。诸木每方一尺,重依下项:

黄松,寒松、赤申(甲)松同。二十五斤。方一寸,四钱。

白松,二十斤。方一寸,三钱二分。

山杂木,谓海枣、榆、槐木之类。三十斤。方一寸,四钱八分。

诸于三十里外般运物一担,往复一功;若一百二十步以上,纽(约)计每往复共一里,六十担亦如之。牵拽舟、车、栈,地里准此。

诸功作般运物,若于六十步外往复者,谓七十步以下者。并只用本作供作功。或无供作功者,每一百八十担一功。或不及六十步者,每短一步加一担。

诸于六十步内掘土般供者,每七十尺一功。如地坚硬或砂礓相杂者,减二十尺。

诸自下就土供坛基墙等,用本功。如加膊版高一丈以上用者,以一百五十担一功。

诸掘土装车及篓篮,每三百三十担一功。如地坚硬或砂礓相杂者,装一百三十担。

诸磨褫石段,每石面二尺一功。

诸磨褫二尺方砖,每六口一功。一尺五寸方砖八口,压阑砖一十口,一尺三寸方砖一十八口,一尺二寸方砖二十三口，一尺三寸条砖三十五口同。

　　诸脱造垒墙条墼，长一尺二寸，广六寸，厚二寸。干重十斤。每二（一）百口一功。和泥起压在内。

筑基

　　诸殿、阁、堂、廊等基址开掘，出土在内，若去岸一丈以上，即别计般土功。方八[十]尺，谓每长、广、方、深各一尺为计。就土铺填打筑六十尺，各一功。若用碎砖瓦、石札者，其功加倍。

筑城

　　诸开掘及填筑城基，每各五十尺一功。削掘旧城及就土修筑女头墙，及护崄墙者亦如之。

　　诸于三十步内供土筑城，自地至高一丈，每一百五[十]担一功。自一丈以上至二丈每一百担，自二丈以上至三丈每九十担，自三丈以上至四丈每七十五担，自四丈以上至五丈每五十五檐（担）。同其地步及城高下不等，准此细计。

　　诸纽草葽二百条，或斫橛子五百枚，若划削城壁四十尺，般取膊椽功在内。各一功。

筑墙

　　诸开掘墙基，每一百二十尺一功。若就土筑墙，其功加倍。

　　诸用葽、橛就土筑墙，每五十尺一功。就土抽纴筑屋下墙同；露墙六十尺亦准此。

穿井

　　诸穿井开掘，自下出土，每六十尺一功。若深五尺以上，每深一尺，每功减一尺，减至二十尺止。

般运功

　　诸舟船般载物，装卸在内。依下项：

　　一去六十步外般物装船，每一百五十担；如粗重物一件及一百五十斤以上者减半。

　　一去三十步外取掘土兼般运装船者，每一百担。一去一十五步外者加五十担。

　　泝流拽船，每六十担。

　　顺流驾放，每一百五十担，

　　　　右（以上）各一功。

　　诸车般载物，装卸拽车在内。依

下项：

　　螭车载粗重物：

　　重一千斤以上者，每五十斤；

　　重五百斤以上者，每六十斤。

　　　右（以上）各一功。

　　輮轹车载粗重物：

　　重一千斤以下者，每八十斤
一功。

　　驴拽车：

　　每车装物重八百五十斤为一
运。其重物一件重一百五十斤以上者，
别破装卸功。

　　独轮小车子：扶驾二人。

　　每车子装物重二百斤。

　　诸河内系栿（栿）驾放，牵拽
般运竹、木依下项：

　　慢水沂流，谓蔡河之类。牵拽每
七十三尺；如水浅，每九十八尺。

　　顺流驾放，谓汴河之类。每二百
五十尺；绾系在内；若细碎及三十件以上
者，二百尺。

　　出漉，每一百六十尺；其重物一
件长三十尺以上［者］，八十尺。

　　　右（以上）各一功。

供诸作功

　　诸工作破供作功依下项：

　　瓦作结宽（瓷）；

　　泥作；

　　砖作；

　　铺垒安砌；

　　砌垒井；

　　窑作垒窑；

　　　右（以上）本作每一功，供作
各二功。

　　大木作钉椽，每一功，供作
一功。

　　小木作安卓，每一件及三功以
上者，每一功，供作五分功。平棋
（綦）、藻井、棋眼、照壁、里（裹）栿版，安
卓虽不及三功者并计供作功，即每一件供
作不及一功者不计。

石作功限

总造作功

　　平面每广一尺，长一尺五寸。
打剥、粗搏、细漉、斫砟在内。

　　四边褊棱凿砖（搏）缝，每长
二丈。应有棱者准此。

　　面上布墨蜡，每广一尺，长二
丈。安砌在内。减地平钑者，先布墨蜡
而后雕镌；其剔地起突及压地隐起华者，
并雕镌毕方布蜡；或亦用墨。

右(以上)各一功。如平面柱础在墙头下用者,减本功四分功;若墙内用者,减本功七分功。下同。

凡造作石段、名件等,除造覆盆及镌凿圜混,若成形物之类外,其余皆先计平面及褊棱功。如有雕镌者,加雕镌功。

柱础

柱础方二尺五寸,造素覆盆:

造作功:

每方一尺,一功二分。方三尺,方三尺五寸,各加一分功;方四尺,加二分功;方五尺,加三分功;方六尺,加四分功。

雕镌功:其雕镌功并于素覆盆所得功上加之。

方四尺,造剔地起突海石榴华,内间化生,四角水地内间鱼兽之类,或亦用华,下同。八十功。方五尺,加五十功;方六尺,加一百二十功。

方三尺五寸,造剔地起突水地云龙,或牙鱼、飞鱼、宝山,五十功。方四尺,加三十功;方五尺,加七十五功;方六尺,加一百功。

方三尺,造剔地起突诸华,三十五功。方三尺五寸,加五功;方四尺,加一十五功;方五尺,加四十一(五)功;方六尺,加六十五功。

方二尺五寸,造压地隐起诸华,一十四功。方三尺,加一十一功;方三尺五寸,加一十六功;方四尺,加二十六功;方五尺,加四十六功;方六尺,加五十六功。

方二尺五寸,造减地平钑诸华,六功。方一(三)尺,加二功;方三尺五寸,加四功;方四尺,加九功;方五尺,加一十四功;方六尺,加二十四功。

方二尺五寸,造仰覆莲华,一十六功。若造铺地莲华,减八功。

方二尺,造铺地莲华,五功。若造仰覆莲华,加八功。

角石 角柱。

角石:

安砌功:

角石一段,方二尺,厚八寸,一功。

雕镌功:

角石两侧造剔地起突龙凤间华或云文,一十六功。若面上镌作师子,加六功;造压地隐起华,减一十功;减地平钑华,减一十二功。

角柱:城门硾(角)柱同。

造作剜凿功:

垒涩坐角柱,两面共二十功。

安砌功:

角柱每高一尺,方一尺二分五厘。

功雕镌功：

方角柱，每长四尺，方一尺，造剔地起突龙凤间华或云文，两面共六十功。若造压地隐起华，减二十五功。

垒涩坐角柱，上、下涩造压地隐起华，两面共二十功。

版柱上造剔地起突云地升龙，两面共一十五功。

殿阶基

殿阶基一坐：

雕镌功：

每一段，头子上减地平钑华，二功。束腰造剔地起突莲华，二功。版柱子上减地平钑华同。挞涩减地平钑华，二功。

安砌功：

每一段，土衬石，一功。压阑、地面石同。头子石，二功。束腰石、隔身版柱子、挞涩同。

地面石　压阑石。

地面石、压阑石：

安砌功：

每一段，长三尺，广二尺，厚六寸，一功。

雕镌功：

压阑石一段，阶头广六寸，长三尺，造剔地起突龙凤间华，二十功。若龙凤间云文，减二功；造压地隐起华，减一十六功；造减地平钑华，减一十八功。

殿阶螭首

殿阶螭首，一只，长七尺，
造作镌凿，四十功；
安砌，一十功。

殿内斗八

殿阶心内斗八，一段，共方一丈二尺。

雕镌功：

斗八心内造剔地起突盘龙一条，云卷水地，四十功；

斗八心外诸科（窠）格内，并造压地隐起龙凤、化生诸华，三百功。

安砌功：

每石二段，一功。

踏道

踏道石，每一段长三尺，广二尺，厚六寸。

安砌功：

土衬石，每一段，一功。踏子石同。

象眼石，每一段，二功。副子石同。

雕镌功：

副子石，一段，造减地平钑华，二功。

单钩阑 重台钩阑、[望柱]。

单钩阑，一段，高三尺五寸，长六尺。

造作功：

剜凿寻杖至地栿等事件，内万字不透。共八十功。

寻杖下若作单托神，一十五功。双托神倍之。

华版内若作压地隐起华、龙或云龙，加四十功。若万字透空亦如之。

重台钩阑：如素造，比单钩阑每一功加五分功。若盆唇、癭项、地栿、蜀柱，并作压地隐起华，大小华版并作剔地起突华造者，一百六十功。

八（六）瓣望柱，每一条，长五尺，径一尺，出上下卯，共一功。①

望柱：

造剔地起突缠柱云龙，五十功。

造压地隐起诸华，二十四功。

造减地平钑华，一十二功。

柱下坐造覆盆莲华，每一枚，七功。

柱上镌凿像生、师子，每一枚，二十功。

安卓：六功。

螭子石

安钩阑螭子石一段，

凿札眼剜口子，共五分功。

门砧限 卧立柣、将军石、止扉石。

门砧一段，

雕镌功：

造剔地起突华或盘龙，

长五尺，二十五功。

长四尺，一十九功。

长三尺五寸，一十五功。

长三尺，一十二功。

安砌功：

---

① "梁本"将此条置于"望柱"条下。见《梁思成全集》第七卷，第288页。

长五尺,四功。

长四尺,三功。

长三尺五寸,一功五分。

长三尺,七分功。

门限,每一段,长六尺,方八寸。

雕镌功:

面上造剔地起突华或盘龙,二十六功。若外侧造剔地起突行龙间云文,又加四功。

卧立柣一副,剜凿功:

卧柣,长二尺,广一尺,厚六寸,每一段三功五分。立柣,长三尺,广同卧柣,厚六寸,侧面上分心凿金线(口)一道。五功五分。

安勘(砌)功:

卧、立柣,各五分功。

将军石一段,长三尺,方一尺。

造作,四功。安立在内。

止扉石,长二尺,方八寸。

造作,七功。剜口子,凿栓寨眼子在内。

地栿石

城门地栿石、土衬石:

造作剜凿功,每一段,

地栿,一十功;

土衬,三功。

安砌功:

地栿,二功;

土衬,二功。

流杯渠

流杯渠一坐,剜凿水渠造。每石一段,方三尺,厚一尺二寸。

造作,一十功。开凿渠道加二功。

安砌,四功。出水斗子,每一段加一功。

雕镌功:河道两边面上络周华,各广四寸;造压地隐起宝相华、牡丹华,每一段三功。

流杯渠一坐,砌垒底版造。

造作功:

心内看盘石,一段,长四尺,广三尺五寸;

厢壁石及项子石,每一段;

右(以上)各八功。

底版石,每一段三功。

斗子石,每一段一十五功。

安砌功:

看盘及厢壁、项子石、斗子石,每一段各五功。地架,每一段三功。

底版石,每一段三功。

雕镌功:

心内看盘石,造剔地起突华,五十功。若间以龙凤,加二十功。河道两边,面上遍造压地隐起华,每一段二十功。若间以龙凤,加一十功。

坛

坛一坐,

雕镌功:

头子、版柱子、挞涩,造减地平钑华,每一段,各二功。束腰剔地起突造莲华亦如之。

安砌功:

土衬石,每一段,一功。

头子、束腰、隔身版柱子、挞涩石,每一段,各二功。

卷輂水窗

卷輂水窗石,河渠同。每一段,长三尺,广二尺,厚六寸。

开凿功:

下熟铁鼓卯,每三(二)枚,一功。

安砌:一功。

水槽

水槽,长七尺,高、广各二尺,深一尺八寸。

造作开凿,共六十功。

马台

马台,一坐,高二尺二寸,长三尺八寸,广二尺二寸。

造作功:

剜凿踏道,二(三)十功。叠涩造加二十功。

雕镌功:

造剔地起突华,一百功;

造压地隐起华,五十功;

造减地平钑华,二十功;

台面造压地隐起水波内出没鱼兽,加一十功。

井口石

井口石并盖口拍子,一副

造作镌凿功:

透井口石,方二尺五寸,井口径一尺,共一十二功。造素覆盆,加二功;若莲华覆盆,加六功。

安砌:二功。

山棚铤脚石

山棚铤脚石,方二尺,厚七寸,造作开凿,共五功。

安砌,一功。

幡竿颊

幡竿颊一坐,

造作开凿功:

颊,二条,及开栓眼,共五十六功;

锭脚,六功。

雕镌功:

造剔地起突华,一百五十功;

造压地隐起华,五十功;

造减地平钑华,三十功。

安卓:一十功。

赑屃碑

赑屃鳌坐碑,一坐。

雕镌功:

碑首,造剔地起突盘龙、云盘,共二百五十一功;

鳌坐,写生镌凿,共一百七十

六功;

土衬,周回造剔地起突宝山、水地等,七十五功。

碑身,两侧造剔地起突海石榴华或云龙,一百二十功;

络周造减地平钑华,二十六功。

安砌功:土衬石,共四功。

笏头碣

笏头碣,一坐。

雕镌功:

碑身及额,络周造减地平钑华,二十功;

方直坐上造减地平钑华,一十五功;

叠涩坐,剜凿,三十九功;

叠涩坐上造减地平钑华,三十功。

大木作功限一

栱、枓等造作功

造作功并以第六等材为率。

材:长四十尺,一功。材每加一等,递减四尺。材每减二等,递增五尺。

栱:

令栱,一只,二分五厘功。

华栱,一只;

泥道栱,一只;

瓜子栱,一只;

右(以上)各二分功。

慢栱,一只,五分功。

若材每加一等,各随逐等加之:华栱、令栱、泥道栱、瓜子栱、慢栱,并各加五厘功。若材每减一等,各随逐等减之:华栱减二厘功;令栱减三厘功;泥道栱、瓜子栱各减一厘功;慢栱减五厘功。其自第

四等加第三等,于递加功内减半加之。加足材及枓、柱、槫之类并准此。

若造足材栱,各于逐等栱上更加功限:华栱、令栱各加五厘功;泥道栱、瓜子栱各加四厘功;慢栱加七厘功,其材每加、减一等,递加、减各一厘功。如角内列栱,各以栱头为计。

枓:

栌枓,一只,五分功。材每增减一等,递加减各一分功。

交互枓,九只。材每增减一等,递加减各一只。

齐心枓,十只。加减同上。

散枓,一十一只。加减同上。

右(以上)各一功。

出跳上名件:

昂尖,一十一只,一功。加减同交互枓法。

爵头,一只。

华头子,一只。

右(以上)各一分功。材每增减一等,递加减各二厘功,身内并同材法。

殿阁外檐补间铺作用栱、料等数

殿阁等外檐,自八铺作至四铺作,内外并重栱计心,外跳出下昂,里跳出卷头,每补间铺作一朵用栱、昂等数下项。八铺作里跳用七铺作,若七铺作里跳用六铺作,其六铺作以下,里外跳并同。转角者准此。

自八铺作至四铺作各通用:

单材华栱,一只。若四铺作插昂,不用。

泥道栱,一只。

令栱,二只。

两出耍头,一只。并随昂身上下斜势,分作二只,内四铺作不分。

衬方头,一条。足材,八铺作,七铺作,各长一百二十分;六铺作,五铺作各长九十分;四铺作,长六十分。

栌料,一只。

闇梨,二条。一条长四十六分,一条长七十六分;八铺作,七铺作又加二条;各长随补间之广。

昂栓,二条。八铺作,各长一百三十分;七铺作,各长一百一十五分;六铺作,各长九十五分;五铺作,各长八十分;四铺作,各长五十分。

八铺作、七铺作各独用:

第二抄(杪)华栱,一只。长四跳。

第三抄(杪)外华头子、内华栱,一只。长六跳。

六铺作、五铺作各独用:

第二抄(杪)外华头子、内华栱,一只。长四跳。

八铺作独用:

第四抄(杪)内华栱,一只。外随昂、搏斜,长七十八分。

四铺作独用:

第一抄(杪)外华头子,内华栱,一只。长两跳;若卷头。不用。

自八铺作至四铺作各用:

瓜子栱:

八铺作,七只;

七铺作,五只;

六铺作,四只;

五铺作,二只。四铺作不用。

慢栱:

八铺作,八只;

七铺作,六只;

六铺作,五只;

五铺作,三只;

四铺作,一只。

下昂:

八铺作,三只;一只身长三百分;一只身长二百七十分;一只身长一百七十分。

七铺作,二只;一只身长二百七十

分;一只身长一百七十分。

六铺作,二只;一只身长二百四十分;一只身长一百五十分。

五铺作,一只;身长一百二十分。

四铺作,插昂一只。身长四十分。

交互枓:

八铺作,九只;

七铺作,七只;

六铺作,五只;

五铺作,四只;

四铺作,二只。

齐心枓:

八铺作,一十二只;

七铺作,一十只;

六铺作,五只;五铺作同。

四铺作,三只。

散枓:

八铺作,三十六只;

七铺作,二十八只;

六铺作,二十只;

五铺作,一十六只;

四铺作,八只。

殿阁身槽内补间铺作用栱、枓等数

殿阁身槽内里外跳,并重栱计心出卷头。每补间铺作一朵用栱、枓等数下项:

自七铺作至四铺作各通用:

泥道栱,一只;

令栱,二只;

两出耍头,一只。七铺作,长八跳;六铺作,长六跳;五铺作,长四跳;四铺作,长两跳。

衬方头,一只;长同上。

栌枓,一只;

闇栔,二条;一条长七十六分;一条长四十六分。

自七铺作至五铺作各通用:

瓜子栱:

七铺作,六只;

六铺作,四只;

五铺作,二只。

自七铺作至四铺作各用:

〈两出〉华栱:

七铺作,四只;一只长八跳,一只长六跳,一只长四跳,一只长两跳。

六铺作,三只;一只长六跳,一只长四跳,一只长两跳。

五铺作,二只;一只长四跳,一只长两跳。

四铺作,一只。长两跳。

慢栱:

七铺作,七只;

六铺作,五只;

五铺作,三只;

四铺作,一只。

交互枓:

七铺作,八只;

六铺作,六只;

五铺作,四只;

四铺作,二只。

齐心枓:

七铺作,一十六只;

六铺作,一十二只;

五铺作,八只;

四铺作,四只;

散枓:

七铺作,三十二只;

六铺作,二十四只;

五铺作,一十六只;

四铺作,八只。

楼阁平坐补间铺作用栱、枓等数

楼阁平坐,自七铺作至四铺作,并重栱计心,外跳出卷头,里跳挑斡棚栿及穿串上层柱身,每补间铺作一朵,使栱、枓等数下项:

自七铺作至四铺作各通用:

泥道栱,一只;

令栱,一只;

耍头,一只;七铺作,身长二百七十分;六铺作,身长二百四十分;五铺作,

身长二百一十分;四铺作,身长一百八十分。

衬方,一只;七铺作,身长三百分;六铺作,身长二百七十分;五铺作,身长二百四十分;四铺作,身长二百一十分。

栌枓,一只;

闇栔,二条。一条长七十六分;一条长四十六分。

自七铺作至五铺作各通用:

瓜子栱:

七铺作,三只;

六铺作,二只;

五铺作,一只。

自七铺作至四铺作各用:

华栱:

七铺作,四只;一只身长一百五十分;一只身长一百二十分;一只身长九十分;一只身长六十分。

六铺作,三只;一只身长一百二十分;一只身长九十分;一只身长六十分。

五铺作,二只;一只身长九十分,一只身长六十分。

四铺作,一只。身长六十分。

慢栱:

七铺作,四只;

六铺作,三只;

五铺作,二只;

四铺作,一只。

交互枓:

七铺作,四只;

六铺作,三只;

五铺作,二只;

四铺作,一只。

齐心枓:

七铺作,九只;

六铺作,七只;

五铺作,五只;

四铺作,三只。

散枓:

七铺作,一十八只;

六铺作,一十四只;

五铺作,一十只;

四铺作,六只。

枓口跳每缝用栱、枓等数

枓口跳,每柱头外出跳一朵用栱、枓等下项:

泥道栱,一只;

华栱头,一只;

栌枓,一只;

交互枓,一只;

散枓,二只;

闇栔,二条。

杷(把)头绞项作每缝用栱、
枓等数

杷(把)头绞项作,每柱头用

栱、枓等下项:

泥道栱,一只;

耍头,一只;

栌枓,一只;

齐心枓,一只;

散枓,二只;

闇栔,二条。

铺作每间用方桁等数

自八铺作至四铺作,每一间一缝内、外用方桁等下项:

方桁:

八铺作,一十一条;

七铺作,八条;

六铺作,六条;

五铺作,四条;

四铺作,二条;

橑檐方,一条。

遮椽版:难子加版数一倍;方一寸为定。

八铺作,九片;

七铺作,七片;

六铺作,六片;

五铺作,四片;

四铺作,二片。

殿槽内,自八铺作至四铺作,每一间一缝内、外用方桁等下项:

方桁:

七铺作,九条;

六铺作,七条;

五铺作,五条;

四铺作,三条。

遮椽版:

七铺作,八片;

六铺作,六片;

五铺作,四片;

四铺作,二片。

平坐,自八铺作至四铺作,每间外出跳用方桁等下项:

方桁:

七铺作,五条;

六铺作,四条;

五铺作,三条;

四铺作,二条。

遮椽版:

七铺作,四片;

六铺作,三片;

五铺作,二片;

四铺作,一片。

鴈翅版,一片。广三十分。

枓口跳,每间内前、后檐用方桁等下项:

方桁,二条;

橑檐方,二条。

杷(把)头绞项作,每间内前、后檐用方桁下项:

方桁,二条。

凡铺作,如单栱及偷心造,或柱头内骑绞梁栿处,出跳皆随所用铺作除减枓栱。如单栱造者,不用慢栱,其瓜子栱并改作令栱。若里跳别有增减者,各依所出之跳加减。其铺作安勘、绞割、展拽,每一朵昂栓、闇絜、闇枓口安札及行绳墨等功并在内,以上转角者并准此。取所用枓、栱等造作功,十分中加四分。

大木作功限二

殿阁外檐转角铺作用栱、枓等数

殿阁等自八铺作至四铺作，内、外并重栱计心，外跳出下昂，里跳出卷头，每转角铺作一朵用栱、昂等数下项：

自八铺作至四铺作各通用：

华栱列泥道栱，二只。若四铺作插昂，不用；

角内耍头，一只；八铺作至六铺作，身长一百一十七分；五铺作、四铺作，身长八十四分。

角内由昂，一只，八铺作，身长四百六十分；七铺作，身长四百二十分；六铺作，身长三百七十六分；五铺作，身长三百三十六分；四铺作，身长一百四十分。

栌枓，一只；

闇栔，四条。二条长三十六分；二条长二十一分。

自八铺作至五铺作各通用：

慢栱列切几头，二只；

瓜子栱列小栱头分首，二只；身长二十八分。

角内华栱，一只；

足材耍头，二只；八铺作、七铺作，身长九十分；六铺作、五铺作，身长六十五分。

衬方，二条。八铺作、七铺作，长一百三十分；六铺作、五铺作，长九十分。

自八铺作至六铺作各通用：

令栱，二只；

瓜子栱列小栱头分首，二只；身内交隐鸳鸯栱，长五十三分。

令栱列瓜子栱，二只；外跳用。

慢栱列切几头分首，二只；外跳用，身长二十八分；

令栱列小栱头，二只；里跳用。

瓜子栱列小栱头分首，四只；里跳用，八铺作添二只；

慢栱列切几头分首，四只。八

铺作同上。

八铺作、七铺作各独用：

华头子，二只；身连间内方桁。

瓜子栱列小栱头，二只；外跳用，八铺作添二只。

慢栱列切几头，二只；外跳用，身长五十三分。

华栱列慢栱，二只；身长二十八分。

瓜子栱，二只；八铺作添二只。

第二抄（杪）华栱，一只；身长七十四分。

第三抄（杪）外华头子、内华栱，一只。身长一百四十七分。

六铺作、五铺作各独用：

华头子列慢栱，二只。身长二十八分。

八铺作独用：

慢栱，二只；

慢栱列切几头分首，二只；身内交隐鸳鸯栱，长七十八分。

第四抄（杪）内华栱，一只。外随昂、搏（槫）斜身长一百一十七分。

五铺作独用：

令栱列瓜子栱，二只。身内交隐鸳鸯栱，身长五十六分。

四铺作独用：

令栱列瓜子栱分首，二只；身长三十分。

华头子列泥道栱，二只；

耍头列慢栱，二只；身长三十分。

角内外华头子，内华栱，一只。若卷头造不用。

自八铺作至四铺作各用：

交角昂

八铺作，六只。二只身长一百六十五分；二只身长一百四十分；二只身长一百一十五分。

七铺作，四只。二只身长一百四十分；二只身长一百一十五分。

六铺作，四只。二只身长一百分，二只身长七十五分。

五铺作，二只。身长七十五分。

四铺作，二只。身长三十五分。

角内昂：

八铺作，三只；一只身长四百二十分；一只身长三百八十分；一只身长二百分。

七铺作，二只；一只身长三百三十六分；一只身长一百七十五分。

六铺作，二只；一只身长三百三十六分；一只身长一百七十五分。

五铺作、四铺作，各一只。五铺作，身长一百七十五分；四铺作，身长五十分。

交互枓：

八铺作，一十只；

七铺作，八只；

六铺作，六只；

五铺作，四只；

四铺作,二只。

齐心枓:

八铺作,八只;

七铺作,六只;

六铺作,二只。五铺作四铺作同。

平盘枓:

八铺作,一十一只;

七铺作,七只;六铺作同。

五铺作,六只;

四铺作,四只。

散枓

八铺作,七十四只;

七铺作,五十四只;

六铺作,三十六只;

五铺作,二十六只;

四铺作,一十二只。

殿阁身内转角铺作用栱、枓等数

殿阁身槽内里外跳,并重栱计心出卷头,每转角铺作一朵用枓、栱等数下项:自七铺作至四铺作各通用:

华栱列泥道栱,三只;外跳用。

令栱列小栱头分首,二只;里跳用。

角内华栱,一只;

角内两出耍头,一只;七铺作,身长二百八十八分;六铺作,身长一百四十七分;五铺作,身长七十七分;四铺作,身长六十四分。

栌枓,一只;

闇栔,四条。二条长三十一分;二条长二十一分。

自七铺作至五铺作各通用:

瓜子栱列小栱头分首,二只;外跳用,身长二十八分。

慢栱列切几头分首,二只;外跳用,身长二十八分。

角内第二抄华栱,一只。身长七十七分。

七铺作、六铺作各独用:

瓜子栱列小栱头分首,二只;身内交隐鸳鸯栱,身长五十三分。

慢栱列切几头分首,二只;身长五十三分。

令栱列瓜子栱,二只;

华栱列慢栱,二只;

骑栿令栱,二只;

角内第三抄华栱,一只。身长一百四十七分。

七铺作独用:

慢栱列切几头分首,二只;身内交隐鸳鸯栱,身长七十八分。

瓜子栱列小栱头,二只;

瓜子丁头栱,四只;

角内第四抄(抄)华栱,一只。身长二百一十七分。

五铺作独用：

骑栿令栱分首，二只。身内交隐鸳鸯栱，身长五十三分。

四铺作独用：

令栱列瓜子栱分首，二只。身长二十分。

耍头列慢栱，二只。身长三十分。

自七铺作至五铺作各用：

慢栱列切几头：

　　七铺作，六只；

　　六铺作，四只；

　　五铺作，二只；

　　瓜子栱列小栱头。数并同上。

自七铺作至四铺作各用：

交互枓：

七铺作，四只；六铺作同。

五铺作，二只。四铺作同。

平盘枓：

七铺作，一十只；

六铺作，八只；

五铺作，六只；

四铺作，四只。

散枓：

七铺作，六十只；

六铺作，四十二只；

五铺作，二十六只；

四铺作，一十二只。

楼阁平坐转角铺作用栱、枓等数

楼阁平坐，自七铺作至四铺作，并重栱计心，外跳出卷头，里跳挑斡棚栿及穿串上层柱身，每转角铺作一朵用栱、枓等数下项：

自七铺作至四铺作各通用：

第一抄（杪）角内足材华栱，一只；身长四十二分。

第一抄（杪）入柱华栱，二只；身长三十二分。

第一抄（杪）华栱列泥道栱，二只；身长三十二分。

角内足材耍头，一只；七铺作，身长二百一十分；六铺作，身长一百六十八分；五铺作，身长一百二十六分；四铺作，身长八十四分。

耍头列慢栱分首，二只；七铺作，身长一百五十二分；六铺作，身长一百二十二分；五铺作，身长九十二分；四铺作，身长六十二分。

入柱耍头，二只；长同上。

耍头列令栱分首，二只；长同上。

衬方，三条；七铺作内，二条单材，长一百八十分；一条足材，长二百五十二分；六铺作内，二条单材，长一百五十分；一条足材，长二百一十分；五铺作内，二条单材,长一百二十分;一条足材,长一百六十八分;四铺作内,二条单材,长九十分;一条足材,长一百二十六分。

栌枓,三只;

闇栔,四条。二条长六十八分;二条长五十三分。

自七铺作至五铺作各通用:

第二抄(杪)角内足材华栱,一只;身长八十四分。

第二抄(杪)入柱华栱,二只;身长六十二(三)分。

第二抄(杪)华栱列慢栱,二只。身长六十三分。

七铺作、六铺作、五铺作各用:

要头列方桁,二只;七铺作,身长一百五十二分;六铺作,身长一百二十二分;五铺作,身长九十一分。

华栱列瓜子栱分首:

七铺作,六只;二只身长一百二十二分;二只身长九十二分;二只身长六十二分。

六铺作,四只;二只身长九十二分;二只身长六十二分。

五铺作,二只。身长六十二分。

七铺作、六铺作各用:

交角要头:

七铺作,四只;二只身长一百五十二分;二只身长一百二十二分。六铺作,二只;身长一百二十二分。

华栱列慢栱分首:

七铺作,四只;二只身长一百二十二分;二只身长九十二分。六铺作,二只。身长九十二分。

七铺作、六铺作各独用:

第三抄(杪)角内足材华栱,一只;身长二十六分。

第三抄(杪)入柱华栱,二只;身长九十二分。

第三抄(杪)华列柱头方,二只;身长九十二分。

七铺作独用:

第四抄(杪)入柱华栱,二只;身长一百二十二分。

第四抄(杪)交角华栱,二只;身长九十二分。

第四抄(杪)华栱列柱头方,二只;身长一百二十二分。

第四抄(杪)角内华栱,一只。身长一百六十八分。

自七铺作至四铺作,各用:

交互枓:

七铺作,二十八只;

六铺作,一十八只;

五铺作,一十只;

四铺作,四只。

齐心枓:

七铺作,五十只;

六铺作,四十四只;

五铺作,一十九只;

四铺作,八只。

平盘枓:

七铺作,五只;

六铺作,四只;

五铺作,三只;

四铺作,二只。

散枓:

七铺作,一十八只;

六铺作,一十四只;

五铺作,一十只;

四铺作,六只。

凡转角铺作,各随所长(用),每铺作枓栱一朵,如四铺作,五铺作,取所用栱、枓等造作功,于十分中加八分为安勘、绞割、展拽功。若六铺作以上,加造作功一倍。

営造法式
卷十九

大木作功限三

殿堂梁、柱等事件功限

造作功：

月梁，材每增减一等，各递加减八寸。直梁准此。

八椽栿，每长六尺七寸；六椽栿以下至四椽栿，各递加八寸；四椽栿至三椽栿，加一尺六寸；三椽栿至两椽栿及丁栿、乳栿，各加二尺四寸。

直梁，八椽栿，每长八尺五寸；六椽栿以下至四椽栿，各递加一尺；四椽栿至三椽栿，加二尺；三椽栿至两椽栿及丁栿、乳栿，各加三尺。

右（以上）各一功。

柱，每（第）一条长一丈五尺，径一尺一寸，一功。穿凿功在内。若角柱，每一功加一分功。如径增一寸，加一分二厘功。如一尺三寸以上，每

径增一寸，又递加三厘功。若长增一尺五寸，加本功一分功；或径一尺一寸以下者，每减一寸，减一分七厘功，减至一分五厘止。或用方柱，每一功减二分功。若壁内闇柱，圜者每一功减三分功，方者减一分功。如只用柱头额者，减本功一分功。

驼峰，每一坐，两瓣或三瓣卷杀。高二尺五寸，长五尺，厚七寸。

绰幕三瓣头，每一只；

柱硕，每一枚；

右（以上）各五分功。材每增减一等，绰幕头各加减五厘功；柱硕各加减一分功。其驼峰若高增五寸，长增一尺，加一分功；或作毡笠样造，减二分功。

[大角梁，每一条，一]功七分。材每增减一等，各加减三分功。

子角梁，每一条，八分五厘功。材每增减一等，各加减一分五厘功。

续角梁，每一条，六分五厘功。材每增减一等，各加减一分功。

襻间、脊串、顺身串，并同材。

替木一枚，卷杀两头，共七厘

功。身内同材;楷子同;若作华楷,加功三分之一。

普拍方,每长一丈四尺;材每增减一等,各加减一尺。

橑檐方,每长一丈八尺五寸;加减同上。

榑,每长二丈;加减同上,如草架,加一倍剳。

剳牵,每长一丈六尺;加减同上。

大连檐,每长五丈;材每增减一等,各加减五尺。

小连檐,每长一百尺;材每增减一等,各加减一丈。

椽,缠斫事造者,每长一百三十;如斫棱事造者,加三十;若事造圆椽者,加六十尺;材每增减一等,各加减十分之一。

飞子,每三十五只;材每增减一等,各加减三只。

大额,每长一丈四尺二寸五分;材每增减一等,各加减五寸。

由额,每长一丈六尺;加减同上,照壁方、承椽串同。

托脚,每长四丈五尺;材每增减一等,各加减四尺;叉手同。

平闇版,每广一尺,长十丈;遮椽版、白版同;如要用金漆及法油者,长即减三分。

生头,每广一尺,长五丈;搏风版、敦桥、矮柱同。

楼阁上平坐内地面版,每广一尺,厚二寸,牙缝造。长同上;若直缝造者,长增一倍。

右(以上)各一功。

凡安勘、绞割屋内所用名件柱、额等,加造作名件功四分;如有草架,压槽方、襻间、闇梁(栔)、樘柱固济等方未(木)在内。卓立搭架、钉椽、结裹,又加二分。仓敖、库屋功限及常行散屋功限准此。其卓立、搭架等,若楼阁五间,三层以上者,自第二层平坐以上,又加二分功。

城门道功限 楼台铺作准殿阁法。

造作功:

排义(叉)柱,长二丈四尺,广一尺四寸,厚九寸,每一条,一功九分二厘。每长增减一尺,各加减八厘功。

洪门栿,长二丈五尺,广一尺五寸,厚一尺。每一条,一功九分二厘五毫。每长增减一尺,各加减七厘七毫功。

狼牙栿,长一丈二尺,广一尺,厚七寸。每一条,八分四厘功。每长增减一尺,各加减七厘功。

托脚,长七尺,广一尺,厚七寸。每一条,四分九厘功。每长增减一尺,各加减七厘功。

蜀柱，长四尺，广一尺，厚七寸。每一条，二分八厘功。每长增减一尺，各加减七厘功。

涎衣木（夜叉木），长二丈四尺，广一尺五寸，厚一尺。每一条，三功八分四厘。每长增减一尺，各加减一分六厘功。

永定柱，事造头口，每一条，五分功。

担门方，长二丈八尺，广二尺，厚一尺二寸。每一条，二功八分。每长增减一尺，各加减一厘功。

盝顶版，每七十尺，一功。

散子木，每四百尺，一功。

跳方，柱脚方、雁翅版同。功同平坐。

凡城门道，取所用名件等造作功，五分中加一分，为展拽安勘穿拢功。

仓敖、库屋功限 其名件以七寸五分材为祖计之，更不加减。常行散屋同。

造作功：

冲脊柱，谓十架椽屋用者。每一条，三功五分。每增减两椽，各加减五分之一。

四椽栿，每一条，二功。壶（壸）门柱同。

八椽栿项柱，一条，长一丈五尺，径一尺二寸，一功三分。如转角柱，每一功加一分功。

三椽栿，每一条，一功二分五厘。

角栿，每一条，一功二分。

大角梁，每一条，一功一分。

乳栿，每一条；

椽，共长三百六十尺。

大连檐，共长五十尺。

小连檐，共长二百尺。

飞子，每四十枚；

白版，每广一尺，长一百尺；

横抹，共长三百尺；

搏风版，共长六十尺；

右（以上）各一功。

下檐柱，每一条，八分功。

两下（丁）栿，每一条，七分功。

子角梁，每一条，五分功。

槏柱，每一条，四分功。

续角梁，每一条，三分功。

壁版柱，每一条，二分五厘功。

劄牵，每一条，二分功。

搏（榑），每一条；

矮柱，每一枚；

壁版，每一片；

右（以上）各一分五厘功。

科,每一只,一分二厘功。

脊串,每一条;

蜀柱,每一枚;

生头,每一条;

脚版,每一片;

右(以上)各一分功。

护替木楷子,每一只,九厘功。

额,每一片,八厘功。

仰合楷子,每一只,六厘功。

替木,每一枚;

叉手,每一片。托脚同。

右(以上)各五厘功。

常行散屋功限 官府廊屋之类同。

造作功:

四椽栿,每一条,二功。

三椽栿,每一条,一功二分。

乳栿,每一条;

椽,共长三百六十尺;

连椽(檐),每长二百尺;

搏风版,每长八十尺;

右(以上)各一功。

两椽栿,每一条,七分功。

驼峰,每一坐,四分功。

槫,每一条,二分功。梢槫,加二厘功。

劄牵,每一条,一分五厘功。

科,每一只;

生头木,每一条;

脊串,每一条;

蜀柱,每一枚;

右(以上)各一分功。

额,每一条,九厘功。侧项额同。

替木,每一枚,八厘功。梢槫下用者,加一厘功。

叉手,每一片;托脚同。

楷子,每一只;

右(以上)各五厘功。

右(以上)若科口跳以上,其名件各依本法。

跳舍行墙功限

造作功:穿凿、安勘等功在内:

柱,每一条,一分功。槫同。

椽,共长四百尺。杙巴子所用同。

连檐,共长三百五十尺。杙巴子同上。

右(以上)各一功。

跳子,每一枚,一分五厘功。角内者,加二厘功。

替木,每一枚,四厘功。

望火楼功限

望火楼一坐,四柱,各高三十

尺;基高十尺。上方五尺,下方一丈一尺。

造作功:

柱,四条,共一十六功。

榥,三十六条,共二功八分八厘。

梯脚,二条,共六分功。

平栿,二条,共二分功。

蜀柱,二枚;

搏风版,二片;

右(以上)各共六厘功。

槫,三条,共三分功。

角柱,四条;

厦屋(瓦)版,二十片;

右(以上)各共八分功。

护缝,二十二条,共二分二厘功。

压脊,一条,一分二厘功。

坐版,六片,共三分六厘功。

右(以上)以上穿凿,安卓,共四功四分八厘。

营屋功限 其名件以五寸材为祖计之。

造作功:

栿项柱,每一条;

两椽栿,每一条;

右(以上)各二分功。

四椽下檐柱,每一条,一分五

厘功。三椽者,一分功;两椽者,七厘五毫功。

枓,每一只;

槫,每一条;

右(以上)各一分功。梢槫加二厘功。

搏风版,每共广一尺,长一丈,九厘功。

蜀柱,每一条;

额,每一片;

右(以上)各八厘功。

牵,每一条,七厘功。

脊串,每一条,五厘功。

连檐,每长一丈五尺;

替木,每一只;

右(以上)各四厘功。

叉手,每一片,二厘五毫功。

虿翅,三分中减二分功。

椽,每一条,一厘功。

右(以上)以上钉椽,结裹,每一椽四分功。

圻(拆)修、挑、拔舍屋功限 飞檐附(同)。

圻(拆)修铺作舍屋,每一椽:

槫檩衮转、脱落,全圻(拆)重修,一功二分。枓口跳之类,八分功;单枓只替以下,六分功。

揭箔番（翻）修，挑拔柱木，修整檐宇，八分功。枓口跳之类，六分功；单枓只替以下，五分功。

连瓦挑拔，推荐柱木，七分功。枓口跳之类以下，五分功；如相连五间以上，各减功五分之一。

重别结里飞檐，每一丈，四分功。如相连五丈以上，减功五分之一；其转角处加功三分之一。

荐拔、抽换柱、栿等功限

荐拔抽换殿宇、楼阁等柱、栿之类，每一条，殿宇、楼阁：

平柱：

有副阶者，以长二丈五尺为率。一十功。每增减一尺，各加减八分功。其厅堂、三门、亭台栿项柱，减功三分之一。

无副阶者，以长一丈七尺为率。六功。每增减一尺，各加减五分功。其厅堂、三门、亭台下檐柱，减功三分之一。

副阶平柱，以长一丈五尺为率。四功。每增减一尺，各加减三分功。

角柱：比平柱每一功加五分功。厅堂、三门、亭台同。下准此。

明栿：

六架椽，八功；草栿，六功五分。

四架椽，六功；草栿，五功。

三架椽，五功；草栿，四功。

两下栿，乳栿同。四功。草栿，三功；草乳栿同。

牵，六分功。劄牵减功五分之一。

椽，每一十条，一功。如上、中架，加数二分之一。

枓口跳以下，六架椽以上舍屋：

栿，六架椽，四功。四架椽，二功；三架椽，一功八分；两下（丁）栿，一功五分；乳栿，一功五分。

牵，五分功。劄牵减功五分之一。

栿项柱，一功五分。下檐柱，八分功。

单枓只替以下，四架椽以上舍屋：枓口桃之类四椽以下舍屋同。

栿，四架椽，一功五分。三架椽，一功二分；两下（丁）栿并乳栿，各一功。

牵，四分功。劄牵减功五分之一。

栿项柱，一功。下檐柱，五分功。

椽，每一十五条，一功。中、下架加数二分之一。

營造法式
卷二十

小木作功限一

版門 獨扇版門、雙扇版門。

獨扇版門,一坐門額、限,兩頰及伏兔、手栓全。

造作功:

高五尺,一功二分。

高五尺五寸,一功四分。

高六尺,一功五分。

高六尺五寸,一功八分。

高七尺,二功。

安卓功:

高五尺,四分功。

高五尺五寸,四分五厘功。

高六尺,五分功。

高六尺五寸,六分功。

高七尺,七分功。

雙扇版門,一間,兩扇,額、限、兩頰、雞栖木及兩砧全。

造作功:

高五尺至六尺五寸,加獨扇版門一倍功。

高七尺,四功五分六厘。

高七尺五寸,五功九分二厘。

高八尺,七功二分。

高九尺,一十功。

高一丈,一十三功六分。

高一丈一尺,一十八功八分。

高一丈二尺,二十四功。

高一丈三尺,三十功八分。

高一丈四尺,三十八功四分。

高一丈五尺,四十七功二分。

高一丈六尺,五十三功六分。

高一丈七尺,六十功八分。

高一丈八尺,六十八功。

高一丈九尺,八十功八分。

高二丈,八十九功六分。

高二丈一尺,一百二十三功。

高二丈二尺,一百四十二功。

高二丈三尺,一百四十八功。

高二丈四尺,一百六十九功六分。

双扇版门所用手栓、伏兔、立榀、横关等依下项：计所用名件，添入造作功限内。

手栓，一条，长一尺五寸，广二寸，厚一寸五分，并伏兔二枚，各长一尺二寸，广三寸，厚二寸，共二分功。上、下伏兔，各一枚，各长三尺，广六寸，厚二寸，共三分功。

又，长二尺五寸，广六寸，厚二寸五分，共二分四厘功。

又，长二尺，广五寸，厚二寸，共二分功。

又，长一尺五寸，广四寸，厚二寸，共一分二厘功。

立榀，一条，长一丈五尺，广二寸，厚一寸五分，二分功。

又，长一丈二尺五寸，广二寸五分，厚一寸八分，二分二厘功。

又，长一丈一尺五寸，广二寸二分，厚一寸七分，二分一厘功。

又，长九尺五寸，广二寸，厚一寸五分，一分八厘功。

又，长八尺五寸，广一寸八分，厚一寸四分，一分五厘功。

立榀身内手把，一枚，长一尺，广三寸五分，厚一寸五分，八厘功。若长八寸，广三寸，厚一寸三分，则减二厘功。

立榀上、下伏兔，各一枚，各长一尺二寸，广三寸，厚二寸，共五厘功。

搕锁柱，二条，各长五尺五寸，广七寸，厚二寸五分，共六分功。

门横关，一条，长一丈一尺，径四寸，五分功。

立株、卧株、一副，四件，共二分四厘功。

地栿版，一片，长九尺，广一尺六寸，楅在内。一功五分。

门簪，四枚，各长一尺八寸，方四寸，共一功。每门高增一尺，加二分功。

托关柱，二条，各长二尺，广七寸，厚三分（寸），共八分功。

安卓功：

高七尺，一功二分；

高七尺五寸，一功四分；

高八尺，一功七分；

高九尺，二功三分；

高一丈，三功；

高一丈一尺，三功八分；

高一丈二尺，四功七分；

高一丈三尺，五功七分；

高一丈四尺，六功八分；

高一丈五尺，八功；

高一丈六尺，九功三分；

高一丈七尺，一十功七分；

高一丈八尺，一十二功二分；

高一丈九尺，一十三功八分；

高二丈，一十五功五分；

高二丈一尺，一十七功三分；

高二丈二尺，一十九功二分；

高二丈三尺，二十一功二分；

高二丈四尺，二十三功三分。

乌头门

乌头门一坐，双扇、双腰串造。

造作功：

方八尺，一十七功六分；若下安 鋜脚者，加八分功；每门高增一尺，又加一 分功；如单腰串造者，减八分功。下同。

方九尺，二十一功二分四厘；

方一丈，二十五功二分；

方一丈一尺，二十九功四分 八厘；

方一丈二尺，三十四功八厘； 每扇各加承棍一条，共加一功四分，每门 高增一尺，又加一分功；若用双承棍者，准 此计功。

方一丈三尺，三十九功；

方一丈四尺，四十四功二分 四厘；

方一丈五尺，四十九功八分；

方一丈六尺，五十五功六分 八厘；

方一丈七尺，六十一功八分

八厘；

方一丈八尺，六十八功四分；

方一丈九尺，七十五功二分 四厘；

方二丈，八十二功四分；

方二丈一尺，八十九功八分 八厘；

方二丈二尺，九十七功六分。

安卓功：

方八尺，二功八分；

方九尺，三功二分四厘；

方一丈，三功七分；

方一丈一尺，四功一分八厘；

方一丈二尺，四功六分八厘；

方一丈三尺，五功二分；

方一丈四尺，五功七分四厘；

方一丈五尺，六功三分；

方一丈六尺，六功八分八厘；

方一丈七尺，七功四分八厘；

方一丈八尺，八功一分；

方一丈九尺，八功七分四厘；

方二丈，九功四分；

方二丈一尺，一十功八厘；

方二丈二尺，一十功七分 八厘。

软门 牙头护缝软门、合版用楅软门。

软门一合，上、下、内、外牙头、

护缝、拢桯、双腰串造,方六尺至一
丈六尺。

造作功:

高六尺,六功一分;如单腰串造,
各减一功,用楅软门同。

高七尺,八功三分;

高八尺,一十功八分;

高九尺,一十三功三分;

高一丈,一十七功;

高一丈一尺,二十功五分;

高一丈二尺,二十四功四分;

高一丈三尺,二十八功七分;

高一丈四尺,三十三功三分;

高一丈五尺,三十八功二分;

高一丈六尺,四十三功五分。

安卓功:

高八尺,二功。每高增减一尺,
各加减五分功;合版用楅软门同。

软门一合,上、下牙头、护缝,
合版用楅造;方八尺至一丈三尺。

造作功:

高八尺,一十一功;

高九尺,一十四功;

高一丈,一十七功五分;

高一丈一尺,二十一功七分;

高一丈二尺,二十五功九分;

高一丈三尺,三十功四分。

破子棂窗

破子棂窗一坐,高五尺,子桯
长七尺。

造作,三功三分。额、腰串、立颊
在内。

窗上横钤、立旌,共二分功。
横钤三条,共一分功;立旌二条,共一分
功。若用抟(槫)柱,准立旌;下同。

窗下障水版、难子,共二功一
分。障水版、难子,一功七分;心柱二条,
共一分五厘功;抟(槫)柱二条,共一分五
厘功;地栿一条,一分功。

窗下或用牙头、牙脚、填心,共
六分功。牙头三枚,牙脚六枚,共四分
功;填心三枚,共四(二)分功。

安卓,一功。

窗上横钤、立旌,共一分六厘
功。横钤三条,共八厘功;立旌二条,共
八厘功。

窗下障水版、难子,共五分六
厘功。障水版、难子,共三分功;心柱、抟
(槫)柱,各二条,共二分功;地栿一条,六
厘功。

窗下或用牙头、牙脚、填心,共
一分五厘功。牙头三枚,牙脚六枚,共
一分功;填心三枚,共五厘功。

睒电窗

睒电窗，一坐，长一丈，高三尺。

造作，一功五分。

安卓，三分功。

版棂窗

版棂窗，一坐，高五尺，长一丈。

造作，一功八分。

窗上横钤、立旌，准破子窗内功限。

窗下地栿、立旌，共二分功。地栿一条，一分功；立旌二条，共一分功；若用槫柱，准立旌。下同。

安卓，五分功。

窗上横钤、立旌，同上。

窗下地栿、立旌，共一分四厘功。地栿一条，六厘功；立旌二条，共八厘功。

截间版帐

截间牙头护缝版帐，高六尺至一丈，每广一丈一尺。若广增减者，以本功分数加减之。

造作功：

高六尺，六功。每高增一尺，则加一功；若添腰串，加一分四厘功；添槏柱，加三分功。

安卓功：

高六尺，二功一分。每高增一尺，则加三分功；若添腰串，加八厘功；添槏①柱，加一分五厘功。

照壁屏风骨 截间屏风骨、四扇屏风骨。

截间屏风，每高广各一丈二尺。

造作，一十二功；如作四扇造者，每一功加二分功。

安卓，二功四分。

隔截横钤、立旌

隔截横钤、立旌，高四尺至八尺，每广一丈一尺。若广增减者，以本功分数加减之。

造作功：

高四尺，五分功。每高增一尺，

---

① "槏"，"陶本"作"槫"，参见《营造法式》（二），商务印书馆1954年版，第230页。

则加一分功;若不用额,减一分功。

安卓功:

高四尺,三分六厘功。每高增
一尺,则加九厘功;若不用额,减六厘功。

露篱

露篱,每高、广各一丈。

造作,四功四分。内版屋二功四
分;立旌、横钤等,二功。若高减一尺,
即减三分功;版屋减一分,余减二分。
若广减一尺,即减四分四厘功;版
屋减二分四厘,余减二(三)分。加亦如
之。若每出际造垂鱼、惹草、搏风
版、垂脊,加五分功。

安卓,一功八分。内版屋八分;
立旌、横钤等,一功。若高减一尺,即
减一分五厘功;版屋减五厘,余减一
分。若广减一尺,即减一分八厘
功;版屋减八厘,余减一分。加亦如
之。若每出际造垂鱼、惹草、搏风
版、垂脊,加二分功。

版引檐

版引檐,广四尺,每长一丈。

造作,三功六分;
安卓,一功四分。

水槽

水槽,高一尺,广一尺四寸,每
长一丈。

造作,一功五分;
安卓,五分功。

井屋子

井屋子,自脊至地,共高八尺,
井匮子高一尺二寸在内。方五尺。

造作,一十四功。拢裹在内。

地棚

地棚一间,六椽,广一丈一尺,
深二丈二尺。

造作,六功;
铺放、安钉,三功。

营造法式
卷二十一

小木作功限二

格子门 四斜毬文格子、四斜毬文上出条桱重格眼、四直方格眼、版壁、两明格子。

四斜毬文格子门,一间,四扇,双腰串造;高一丈,广一丈二尺。

造作功:额、地栿、槫柱在内。如两明造者,每一功加七分功。其四直方格眼及格子门桯准此。

四混、中心出双线;

破瓣双混、平地出双线;

右(以上)各四十功。若毬文上出条桱重格眼造,即加二十功。

四混、中心出单线;

破瓣双混、平地出单线;

右(以上)各三十九功。

通混、出双线;

通混、出单线;

通混、压边线;

素通混;方直破瓣;

右(以上)通混、出双线者,三十八功。余各递减一功。

安卓,二功五分。若两明造者,每一功加四分功。

四直方格眼格子门,一间,四扇,各高一丈,〈共〉广一丈一尺,双腰串造。

造作功:

格眼,四扇:

四混、绞双线,二十一功。

四混、出单线;

丽口、绞瓣、双混、出边线;

右(以上)各二十功。

丽口、绞瓣、单混、出边线,一十九功。

一混、绞双线,一十五功。

一混、绞单线,一十四功。

一混、不出线;丽口、素绞瓣。

右(以上)各一十三功。

平地出线,一十功。

四直方绞眼,八功。

格子门桯：事件在内。如造版壁，更不用格眼功限。于腰串上用障水版，加六功。若单腰串造，如方直破瓣，减一功；混作出线，减二功。

四混、出双线；

破瓣、双混、平地、出双线；

右(以上)各一十九功。

四混、出单线；破瓣、双混、平地、出单线；

右(以上)各一十八功。

一混出双线；

一混出单线；

通混压边线；

素通混；

方直破瓣撺尖；

右(以上)一混出双线，一十七功；余各递减一功。其方直破瓣，若叉(义)瓣造，又减一功。

安卓功：

四直方格眼格子门一间，高一丈，广一丈一尺，事件在内。共二功五分。

阑槛钩(钩)窗

钩(钩)窗，一间，高六尺，广一丈二尺；三段造。

造作功：安卓事件在内。

四混、绞双线，一十六功。

四混、绞单线；

丽口、绞瓣、瓣内双混。面上出线；

右(以上)各一十五功。

丽口、绞瓣、瓣内单混。面上出线；一十四功。

一混、双线；一十二功五分。

一混、单线；一十一功五分。

丽口、绞素瓣；

一混、绞眼；

右(以上)各一十一功。

方绞眼，八功。

安卓，一功三分。

阑槛，一间，高一尺八寸，广一丈二尺。

造作，共一十功五厘。槛面版，一功二分；鹅项，四枚，共二功四分，云栱、四枚，共二功；心柱，二条，共二分功。槫柱，二条，共二分功；地栿，三分功；障水版，三片，共六分功；托柱，四枚，共一功六分；难子，二十四条，共五分功；八混寻杖，一功五厘；其寻杖若六混，减一分五厘功；四混减三分功；一混减四分五厘功。

安卓，二功二分。

殿内截间格子

殿内截间四斜毬文格子，一间，单腰串造，高、广各一丈四尺；

心柱、槫柱等在内。

造作，五十九功六分；

安卓，七功。

堂合内截间格子

堂合内截间四斜球文格子，一间，高一丈，广一丈一尺。槫柱在内方。额子泥道，双扇门造。

造作功：

破瓣撺尖，瓣内双混，面上出心线、压边线，四十六功；

破瓣撺尖，瓣内单混，四十二功；

方直破瓣撺尖，四十功。直造者减二功。

安卓，二功五分。

殿阁照壁版

殿阁照壁版，一间，高五尺至一丈一尺，广一丈四尺。如广增减者，以本功分数加减之。

造作功：

高五尺，七功。每高增一尺，加一功四分。

安卓功：

高五尺，二功。每高增一尺，加四分功。

障日版

障日版，一间，高三尺至五尺，广一丈一尺。如广增减者，即以本功分数加减之。

造作功：

高三尺，三功。每高增一尺，则加一功。若用心柱、槫柱、难子、合版造，则每功各加一分功。

安卓功：

高三尺，一功二分。每高增一尺，则加三分功。若用心柱、槫柱、难子、合版造；则每功减二分功。下同。

廊屋照壁版

廊屋照壁版，一间，高一尺五寸至二尺五寸，广一丈一尺。如广增减者，即以本功分数加减之。

造作功：

高一尺五寸，二功一分。每增高五寸，则加七分功。

安卓功：

高一尺五寸，八分功。每增高五寸，则加二分功。

胡梯

胡梯，一坐，高一丈，拽脚长一

丈，广三尺，作十二（三）踏，用枓子蜀柱单钩阑造。

造作，一十七功；

安卓，一功五分。

垂鱼、惹草

垂鱼，一枚，长五尺，广三尺。

造作，二功一分；

安卓，四分功。

惹草，一枚，长五尺。

造作，一功五分；

安卓，二分五厘功。

栱眼壁版

栱眼壁版，一片，长五尺，广二尺六寸。于第一等材栱内用。

造作，一功九分五厘；如单栱内用，于三分中减一分功。若长加一尺，增三分五厘功；材加一等，增一分三厘功。

安卓，二分功。

裹栿版

裹栿版，一副，厢壁两段，底版一片。

造作功：

殿槽内裹栿版，长一丈六尺五寸，广二尺五寸，厚一尺四寸，共二十功。

副阶内裹栿版，长一丈二尺，广二尺，厚一尺，共一十四功。

安钉功：

殿槽，二功五厘。副阶减五厘功。

擗帘竿

擗帘竿，一条。并腰串。

造作功：

竿，一条，长一丈五尺，八混造，一功五分。破瓣造，减五分功；方直造，减七分功。

串，一条，长一丈，破瓣造，三分五厘功。方直造，减五厘功。

安卓，三分功。

护殿阁檐竹网木贴

护殿阁檐枓栱竹雀眼网上、下木贴，每长一百尺，地衣簟贴同。

造作，五分功。地衣簟贴，绕碇之类，随曲剜造者，其功加倍。安钉同。

安钉，五分功。

平棊

殿内平棊，一段。

造作功：

每平棊于贴内贴络华文，长二尺，广一尺，背版栈，贴在内。共一功；

安搭，一分功。

斗八藻井

殿内斗八，一坐，

造作功：

下斗四，方井内方八尺，高一尺六寸；下昂、重栱、六铺作枓栱，每一朵共二功二分。或只用卷头造，减二[分]功。

中腰八角井，高二尺二寸，内径六尺四寸；枓槽、压厦版、随瓣方等事件，共八功。

上层斗八，高一尺五寸，内径四尺二寸；内贴络龙、凤华版并背版、阳马等，共二十二功。其龙凤并雕作计功。如用平棊制度贴络华文，加一十二功。

上昂、重栱、七铺作枓栱，每一朵共三功。若入角，其功加倍。下同。

拢裹功：

上、下昂、六铺作枓栱，每一朵，五分功。如卷头者，减一分功。

安搭，共四功。

小斗八藻井

小斗八，一坐，高二尺二寸，径四尺八寸。

造作，共五十二功；

安搭，一功。

拒马叉子

拒马叉子，一间，斜高五尺，间广一丈，下广三尺五寸。

造作，四功。如云头造，加五分功。

安卓，二分功。

叉子

叉子，一间，高五尺，广一丈。

造作功：下并用三瓣霞子。

棍子：

笏头，方直，串，方直。三功。

挑瓣云头、方直，串，破瓣。三功七分。

云头，方直，出心线，串，侧面出心线。四功五分。

云头，方直，出边线，压白，串，侧面出心线，压白。五功五分。

海石榴头，一混，心出单线，两

边线，串，破瓣，单混，出线。六功五分。

海石榴头，破瓣，瓣里单混，面上出心线，串，侧面上出心线，压白边线。七功。

望柱：

仰覆莲单（华），胡桃子，破瓣，混面上出线，一功。

海石榴头，一功二分。

地栿：

连梯混，每长一丈，一功二分。

连梯混，侧面出线，每长一丈，一功五分。

衮砧：每一枚，

云头，五分功；

方直，三分功。

托枨：每一条，四厘功。

曲枨：每一条，五厘功。

安卓：三分功。若用地栿、望柱，其功加倍。

钩阑　重台钩阑、单钩阑。

重台钩阑，长一丈为率，高四尺五寸。

造作功：

角柱，每一枚，一功二（三）分。

望柱，破瓣，仰覆莲、胡桃子造。

每一条，一功五分。

矮柱，每一枚，三分功。

华托柱，每一枚，四分功。

蜀柱，瘿项，每一枚，六分六厘功。

华盆霞子，每一枚，一功。

云栱，每一枚，六分功。

上华版，每一片，二分五厘功。下华版，减五厘功，其华丈（文）并雕作计功。

地栿，每一丈，二功。

束腰，长同上。一功二分。盆唇并八混，寻杖同。其寻杖若六混造，减一分五厘功；四混，减三分功；一混，减四分五厘功。

拢裹：共三功五分。

安卓：一功五分。

单钩阑，长一丈为率，高三尺五寸。

造作功：

望柱：海石榴头，一功一分九厘。仰覆莲、胡桃子，九分四厘五毫功。

万字，每片四字，二功四分。如减一字，即减六分功；加亦如之。如作钩片，每一功减一分功。若用华版，不计。

托枨，每一条，三厘功。

蜀柱，撮项，每一枚，四分五厘功。蜻蜓头，减一分功，枓子，减二分功。

地栿，每长一丈四尺，七厘功。

盆唇加三厘功。

华版，每一片，二分功。其华文并雕作计功。

八混寻杖，每长一丈，一功。六混减二分功；四混，减四分功，一混，减六分七厘功。

云栱，每一枚，五分功。

卧柊子，每一条，五厘功。

拢裹：一功。

安卓：五分功。

棵笼子

棵笼子，一只，高五尺，上广二尺，下广三尺。

造作功：

四瓣，铤脚，单棍、柊子，二功。

四瓣、铤脚，双棍、腰串、柊子，牙子，四功。

六瓣、双棍、单腰串、柊子、子桯、仰覆莲单胡桃子，六功。

八瓣、双棍、铤脚、腰串、柊子、垂脚、牙子、柱子、海石榴头，七功。

安卓功：

四瓣，铤脚、单棍、柊子；

四瓣，铤脚、双棍、腰串、柊子、牙子，

右（以上）各三分功。

六瓣、双棍、单腰串、柊子、子桯、仰覆莲单胡桃子；

八瓣、双棍、铤脚、腰串、柊子、垂脚、牙子、柱子、海石榴头；

右（以上）各五分功。

井亭子

井亭子，一坐，铤脚至脊共高一丈一尺，鸱尾在外。方七尺。

造作功：

结瓮（窊）、柱木、铤脚等，共四十五功；枓栱，一寸二分材，每一朵，一功四分。

安卓：五功。

牌

殿、堂、楼、阁、门、亭等牌，高二尺至七尺，广一尺六寸至五尺六寸。如官府或仓库等用，其造作功减半；安卓功三分减一分。

造作功：安勘头、带、舌内华版在内。

高二尺，六功。每高增一尺，其功加倍。安挂功同。

安挂功：

高二尺，五分功。

小木作功限三

佛道帐

佛、道帐,一坐,下自龟脚,上至天宫鸱尾,共高二丈九尺。

坐:高四尺五寸,间广六丈一尺八寸,深一丈五尺。

造作功:

车槽上、下涩,坐面猴面涩,芙蓉瓣造,每长四尺五寸;

子涩,芙蓉瓣造,每长九尺;

卧棍,每四条;

立棍,每一十条;

上、下马头棍,每一十二条;

车槽涩并芙蓉华版,每长四尺;

坐腰并芙蓉华版,每长三尺五寸;

明金版芙蓉华瓣,每长二丈;

拽后棍,每一十五条;罗文棍同;

柱脚方,每长一丈二尺;

榻头木,每长一丈三尺;

龟脚,每三十枚;

料槽版并钥匙头,每长一丈二尺,压厦版同。

钿面合版,每长一丈,广一尺;

右(以上)各一功。

贴络门窗并背版,每长一丈,共三功。

纱窗上五铺作,重栱、卷头料栱;每一朵,二功。方桁及普拍方在内。若出角或入角者,其功加倍。腰檐、平坐同。诸帐及经藏准此。

拢裹:一百功。

安卓:八十功。

帐身:高一丈二尺五寸,广五丈九尺一寸,深一丈二尺三寸;分作五间造。

造作功:

帐柱,每一条;

上内外槽隔科(枓)版,并贴络

及仰托榥在内。每长五尺；

欢门，每长一丈；

右（以上）各一功五分。

里槽下锹脚版，并贴络等。每长一丈，共二功二分。

帐带，每三条；

虚柱，每一条；

两侧及后壁版，每长一丈，广一尺；

心柱，每三条；

难子，每长六丈；

随间栿，每二条；

方子，每长三丈；

前后及两侧安平棊搏难子，每长五尺；

右（以上）各一功。

平棊依本功。

斗八一坐，径三尺二寸，并八角，共高一尺五寸；五铺作，重栱、卷头，共三十功。

四斜毬文截间格子，一间，二十八功。

四斜毬文泥道格子门，一扇，八功。

拢裹：七十功。

安卓：四十功。

腰檐：高三尺，间广五丈八尺八寸，深一丈。

造作功：

前后及两侧科槽版并钥匙头，每长一丈二尺；

压厦版，每长一丈二尺；山版同。

科槽卧榥，每四条；

上、下顺身榥，每长四丈；

立榥，每一十条；

贴生（身），每长四丈；

曲椽，每二十条；

飞子，每二十五枚；

屋内槫，每长二丈；槫脊同。

大连檐，每长四丈；瓦陇条同。

厦瓦版并白版，每各长四丈，广一尺；

瓦口子，并签切。每长三丈；

右（以上）各一功。

抹角栿，每一条，二分功。

角梁，每一条；

角脊，每四条；

右（以上）各一功二分。

六铺作，重栱、一抄（杪）、两昂科栱，每一朵，共二功五分。

拢裹：二（六）十功。

安卓：三十五功。

平坐：高一尺八寸，广五丈八尺八寸，深一丈二尺。

造作功：

科槽版并钥匙头，每长一丈二尺；

压厦版,每长一丈;

卧棍,每四条;

立棍,每一十条;

雁翅版,每长四丈;

面版,每长一丈;

右(以上)各一功。

六铺作:重栱、卷头枓栱,每一朵,共二功三分。

拢裹:三十功。

安卓:二十五功。

天宫楼阁:

造作功:

殿身,每一坐,广三瓣。重檐,并挟屋及行廊,各广二瓣,诸事件并在内。共一百三十功。

茶楼子,每一坐;广三瓣,殿身、挟屋,行廊同上。

角楼,每一坐;广一瓣半,挟屋、行廊同上。

右(以上)各一百一十功。

龟头,每一坐,广二瓣。四十五功。

拢裹:二百功。

安卓:一百功。

圈桥子,一坐,高四尺五寸,拽脚长五尺五寸,广五尺,下用连梯、龟脚,上施钩阑、望柱。

造作功:

连梯桯,每二条;

龟脚,每一十二条;

促踏版棍,每三条;

右(以上)各六分功。

连梯当,每二条,五分六厘功。

连梯棍,每二条,二分功。

主(望)柱,每一条,一分三厘功。

背版,每长、广各一尺;

月版,〈每〉长广同上;

右(以上)各八厘功。

主(望)柱上棍,每一条,一分二厘功。

难子,每五丈,一功。

颊版,每一片,一功二分。

促踏版,每一片,一分五厘功。

随圈势钩阑,共九功。

拢裹:八功。

右(以上)佛、道帐,总计造作共四千二百九功九分;拢裹共四百六十八功;安卓共二百八十功。

若作山华帐头造者,惟不用腰檐及天宫楼阁,除造作、安卓共一千八百二十功九分。于平坐上作山华帐头,高四尺,广五丈八尺八寸,深一丈二尺。

造作功:

顶版,每长一丈,广一尺;

混肚方,每长一丈;

楅,每二十条;

右(以上)各一功。

仰阳版,每长一丈;贴络在内。

山华版,长同上;

右(以上)各一功二分。

合角贴,每一条,五厘功。

以上造作,计一百五十三功九分。

拢裹:一十功。

安卓:一十功。

牙脚帐

牙脚帐,一坐,共高一丈五尺,广三丈,内、外槽共深八尺;分作三间;帐头及各分作三段,帐头科栱在外。牙脚坐,高二尺五寸,长三丈二尺,坐头在内。深一丈。

造作功:

连梯,每长一丈;

龟脚,每三十枚;

上梯盘,每长一丈二尺;

束腰,每长三丈;

牙脚,每一十枚;

牙头,每二十片;剜切在内。

填心,每一十五枚;

压青牙子,每长二丈;

背版,每广一尺,长二丈;

梯盘棍,每五条;

立棍,每一十二条;

面版,每广一尺,长一丈;

右(以上)各一功。

角柱,每一条;

锃脚上衬版,每一十片;

右(以上)各二分功。

重台小钩阑,共高一尺,每长一丈,七功五分。

拢裹:四十功。

安卓:二十功。

帐身,高九尺,长三丈,深八尺,分作三间。

造作功:

内、外槽帐柱,每三条;

里槽下锃脚,每二条;

右(以上)各三功。

内、外槽上隔科(枓)版,并贴络仰托棍在内。每长一丈,共二功二分。内外槽欢门同。

颊子,每六条,共一功二分。虚柱同。

帐带,每四条;

帐身版难子,每长六丈;泥道版难子同。

平棊搏难子,每长五丈;

平棊贴内[贴络华文],每广一尺,长二尺;

右(以上)各一功。

两侧及后壁帐身版,每广一

尺,长一丈,八分功。

泥道版,每六片,共六分功。

心柱,每三条,共九分功。

拢裹:四十功。

安卓:二十五功。

帐头,高三尺五寸,枓槽长二丈九尺七寸六分,深七尺七寸六分,分作三段造。

造作功:

内、外槽并两侧夹枓槽版,每长一丈四尺;压厦版同。

混肚方,每长一丈;山华版,仰阳版,并同。

卧棍,每四条;

马头棍,每二十条;榥同。

右(以上)各一功。

六铺作,重栱、一抄(杪),两[下]昂〈重〉枓栱,每一朵,共二功三分。

顶版,每广一尺,长一丈,八分功。

合角贴,每一条,五厘功。

拢裹:二十五功。

安卓:一十五功。

右(以上)牙脚帐总计:造作共七百四功三分;拢裹共一百五功;安卓共六十功。

九脊小帐

九脊小帐,一坐,共高一丈二尺,广八尺,深四尺。

牙脚坐,高二尺五寸,长九尺六寸,深五尺。

造作(用)功:

连梯,每长一丈;

龟脚,每三十枚;

上梯盘,每长一丈二尺;

右(以上)各一功。

连梯榥;

梯盘榥;

右(以上)各共一功。

面版,共四功五分。

立榥,共三功七分。

背版;

牙脚;

右(以上)各共三功。

填心;

束腰锃脚;

右(以上)各共二功。

牙头;

压青牙子;

右(以上)各共一功五分。

束腰锃脚衬版,共一功二分。

角柱,共八分功。

束腰锃脚内小柱子,共五

分功。

重台小钩阑并望柱等,共一十七功。

拢裹:二十功。

安卓:八功。

帐身,高六尺五寸,广八尺,深四尺。

造作功:

内、外槽帐柱,每一条,八分功。

里槽后壁并两侧下锃脚版并仰托榥,贴络在内。共三功五厘。

内、外槽两侧并后壁上隔科(科)版并仰托榥,贴络柱子在内。共六功四分。

两颊;

虚柱;

右(以上)各共四分功。

心柱,共三分功。

帐身版,共五功。

帐身难子;

内、外欢门;

内、外帐带;

右(以上)各共二功。

泥道版,共二分功。

泥道难子,六分功。

拢裹:二十功。

安卓:二十功。

帐头,高三尺,鸱尾在外,广八尺,深四尺。

造作功:

五铺作,重栱、一抄(杪)、一下昂科栱,每一朵,并一功四分。

结瓷(窊)事件等,共二十八功。

拢裹:一十二功。

安卓:五功。

帐内平棊:

造作,共一十五功。安难子又加一功。

安挂功:每平棊一片,一分功。

右(以上)九脊小帐总计:

造作共一百六十七功八分;拢裹共五十二功;安卓共二十三功三分。

壁帐

壁帐,一间,广一丈一尺,共高一丈五尺。

造作功:拢裹功在内。

科栱,五铺作,一抄(杪)、一下昂,普拍方在内。每一朵,一功四分。

仰阳山华版、帐柱、混肚方、科槽版、压厦版等,共七功。

毯文格子、平棊、叉子、并各依本法。

安卓:三功。

小木作功限四

转轮经藏

转轮经藏,一坐,八瓣,内、外槽帐身造。

外槽帐身,腰檐、平坐上施天宫楼阁,共高二丈,径一丈六尺。

帐身,外柱至地,高一丈二尺。

造作功:

帐柱,每一条;

欢门,每长一丈;

右(以上)各一功五分。

隔科(枓)版并贴柱子及仰托榥,每长一丈,二功五分。

帐带,每三条,一功。

拢裹:二十五功。

安卓:一十五功。

腰檐,高二尺,枓槽径一丈五尺八寸四分。

造作功:

枓槽版,长一丈五尺,压厦版及山版同。一功。

内、外六铺作,外跳一抄(杪)、两下昂,里(裏)跳〈并〉卷头科栱,每一朵,共二功三分。

角梁,每一条,子角梁同。八分功。

贴生,每长四丈;

飞子,每四十枚;

白版,纽(约)计每长三丈,广一尺;厦瓦版同。

瓦陇条,每四丈。

搏(樽)脊,每长二丈五尺;搏脊槫同。

角脊,每四条;

瓦口子,每长三丈;

小山子版,每三十枚。

井口榥,每三条;

立榥,每一十五条;

马头榥,每八条;

右(以上)各一功。

拢裹:三十五功。

安卓:二十功。

平坐,高一尺,径一丈五尺八寸四分。

造作功:

枓槽版,每长一丈五尺;压厦版同。

雁翅版,每长三丈;

井口榥,每三条;

马头榥,每八条;

面版,每长一丈,广一尺;

右(以上)各一功。

枓栱,六铺作并卷头,材广、厚同腰檐。每一朵,共一功一分。

单钩阑,高七寸,每长一丈,望柱在内,共五功。

拢裹:二十功。

安卓:一十五功。

天宫楼阁,共高五尺,深一尺。

造作功:

角楼子,每一坐,广二瓣。并挟屋、行廊,各广二瓣。共七十二功。

茶楼子,每一坐,广同上。并挟屋、行廊,各广同上。共四十五功。

拢裹:八十功。

安卓:七十功。

里槽,高一丈三尺,径一丈。

坐,高三尺五寸,坐面径一丈一尺四寸四分,枓槽径九尺八寸四分。

造作功:

龟脚,每二十五枚;

车槽上下涩、坐面涩、猴面涩,每各长五尺;

车槽涩并芙蓉华版,每各长五尺;

坐腰上、下子涩、三涩,每各长一丈;壶(壶)门神龛并背版同。

坐腰涩并芙蓉华版,每各长四尺;

明金版,每长一丈五尺;

枓槽版,每长一丈八尺;压厦版同。

坐下榻头木,每长一丈三尺;下卧榥同。

立榥,每一十条;

柱脚方,每长一丈二尺;方下卧榥同。

拽后榥,每一十二条;猴面钿面榥同。

猴面梯盘榥,每三条;

面版,每长一丈,广一尺;

右(以上)各一功。

六铺作,重栱、卷头枓栱,每一朵,共一功一分。

上、下重台钩阑,高一尺,每长一丈,七功五分。

拢裹:三十功。

安卓:二十功。

帐身,高八尺五寸,径一丈。

造作功:

帐柱,每一条,一功一分。

上隔科(枓)版并贴络柱子及仰托榥,每各长一丈,二功五分。

下锃脚隔科(枓)版并贴络柱子及仰托榥,每各长一丈,二功。

两颊,每一条,三分功。

泥道版,每一片,一分功。

欢门华瓣,每长一丈;

帐带,每三条;

帐身版,纽(约)计每长一丈,广一尺;

帐身内、外难子及泥道难子,每各长六丈;

　右(以上)各一功。

门子,合版造,每一合,四功。

拢裹:二十五功。

安卓:一十五功。

柱上帐头,共高一尺,径九尺八寸四分。

造作功:

枓槽版,每长一丈八尺;压厦版同。

角栿,每八条;

搭平棊方子,每长三丈;

　右(以上)各一功。

平棊,依本功。

六铺作,重栱、卷头枓栱

(功),每一朵,一功一分。

拢裹:二十功。

安卓:一十五功。

转轮,高八尺,径九尺;用立轴长一丈八尺;径一尺五寸。

造作功:

轴,每一条,九功。

辐,每一条;

外辋,每二片;

里辋,每一片;

里(裏)柱子,每二十条;

外柱子,每四条;

挟(颊)木,每二十条;

面版,每五片;

格版,每一十片;

后壁格版,每二十四片;

难子,每长六丈;

托辐牙子,每一十枚;

托枨,每八条;

立绞榥,每五条;

十字套轴版,每一片;

泥道版,每四十片;

　右(以上)各一功。

拢裹:五十功。

安卓:五十功。

经匣,每一只,长一尺五寸,高六寸,盝顶在内,广六寸五分。

造作、拢裹:共一功。

右(以上)转轮经藏总计:造作

共一千九百三十五功二分；拢裹共二百八十五功；安卓共二百二十功。

壁藏

壁藏，一坐，高一丈九尺，广三丈，两摆手各广六尺，内、外槽共深四尺。

坐，高三尺，深五尺二寸。

造作功：

车槽上、下涩并坐面猴面涩，芙蓉瓣，每各长六尺；

子涩，每长一丈。

卧棍，每一十条；

立棍，每一十二条；拽后棍、罗文棍同。

上、下马头棍，每一十五条；

车槽涩并芙蓉华版，每各长五尺；

坐腰并芙蓉华版，每各长四尺；

明金版，并造瓣。每长二丈；枓槽压厦版同。

柱脚方，每长一丈二尺；

榻头木，每长一丈三尺；

龟脚，每二十五枚；

面版，合缝在内。纽（约）计每长一丈，广一尺；

贴络神龛并背版，每各长五尺；

飞子，每五十枚；

五铺作，重栱、卷头枓栱，每一朵；

右（以上）各一功。

上、下重台钩阑，高一尺，长一丈，七功五分。

拢裹：五十功。

安卓：三十功。

帐身，高八尺，深四尺；作七格，每格内安经匣四十枚。

造作功：

上隔科（枓）并贴络及仰托棍，每各长一丈，共二功五分。

下锃脚并贴络及仰托棍，每各长一丈，共二功。

帐柱，每一条；

欢门，剜造华瓣在内。每长一丈；

帐带，剜切在内。每三条；

心柱，每四条；

腰串，每六条；

帐身合版，纽（约）计每长一丈，广一尺；

格棍，每长三丈；逐格前、后柱子同。

钿面版棍，每三十条；

格版，每二十片，各广八寸；

普拍方,每长二丈五尺;

随格版难子,每长八丈;

帐身版难子,每长六丈;

　　右(以上)各一功。

平棊,依本功。

折叠门子,每一合,共三功。

逐格钿面版,纽(约)计每长一丈,广一尺,八分功。

拢裹:五十五功。

安卓:三十五功。

腰檐,高二尺,枓槽共长二丈九尺八寸四分,深三尺八寸四分。

造作功:

枓槽版,每长一丈五尺;钥匙头及压厦版并同。

山版,每长一丈五尺,合广一尺;

贴生,每长四丈;瓦陇条同。

曲椽,每二十条;

飞子,每四十枚;

白版,纽(约)计每长三尺,广一尺;厦瓦版同。

搏脊槫,每长二丈五尺;

小山子版,每三十枚;

瓦口子,签切在内。每长三丈;

卧棵,每一十条;

立棵,每一十二条;

　　右(以上)各一功。

六铺作,重栱、一抄(杪)、两

下昂枓栱,每一朵,一功二分。

角梁,每一条,子角梁同。八分功。

角脊,每一条,二分功。

拢裹:五十功。

安卓:三十功。

平坐,高一尺,枓槽共长二丈九尺八寸四分,深三尺八寸四分。

造作功:

枓槽版,每长一丈五尺;钥匙头及压厦版并同。

雁翅版,每长三丈;

卧棵,每一十条;

立棵,每一十二条;

钿面版,纽计每长一丈,广一尺;

　　右(以上)各一功。

六铺作,重栱、卷头枓栱,每一朵,共一功一分。

单钩阑,高七寸,每长一丈,五功。

拢裹:二十功。

安卓:一十五功。

天宫楼阁:

造作功:

殿身,每一坐,广二瓣。并挟屋、行廊,各广二瓣。〈屋〉各三层,共八十四功。

角楼,每一坐,广同上。并挟

屋、行廊等并同上；

茶楼子,并同上；

右(以上)各七十二功。

龟头,每一坐,广二(一)瓣。并行廊屋,广二瓣。三层,共三十功。

拢裹:一百功。

安卓:一百功。

经匣:准转轮藏经匣功。

右(以上)壁藏一坐总计:造作共三千二百八十五功三分;拢裹共二百七十五功;安卓共二百一十功。

诸作功限一

雕木作

每一件，

混作：

照壁内贴络。

宝床，长三尺，每尺高五寸，其床垂牙，豹脚造，上雕香炉、香合、莲华、宝科（窠）、香山、七宝等。共五十七功。每增减一寸，各加减一功九分；仍以宝床长为法。

真人，高二尺，广七寸，厚四寸（分），六功。每高增减一寸，各加减三分功。

仙女，高一尺八寸，广八寸，厚四寸，一十二功。每高增减一寸，各加减六分六厘功。

童子，高一尺五寸，广六寸，厚三寸，三功三分。每高增减一寸，各加

减二分二厘功。

云盆或云气，曲长四尺，广一尺五寸，七功五分。每广增减一寸，各加减五分功。

角神，高一尺五寸，七功一分四厘。每增减一寸，各加减四分七厘六毫功，宝藏神每功减四（三）分功。

鹤子，高一尺，广八寸，首尾共长二尺五寸，三功。每高增减一寸，各加减二（三）分功。

帐上：

缠柱龙，长八尺，径四寸，五段造；并爪甲、脊膊焰，云盆或山子。三十六功。每长增减一尺，各加减三功。若牙鱼并缠写生华，每功减一分功。

虚柱莲华蓬，五层，下层蓬径六寸为率，带莲荷、藕叶、枝梗。六功四分。每增减一层，各加减六分功。如下层蓬径增减一寸，各加减三分功。

扛坐神，高七寸，四功。每增减一寸，各加减六分功。力士每功减一分功。

龙尾，高一尺，三功五分。每增减一寸，各加减三分五厘功。鸱尾功

减半。

嫔伽，高五寸，连翘并莲华坐，或云子，或山子。一功八分。每增减一寸，各加减四分功。

兽头，高五寸，七分功。每增减一寸，各加减一分四厘功。

套兽，长五寸，功同兽头。

蹲兽，长三寸，四分功。每增减一寸，各加减一分三厘功。

柱头：取径为率。

坐龙，五寸，四功。每增减一寸，各加减八分功。其柱头如带仰覆莲荷台坐，每径一寸，加功一分。下同。

师子，六寸，四功二分。每增减一寸，各加减七分功。

孩儿，五寸，单造，三功。每增减一寸，各加减六分功。双造，每功加五分功。

鸳鸯，鹅、鸭之类同。四寸，一功。每增减一寸，各加减二分五厘功。

莲荷：

莲华，六寸，实雕六层。三功。每增减一寸，各加减五分功。如增减层数，以所计功作六分，每层各加减一分，减至三层止。如蓬、叶造，其功加倍。

荷叶，七寸，五分功。每增减一寸，各加减七厘功。

半混：

雕插及贴络写生华：透突造同；如剔地，加功三分之一。

华盆：

牡丹，芍药同。高一尺五寸，六功。每增减一寸，各加减五分功；加至二尺五寸，减至一尺止。

杂华，高一尺二寸，卷搭造。三功。每增减一寸，各加减二分三厘功，平雕减功三分之一。

华枝，长一尺，广五寸至八寸。

牡丹，芍药同。三功五分。每增减一寸，各加减三分五厘功。

杂华，二功五分。每增减一寸，各加减二分五厘功。

贴络事件：

升龙，行龙同。长一尺二寸，下飞凤同。二功。每增减一寸，各加减一分六厘功。牌上贴络者同。下准此。

飞凤，立凤、孔雀、牙鱼同，一功二分。每增减一寸，各加减一分功。内凤如华尾造，平雕每功加三分功；若卷搭，每功加八分功。

飞仙，嫔伽同。长一尺一寸，二功。每增减一寸，各加减一分七厘功。

师子，狻猊、麒麟、海马同。长八寸，八分功。每增减一寸，各加减一分功。

真人，高五寸，下至童子同。七分功。每增减一寸，各加减一分五厘功。

仙女，八分功。每增减一寸，各加减一分六厘功。

菩萨，一功二分。每增减一寸，

各加减一分四厘功。

童子,孩儿同。五分功。每增减一寸,各加减一分功。

鸳鸯,鹦鹉、羊、鹿之类同。长一尺,下云子同。八分功。每增减一寸,各加减八厘功。

云子,六分功。每增减一寸,各加减六厘功。

香草,高一尺,三分功。每增减一寸,各加减三厘功。

故实人物,以五件为率。各高八寸,共三功。每增减一件,各加减六分功;即每增减一寸,各加减三分功。

帐上:

带,长二尺五寸,两面结带造。五分功。每增减一寸,各加减二厘功。若雕华者,同华版同(功)。

山华蕉叶版,以长一尺,广八寸为率,实云头造。三分功。

平棊事件:

盘子,径一尺,划云子间起突盘龙;其牡丹花间起突龙、凤之类,平雕者同;卷搭者加功三分之一;三功。每增减一寸,各加减三分功;减至五寸止。下云圈、海眼版同。

云圈,径一尺四寸,二功五分。每增减一寸,各加减二分功。

海眼版,水地间海鱼等。径一尺五寸,二功。每增减一寸,各加减一分四厘功。

杂华,方三寸,透突、平雕。三分功。角华减功之半;角蝉又减三分之一。

华版:

透突,间龙、凤之类同。广五寸以下,每广一寸,一功。如两面雕,功加倍。其剔地,减长六分之一;广六寸至九寸者,减长五分之一;广一尺以上者,减长三分之一。华版带同。

卷搭,雕云龙同。如两卷造,每功加一分功。下海石榴华两卷,三卷造准此。长一尺八寸。广六寸至九寸者,即长三尺五寸;广一尺以上者;即长七尺二寸。

海石榴,长一尺。广六寸至九寸者,即长二尺二寸;广一尺以上者,即长四尺五寸。

牡丹,芍药同。长一尺四寸。广六寸至九寸者,即长二尺八寸;广一尺以上者,即长五尺五寸。

平雕,长二尺五寸。广六寸至九寸者,即长六尺;广一尺以上者,即长一十尺。如长生蕙华间羊、鹿、鸳鸯之类,各加长三分之一。

钩阑、槛面:实云头两面雕造。如凿扑,每功加一分功。其雕华样者,同华版功。如一面雕者,减功之半。

云栱,长一尺,七分功。每增减一寸,各加减七厘功。

鹅项,长二尺五寸,七分五厘功。每增减一寸,各加减三厘功。

地霞，长二尺，一功三分。每增减一寸，各加减六厘五毫功。如用华盆，即同华版功。

矮柱，长一尺六寸，四分八厘功。每增减一寸，各加减三厘功。

划万字版，每方一尺，二分功。如钩片，减功五分之一。

橡头盘子，钩阑寻杖头同。剔地云凤或杂华，以径三寸为率，七分五厘功。每增减一寸，各加减二分五厘功。如云龙造，功加三分之一。

垂鱼，凿朴实雕云头造；惹草同。每长五尺，四功。每增减一尺，各加减八分功。如间云鹤之类，加功四分之一。

惹草，每长四尺，二功。每增减一尺，各加减五分功。如间云鹤之类，加功三分之一。

搏枓莲华，带枝梗。长一尺二寸，一功二分。每增减一寸，各加减一分功。如不带枝梗，减功三分之一。

手把飞鱼，长一尺，一功二分。每增减一寸，各加减一分二厘功。

伏兔荷叶，长八寸，四分功。每增减一寸，各加减五厘功。如莲华造，加功三分之一。

叉子：

云头，两面雕造双云头，每八条，一功。单云头加数二分之一。若雕一面，减功之半。

锃脚壶（壶）门版，实雕结带华，透突华同。每一十一盘，一功。

毬文格子挑白，每长四尺，广二尺五寸，以毬文径五寸为率计，七分功。如毬文径每增减一寸，各加减五厘功。其格子长广不同者，以积尺加减。

旋作

殿堂等杂用名件：

橡头盘子，径五寸，每一十五枚；每增减五分，各加减一枚。

楷角梁宝瓶，每径五寸；每增减五分，各加减一分功。

莲华柱顶，径二寸，每三十二枚；每增减五分，各加减三枚。

木浮沤，径三寸，每二十枚；每增减五分，各加减二枚。

钩阑上葱台钉，高五寸，每一十六枚；每增减五分，各加减二枚。

盖葱台钉筒子，高六寸，每一十二枚；每增减三分，各加减一枚。

右（以上）各一功。

柱头仰覆莲胡桃子，二段造。径八寸，七分功。每增一寸，加一分功；若三段造，每一功加二分功。

照壁宝床等所用名件：

柱子，高七寸，一功。每增一寸，加二分功。

香炉,径七寸;每增一寸,加一分功。下面(酒)柸(杯)盘,荷叶同。

鼓子,高三寸;鼓上钉,镊等在内;每增一寸,加一分功。

注盌,径六寸;每增一寸,加一分五厘功。

右(以上)各八分功。

酒柸(杯)盘,七分功。

荷叶,径六寸;

鼓坐,径三寸五分。每增一寸,加五厘功。

右(以上)各五分功。

酒柸(杯),径三寸;莲子同。

卷荷,长五寸;

杖鼓,长三寸;

右(以上)各三分功。如长、径各增一寸,各加五厘功。其莲子外贴子造,者(若)贴(剔)空旋靥贴莲子,加二分功。

披莲,径二寸八分,二分五厘功。每增减一寸,各加减三厘功。

莲蓓蕾,高三寸,并同上。

佛道帐等名件:

火珠,径二寸,每一十五枚;每增减二分,各加减一枚;至三寸六分以上,每径增减一分同。

滴当子,径一寸,每四十枚;每增减一分,各加减三枚;至一寸五分以上,每增减一分,各加减一枚。

瓦头子,长二寸,径一寸,每四十枚;每径增减一分,各加减四枚;加至一寸五分止。

瓦钱子,径一寸,每八十枚;每增减一分,各加减五枚。

宝柱子,长一尺五寸,径一寸二分,如长一尺,径二寸者同。每一十五条;每长增减一寸,各加减一条;如长五寸,径二寸,每三十条;每长增减一寸,各加减二条。

贴络门盘浮沤,径五分,每二百枚;每增减一分,各加减一十五枚。

平棊钱子,径一寸,每一百一十枚;每增减一分,各加减八枚;加至一寸二分止。

角铃,以大铃高二寸为率,每一钓(钩);每增减五分,各加减一分功。

栌科,径二寸,每四十枚。每增减一分,各加减一枚。

右(以上)各一功。

虚柱头莲华并头瓣,每一副,胎钱子,径五寸,八功。每增减一寸,各加减一分五厘功。

锯作

解割功:

梬、檀、枥木,每五十尺;

榆、槐木、杂硬材,每五十五尺;杂硬材谓海枣、龙菁之类。

白松木，每七十尺；

梿、柏木、杂软材，每七十五尺；杂软材谓香椿、椴木之类。

栟（榆）、黄松、水松、黄心木，每八十尺；

杉、桐木，每一百尺；

右（以上）各一功。每二人为一功；或内有盘截，不计。若一条长二丈以上，枝撑（樘）高远，或旧材内有夹钉脚者，并加本功一分功。

竹作

织簟，每方一尺：

细葜文素簟，七分功。劈篾，刮削，拖摘，收广一分五厘。如刮篾收广三分者，其功减半。织华加八分功；织龙、凤又加二分五厘功。

粗簟，劈篾青白，收广四分。二分五厘功。假葜文造，减五厘功。如刮篾收广二分，其功加倍。

织雀眼网，每长一丈，广五尺：

间龙、凤、人物、杂华、刮篾造，三功四分五厘六毫。事造、贴钉在内。如系小木钉贴，即减一分功，下同。

浑青刮篾造，一功九分二厘。

青白造，一功六分。

笍索，每一束：长二百尺，广一寸五分，厚四分。

浑青造，一功一分。

青白造，九分功。

障日篛，每长一丈，六分功。如织篛造，别计织篛功。

每织方一丈：

笆，七分功；楼阁两层以上处，加二分功。

编道，九分功；如缚棚阁两层以上，加二分功。

竹栅，八分功。

夹截，每方一丈，三分功。劈竹篾在内。

搭盖凉棚，每方一丈二尺，三功五分。如打笆造，别计打笆功。

诸作功限二

瓦作

斫事甋瓦口：以一尺二寸甋瓦，一尺四寸瓪瓦为率（准）。打造同。

琉璃：

揎窠，每九十口；每增减一等，各加减二十口；至一尺以下，每减一等，各加三十口。

解挢，打造大当沟同。①　每一百四十口；每增减一等，各加减三十口；至一尺以下，每减一等，各加四十口。

青掍素白：

揎窠，每一百口；每增减一等，各加减二十口；至一尺以下，每减一等，各加三十口。

解挢，每一百七十口；每增减一等，各加减三十五口；至一尺以下，每减一等，各加四十五口。

右（以上）各一功。

打造甋瓪瓦口：

琉璃瓪瓦：

线道，每一百二十口，每增减一等，各加减二十五口，加至一尺四寸止；至一尺以下，每减一等，各加三十五口；剺画者加三分之一；青掍素白瓦同。

条子瓦，比线道加一倍；剺画者加四分之一，青掍素白瓦同。

青掍素白：

甋瓦大当沟，每一百八十口；每增减一等，各加减三十口；至一尺以下，每减一等，各加三十五口。

瓪瓦：

线道，每一百八十口；每增减一等，各加减三十口；加至一尺四寸止。

条子瓦，每三百口；每增减一等，各加减六分之一；加至一尺四寸止。

小当沟，每四百三十枚；每增减

---

① 此句，"梁本"为正文。参见《梁思成全集》第七卷，第341页。

一等,各加减三十枚。

右(以上)各一功。

结瓷(窑),每方一丈;如央(尖)斜高峻,比直行每功加五分功;

瓵瓶瓦:

琉璃,以一尺二寸为率,二功二分。每增减一等,各加减一分功。

青掍素白,比琉璃其功减三分之一。

散瓶(瓦),大当沟,四分功。小当沟减三分之一功。

垒脊,每长一丈:曲脊,加长一(二)倍。

琉璃,六层;

青掍素白,用大当沟,一十层;用小当沟者,加二层。

右(以上)各一功。

安卓:

火珠,每坐,以径二尺为率,二功五分。每增减一等,各加减五分功。

琉璃,每一只:

龙尾,每高一尺,八分功。青掍素白者,减二分功。

鸱尾,每高一尺,五分功。青掍素白者,减一分功。

兽头,以高二尺五寸为率(准)。七分五厘功。每增减一等,各加减五厘功;减至一分止。

套兽,以口径一尺为率(准)。二分五厘功。每增减二寸,各加减六厘功。

频(嫔)伽,以高一尺二寸为率(准)。一分五厘功。每增减二寸,各加减三厘功。

阀阅,高五尺,一功。每增减一尺,各加减二分功。

蹲兽,以高六寸为率(准)。每一十五枚;每增减二寸,各加减三枚。

滴当子,以高八寸为率(准)。每三十五枚;每增减二寸,各加减五枚。

右(以上)各一功。

系大箔,每三百领;铺箔减三分之一。

抹栈及笆箔,每三百尺;

开燕颔版,每九十尺;安钉在内。

织泥篮子,每一十枚;

右(以上)各一功。

泥作

每方一丈:殿宇、楼阁之类,有转角、合角、托匙处,于本作每功上加五分功;高二丈以上,每丈每功各加一分二厘功;加至四丈止,供作并不加;即高不满七尺,不须棚阁者,每功减三分功;贴补同。

红石灰,黄、青、白石灰同。五分五厘功。收光五遍,合和、斫事、麻捣在内。如仰泥缚棚阁者,每两椽加七厘五毫功,加至一十椽上(止)。下并同。

破灰；

细泥；

右(以上)各三分功。收光在内。如仰泥缚棚阁者，每两椽各加一厘功。其细泥作画壁，并灰衬，二分五厘功。

粗泥，二分五厘功。如仰泥缚棚阁者，每两椽加二厘功。其画壁披盖麻蒇，并搭乍中泥，若麻灰细泥下作衬，一分五厘功。如仰泥缚棚阁，每两椽各加五毫功。

沙泥画壁：

劈蒇、被蒇，共二分功。

披麻，一分功。

下沙收压，一十遍，共一功七分。栱眼壁同。

垒石山，泥假山同。五功。

壁隐假山，一功。

盆山，每方五尺，三功。每增减一尺，各加减六分功。

用坯：

殿宇墙，厅、堂、门、楼墙，并补垒柱䃰同。每七百口；廊屋、散舍墙，加一百口。

贴垒兑(脱)落墙壁，每四百五十口；创接垒墙头射垛，加五十口。

垒烧钱炉，每四百口；

侧剳照壁，窗坐、门颊之类同。每三百五十口；

垒砌灶，茶炉同。每一百五十口；用砖同。其泥饰各纽(约)计积尺别计功。

右(以上)各一功。

织泥篮子，每一十枚，一功。

彩画作

五彩间金：

描画、装染，四尺四寸；平綦、华子之类，系雕造者，即各减数之半。

上颜色雕华版，一尺八寸；

五彩遍装亭子、廊屋、散舍之类，五尺五寸；殿宇、楼阁，各减数五分之一；如装画晕锦，即各减数十分之一；若描白地枝条华，即各加数十分之一；或装四出、六出锦者同。

右(以上)各一功。

上粉贴金出褫，每一尺，一功五分。

青绿碾玉，红或抢金碾玉同。亭子、廊屋、散舍之类，一十二尺；殿宇、楼阁各[项]，减数六分之一。

青绿间红、三晕棱间、亭子、廊屋、散舍之类，二十尺；殿宇、楼阁[各项]，减数四分之一。

青绿二晕棱间，亭子、廊屋、散舍之类；〈二十五尺〉。殿宇、楼阁各[项]，减数五分之一。

解绿画松、青绿缘道，厅堂、亭子、廊屋、散舍之类，四十五尺；〈若〉殿宇、楼阁、减数九分之一；如间红三晕,即各减十分之二。

解绿赤白,廊屋、散舍、华架之类,一百四十尺;殿宇即减数七分之二;若楼阁、亭子、厅堂、门楼及内中屋各[项],减廊屋数七分之一;若间结华或卓相(柏),各减十分之二。

丹粉赤白,廊屋、散舍、诸营、厅堂及鼓楼、华架之类,一百六十尺;殿宇、楼阁,减数四分之一;即亭子、厅堂、门楼及皇城内屋,(各)减八分之一。

刷土黄、白缘道,廊屋、散舍之类,一百八十尺;厅堂、门楼、凉棚[各项],减数六分之一,若墨缘道,即减十分之一。

土朱刷,间黄丹或土黄刷,带护缝、牙子抹绿同。版壁、平闇、门、窗、叉(义)子、钩阑、棵笼之类,一百八十尺。若护缝、牙子解染青绿者,减数三分之一。

合朱刷:

格子,九十尺;抹合绿方眼同;如合绿刷毬文,即减数六分之一;若合朱画松,难子、壶门解压青绿,即减数之半;如抹合绿于障水版上,刷青地描染戏兽、云子之类,即减数九分之一;若朱红染,难子、壶门、牙子解染青绿,即减数三分之一,如土朱刷间黄丹,即加数六分之一。

平闇、软门、版壁之类,难子、壶门、牙头、护缝解〈染〉青绿。一百二十尺;通刷素绿同;若抹绿,牙头、护缝解染青华,即减数四分之一;如朱红染,牙头、护缝等解染青绿,即减数之半。

槛面、钩阑,抹绿同。一百八尺;万字、钩片版、难子上解染青绿,或障水版上描染戏兽、云子之类,即[各]减数三分之一,朱红染同。

叉(义)子,云头、望柱头五彩或碾玉装造。五十五尺;抹绿者,加数五分之一;若朱红染者,即减数五分之一。

棵笼子,间刷素绿,牙子、难子等解压青绿。六十五尺;

乌头绰楔门,牙头、护缝、难子压染青绿,楗子抹绿,一百尺;若高,广一丈以上,即减数四分之一;若土朱刷间黄丹者,加数二分之一。

抹合绿窗,难子刷黄丹,颊、串、地栿刷土朱。一百尺;

华表柱并装染柱头、鹤子、日月版;须缚棚阁者,减数五分之一。

刷土朱通造,一百二十五尺;

绿笋通造,一百尺;

用桐油,每一斤;煎合在内。

右(以上)各一功。

砖作

斫事:

方砖:

二尺,一十三口;每减一寸,加二口。

一尺七寸,二十口;每减一寸,加五口。

一尺二寸,五十口。

压阑砖,二十口;

右(以上)各一功。铺砌功,并以斫事砖数加之;二尺以下,加五分;一尺七寸,加六分;一尺五寸以下,各倍加;一尺二寸,加八分;压阑砖,加六分。其添补功,即以铺砌之数减半。

条砖,长一尺三寸,四十口,趄面砖加一分。一功。垒砌功,以斫事砖数加一倍;趄面砖同,其添补者,即减创垒砖八分之五。若砌高四尺以上者,减砖四分之一。如补换华头,(即)以斫事之数减半。

粗垒条砖,谓不斫事者。长一尺三寸,二百口。每减一寸加一倍,一功。其添补者,即减创垒砖数:长一尺三寸者,减四分之一;长一尺二寸,各减半;若垒高四尺以上,各减砖五分之一;长一尺二寸者,减四分之一。

事造剜凿:并用一尺三寸砖。

地面斗八,阶基、城门坐砖侧头、须弥台坐之类同,龙、凤、华样人物、壶(壶)门、宝瓶之类;

方砖,一口;间裹毬文,加一口半。

条砖,五口;

右(以上)各一功。

透空气眼:

方砖,每一口;

神子,一功七分。

龙、凤、华盆,一功三分。

条砖:壶门,三枚半,每一枚用砖百口。一功。

刷染砖甋、基阶之类,每二百五十尺,须缚棚阁者,减五分之一。一功。

甃垒井,每用砖二百口,一功。

淘井,每一眼,径四尺至五尺,二功。每增一尺,加一功;至九尺以上,每增一尺,加二功。

窑作

造坯:

方砖:

二尺,一十口;每减一寸,加二口。

一尺五寸,二十七口;每减一寸,加六口;砖碇与一尺三寸方砖同。

一尺二寸,七十六口;盘龙凤、杂华同。

条砖:

长一尺三寸,八十二口;牛头砖同;其趄面砖加十分之一。

长一尺二寸,一百八十七口;趄条并走趄砖同;

压阑砖,二十七口;

右(以上)各一功。般取土(上)末,和泥、事襯、晒曝、排垛在内。

甋瓦，长一尺四寸，九十五口；每减二寸，加三十口；其长一尺以下者，减一十口。

瓪瓦：

长一尺六寸，九十口；每减二寸，加六十口；其长一尺四寸展样，比长一尺四寸，瓦减二十口。

长一尺，一百三十六口；每减二寸，加一十二口。

右（以上）各一功。其瓦坯并华头所用胶土；即（并）别计。

黏甋瓦华头，长一尺四寸，四十五口；每减二寸，加五口；其一尺以下者，即倍加。

拨瓪瓦重唇，长一尺六寸，八十口；每减二寸，加八口；其一尺二寸以下者，即倍加。

黏镇子砖系，五十八口；

右（以上）各一功。

造鸱、兽等，每一只：

鸱尾，每高一尺，二功。龙尾，功加三分之一。

兽头：

高三尺五寸，二功八分，每减一寸，减八厘功。

高二尺，八分功。每减一寸，减一分功。

高一尺二寸，一分六厘八毫功。每减一寸，减四毫功。

套兽，口径一尺二寸，七分二厘功。每减二寸，减一分二（三）厘功。

蹲兽，高一尺四寸，二分五厘功。每减二寸，减二厘功。

嫔伽，高一尺四寸，四分六厘功。每减二寸，减六厘功。

角珠，每高一尺，八分功。

火珠，径八寸，二功。每增一寸，加八分功；至一尺以上，更于所加八分功外，递加一分功；谓如径一尺，加九分功；[径]一尺一寸，加一功之类。

阀阅，每高一尺，八分功。

行龙、飞凤、走兽之类，长一尺四寸，五分功。

用茶（荼）土掍甋瓦，长一尺四寸，八十口，一功。长一尺六寸瓪瓦同，华头、重唇在内。余准此。[如]每减二寸，加四十口。

装素白砖瓦坯，青掍瓦同；如滑石掍，其功在内。大窑计烧变所用芟草数，每七百八十束，曝窑，三分之一。为一窑；以坯十分为率，须于往来一里外至二里，般六分，共三十六功。递转在内。曝窑，三分之一。若般取六分以上，每一分加三功，至四十二功止。曝窑，每一分加一功，至一十五功止。至（即）四分之外及不满一里者，每一分减三功，减至二十四功止。曝窑，每一分减一功，减至七功止。

烧变大窑,每一窑:

烧变,一十八功。曝窑,三分之一。出窑功同。

出窑,一十五功。

烧变琉璃瓦等,每一窑,七功。合和、用药、般装、出窑在内。

捣罗洛河石末,每六斤一十两,一功。

炒黑锡,每一料,一十五功。

垒窑,每一坐:

大窑,三十二功。

曝窑,一十五功三分。

营 造 法 式
卷二十六

灌鼓卯缝，每一枚，用白锡三斤。如用黑锡，加一斤。

诸作料例一

大木作 小木作附。

石作

用方木：

蜡面，每长一丈，广一尺：碑身、鳌坐同。

大料摸方，长八十尺至六十尺，广三尺五寸至二尺五寸，厚二尺五寸至二尺，充十二架椽至八架椽栿。

黄蜡，五钱；

木炭，三斤；一段通及一丈以上者，减一斤。

广厚方，长六十尺至五十尺，广三尺至二尺，厚二尺至一尺八寸，充八架椽栿并担栿、绰幕、大檐额（头）。

细墨，五钱。

安砌，每长三尺，广二尺，矿石灰五斤。赑屃碑一坐，三十斤；笏头碣；一十斤。

每段：

长方，长四十尺至三十尺，广二尺至一尺五寸，厚一尺五寸至一尺二寸，充出跳六架椽至四架椽栿。

埶（熟）铁鼓卯，二枚；上下大头各广二寸，长一寸；腰长四寸；厚六分；每一枚重一斤。

松方，长二丈八尺至二丈三尺，广二尺至一尺四寸，厚一尺二寸至九寸，充四架椽至三架椽栿、大角梁、檐额、压槽方，高一丈五尺以上版门及裹栿版、佛道帐所用科

铁叶，每铺石二重，隔一尺用一段。每段广三寸五分，厚三分。如并四造，长七尺；并三（造），长五尺。

槽、压厦版。其名件广厚非小松方以下可充者同。

朴柱，长三十尺，径三尺五寸至二尺五寸，充五间八架椽以上殿柱。

松柱，长二丈八尺至二丈三尺，径二尺至一尺五寸，就料剪截，充七间八架椽以上殿副阶柱或五间、三间八架椽至六架椽殿身柱，或七间至三间八架椽至六架椽厅堂柱。

就全条料及剪截解割用下项：

小松方，长二丈五尺至二丈二尺，广一尺三寸至一尺二寸，厚九寸至八寸；

常使方，长二丈七尺至一丈六尺，广一尺二寸至八寸，厚七寸至四寸；

官样方，长二丈至一丈六尺，广一尺二寸至九寸，厚七寸至四寸。

截头方，长二丈至一丈八尺，广一尺三寸至一尺一寸，厚九寸至七寸五分；

材子方，长一丈八尺至一丈六尺，广一尺二寸至一尺，厚八寸至六寸。

方八方，长一丈五尺至一丈三尺，广一尺一寸至九寸，厚六寸至四寸。

常使方八方，长一丈五尺至一丈三尺，广八寸至六寸，厚五寸至四寸。

方八子方，长一丈五尺至一丈二尺，广七寸至五寸，厚五寸至四寸。

竹作

色额等第：

上等：每径一寸，分作四片，每片广七分。每径加一分，至一寸以上，准此计之。中等同。其打笆用下等者，只椎（推）竹造。

漏三，长二丈，径二寸一分；系除梢实收数、下并同。

漏二，长一丈九尺，径一寸九分；

漏一，长一丈八尺，径一寸七分。

中等：

大竿条，长一丈六尺，织簟，减一尺；次竿头竹同。径一寸五分；

次竿条，长一丈五尺，径一寸三分；

头竹，长一丈二尺，径一寸二分；

次头竹，长一丈一尺，径一寸。

下等：

笪竹，长一丈，径八分；

大管，长九尺，径六分；

小管，长八尺，径四分；

织细棊文素簟，织华或龙、凤造同。每方一尺，径一寸二分竹一条。衬簟在内。

织粗簟，假棊文簟同。每方二尺，径一寸二分竹一条八分。

织雀眼网，每长一丈，广五尺。以径一寸二分竹；

浑青造，一十一条；内一条作贴；如用木贴，即不用，下同。

青白造，六条。

笍索，长二百尺，广一寸五分，厚四分。每一束，以径一寸三分竹；

浑青迭四造，一十九条；

青白造，一十三条。

障日篛，每三片，各长一丈，广二尺；径一寸三分竹，二十一条；劈篾在内。芦蕟，八领。压缝在内，如织簟造，不用。

每方一丈：

打笆，以径一寸三分竹为率，用竹三十条造。一十二条作经，一十八条作纬，钩头、搀压在内。其竹，若甋瓦结宽（窊），六椽以上，用上等；四椽及瓪瓦六椽以上，用中等；甋瓦两椽，瓪瓦四椽以下，用下等。若阙本等，以别等竹比折充。

编道，以径一寸五分竹为率，用二十三条造。榥并竹钉在内。阙，以别色（充）。若照壁中缝及高不满五尺，或栱壁、山斜、泥道，以次竿或头竹、次头竹比折充。

竹栅，以径八分竹一百八十三条造。四十条作经，一百四十三条编造。如高不满一丈，以大管竹或小管竹比折充。

夹截：

中箔，五领；搀压在内。

径一寸二分竹，一十条。劈蔑在内。

搭盖凉棚，每方一丈二尺：

中箔，三领半；

径一寸三分竹，四十八条；三寸（十）二条作椽，四条走水，四条裹唇，三条压缝，五条劈篾；青白用。

芦蕟，九领。如打笆造，不用。

瓦作

用纯石灰：谓矿灰，下同。

结宽（窊），每一口：

甋瓦，一尺二寸，二斤。即浇灰结瓦用五分之一。每增减一等，各加减八两；至一尺以下，各减所减之半。下至垒脊条子瓦同，其一尺二寸瓪瓦，准一尺甋瓦法。

仰瓪瓦，一尺四寸，三斤。每

增减一等,各加减一斤。

点节𩊱瓦,一尺二寸,一两。每增减一等,各加减四钱。

垒脊;以一尺四寸瓪瓦结宽(瓮)为率。

大当沟,以𩊱瓦一口造。每二枚,七斤八两。每增减一等,各加减四分之一。线道同。

线道,以𩊱瓦一口造二片。每一尺,两壁共二斤。

条子瓦,[以]𩊱瓦一口造四片。每一尺,两壁共一斤。每增减一等,各加减五分之一。

泥脊白道,每长一丈,一斤四两。

用墨煤染脊,每层,长一丈,四钱。

用泥垒脊,九层为率,每长一丈:

麦𪎆,一十八斤;每增减二层,各加减四斤。

紫土,八担。每一担重六十斤;余应用土并同;每增减二层,各加减一担。

小当沟,每瓪瓦一口造,二枚。仍取条子瓦二片。

燕颔或牙子版,每合角处,用铁叶一段。殿宇,长一尺,广六寸。余长六寸,广四寸。

结宽(瓮),以瓪瓦长,每口搀压四分,收长六分。其解拆剪截,不

得过三分。合溜处火(尖)斜瓦者,并计整口。

布瓦陇,每一行,依下项:

𩊱瓦,以仰瓪瓦为计。

长一尺六寸,每一尺;

长一尺四寸,每八寸;

长一尺二寸,每七寸;

长一尺,每五寸八分;

长八寸,每五寸;

长六寸,每四寸八分。

瓪瓦:

长一尺九(四)寸,每四(九)寸;

长一尺二寸,每七寸五分。

结宽(瓮),每方一丈;

中箔,每重,二领半。压占在内。殿宇楼阁,五间以上,用五重;三间,四重;厅堂,三重;余并二重。

土,四十担。系𩊱、瓪结宽(瓮);以一尺四寸瓪瓦为率;下麹、𪎆同。每增一等,加一十担;每减一等,减五担;其散瓪瓦,各减半。

麦𪎆,二十斤。每增一等,加一斤;每减一等,减八两;散瓪瓦,各减半。如纯灰结瓦,不用;其麦麹同。

麦麹,一十斤。每增一等,加八两;每减一等,减四两;散瓪瓦,不用。

泥篮,二枚。散瓪瓦,一枚。用径一寸三分竹一条,织造二枚。

系箔常使麻,一钱五分。

抹柴栈或版、笆、箔，每方一丈：如纯灰于版并笆、箔上结宽（窑）者，不用。

土，十二（二十）担；

麦麨，十一（一十）斤。

安卓：

鸱尾，每一只；以高三尺为率，龙尾同。铁脚子，四枚，各长五寸。每高增一尺，长加一寸。

铁束，一枚，长八寸；每高增一尺，长加二寸。其束子大头广二寸，小头广一寸二分为定法。

抢铁，三十二片，长视身三分之一；每高增一尺，加八片；大头广二寸，小头广一寸为定法。

拒鹊子，二十四枚，上作五叉子，每高增一尺，加三枚。各长五寸。每高增一尺，加六分。

安拒鹊等石灰，八斤；坐鸱尾及龙尾同；每增减一尺，各加减一斤。

墨煤，四两；龙尾，三两；每增减一尺，各加减一两三钱；龙尾，加减一两；其琉璃者，不用。

鞠，六道，各长一尺；曲在内；为定法；龙尾同；每增一尺，添八道；龙尾，添六道；其高不及三尺者，不用。

柏桩，二条，龙尾同；高不及三尺者，减一条。长视高，径三寸五分。三尺以下，径三寸。

龙尾：

铁索，二条；两头各带独脚屈膝；其高不及三尺者，不用。

一条长视高一倍，外加三尺；

一条长四尺。每增一尺，加五寸。

火珠，每一坐：以径二尺为率（准）。

柏桩，一条，长八尺；每增减一等，各加减六寸，其径以三寸五分为定法。

石灰，一十五斤；每增减一等，各加减二斤。

墨煤，三两；每增减一等，各加减五钱。

兽头，每一只：

铁钩，一条；高二尺五寸以上，钩长五尺；高一尺八寸至二尺，钩长三尺；高一尺四寸至一尺六寸，钩长二尺五寸；高一尺二寸以下，钩长二尺。

系颐铁索，一条，长七尺。两头各带直脚屈膝；〈兽〉高一尺八寸以下，并不用。

滴当子，每一枚：以高五寸为率。石灰，五两，每增减一等，各加减一两。

嫔伽，每一只：以高一尺四寸为率。石灰，三斤八两，每增减一等，各加减八两；至一尺以下，减四两。

蹲兽，每一只：以高六寸为率。石灰，二斤，每增减一等，各加减八两。

石灰，每三十斤，用麻捣一斤。

出光琉璃瓦，每方一丈，用常使麻，八两。

诸作料例二

泥作

每方一丈:干厚一分三厘;下至破灰同。

红石灰:

石灰,三十斤;非殿阁等,加四斤;若用矿灰,减五分之一;下同。

赤土,二十三斤;

土朱,一十斤。非殿阁等,减四斤。

黄石灰:

石灰,四十七斤四两;

黄土,一十五斤一十二两。

青石灰:

石灰,三十二斤四两;

软石炭,三十二斤四两。如无软石炭,即倍加石灰之数。每石灰一十斤,用粗墨一斤或墨煤十一两。

白石灰:

石灰,六十三斤。

破灰:

石灰,二十斤;

白蔑土,一担半;

麦㲄,一十八斤。

细泥:

麦㲄,一十五斤;作灰衬,同;其施之于城壁者,倍用;下麦䴞准此。

土,三担。

粗泥:中泥同。

麦䴞,八斤;搭络及中泥作衬,并减半。

土,七担。

沙泥画壁:

沙土、胶土、白蔑土,各半担。

麻捣,九斤;栱眼壁同;每斤洗净者,收一十二两。

粗麻,一斤;

径一寸三分竹,三条。

垒石山:

石灰,四十五斤;

粗墨,三斤。

泥假山：

长一尺二寸，广六寸，厚二寸砖，三十口；

柴，五十斤；曲堰者。

径一寸七分竹，一条；

常使麻皮，二斤；

中箔，一领；

石灰，九十斤；

粗墨，九斤；

麦䴸，四十斤；

麦麲，二十斤；

胶土，一十担。

壁隐假山：

石灰，三十斤；

粗墨，三斤。

盆山，每方五尺：

石灰，三十斤；每增减一尺，各加减六斤；

粗墨，二斤。

每坐

立灶：用石灰或泥，并依泥饰料例细计；下至茶炉子准此。

突，每高一丈二尺，方六寸，坯四十口。方加至一尺二寸，倍用。其坯系长一尺二寸，广六寸，厚二寸；下应用砖、坯，并同。

垒灶身，每一斗，坯八十口。每增一斗，加[一]十口。

釜灶：以一石为率。

突，依立灶法。每增一石，腔口直径加一寸；至十石止。

垒腔口坑子奄烟，砖五十口。每增一石，加一十口。

坐甀：

生铁灶门；依大小用；镬灶同。

生铁版，二片，各长一尺七寸，每增一石，加一寸；广二寸，厚五分。

坯，四十八口。每增一石，加四口。

矿石灰，七斤。每增一石，加一斤。

镬灶：以口径三尺为准。

突，依釜灶法。斜高二尺五寸，曲长一丈七尺，驼势在内。自方一尺五寸，并二垒砌为定法。

砖，一百口。每径加一尺，加三十口。

生铁版，二片，各长二尺，每径长加一尺，加三寸。广一（二）寸五分，厚八分。

生铁柱子，一条，长二尺五寸，径三寸。仰合莲造；若径不满五尺不用。

茶炉子：以高一尺五寸为率。

燎杖，用生铁或熟铁造。八条，各长八寸，方三分。

坯，二十口。每加一寸，加一口。

垒坯墙：

用坯每一千口，径一寸三分竹，三条。造泥篮在内。

阍柱每一条，长一丈一尺，径一尺二寸为率，墙头在外。中箔，一领。

石灰，每一十五斤，用麻捣一斤。若用矿灰，加八两；其和红、黄、青灰，即以所用土朱之类斤数在石灰之内。

泥篮，每六椽屋一间，三枚。以径一寸三分竹一条织造。

彩画作

应刷染木植，每面方一尺，各使下项：栱眼壁各减五分之一；雕木华版加五分之一；即描华之类，准折计之。

定粉，五钱三分；

墨煤，二钱二分八厘五毫；

土朱，一钱七分四厘四毫；殿宇、楼阁，加三分；廊屋、散舍，减二分。

白土，八钱；石灰同。

土黄，二钱六分六厘；殿宇、楼阁，加二分。

黄丹，四钱四分；殿宇、楼阁，加二分；廊屋、散舍，减一分。

雌黄，六钱四分；合雌黄、红粉，同。

合青华，四钱四分四厘；合绿华同。

合深青，四钱，合深绿及常使朱红、心子朱红、紫檀并同。

合朱，五钱；生青、绿华、深朱、红，并（同）。

生大青，七钱；生大绿（青）、浮淘青、梓州熟大青、绿、二青绿，并同。

生二绿，六钱；生二青同。

常使紫粉，五钱四分；

藤黄，三钱；

槐华，二钱六分；

中绵烟脂，四片；若合色，以苏木五钱二分，白矾一钱三分煎合充。

描画细墨，一分；

熟桐油，一钱六分。若在闇处不见风日者，加十分之一。

应合和颜色，每斤，各使下项：

合色：

绿华：青华减定粉一两，仍不用槐华，白矾。

定粉，一十三两；

青黛，三两；

槐华，一两；

白矾，一钱。

朱：

黄丹，一十两；

常使紫粉，六两；

绿：

雌黄，八两；

淀，八两；

红粉：

心子朱红，四两；

定粉，一十二两。

紫檀：

常使紫粉,一十五两五钱;

细墨,五钱。

草色:

绿华:青华减槐华、白矾;

淀,一十二两;

定粉,四两;

槐华,一两;

白矾,一钱。

深绿:深青即减槐华、白矾;

淀,一斤;

槐华,一两;

白矾,一钱。

绿:

淀,一十四两;

石灰,二两;

槐华,二两;

白矾,二钱。

红粉:

黄丹,八两;

定粉,八两。

衬金粉:

定粉,一斤;

土朱,八钱。颗块者。

应使金箔,每面方一尺,使衬粉四两,颗块土朱一钱。每粉三十斤,仍用生白绢一尺,滤粉,木炭一十斤,爝粉,绵半两。搃(描)金。

应煎合桐油,每一斤:

松脂、定粉、黄丹,各四钱;

木劄,二斤。

应使桐油,每一斤,用乱丝四钱。

砖作

应铺垒、安砌,皆随高、广,指定合用砖等第,以积尺计之。若阶基、慢道之类,并二或并三砌,应用尺三条砖,细垒者,外壁斫磨砖每一十行,里壁粗砖八行填后。其隔减、砖甋,及楼阁高写,或行数不及者,并依此增减计定。

应卷輂河渠,并随圜用砖;每广二寸,计一口;覆背卷准此。其绕(缴)背,每广六寸,用一口。

应安砌所须(需)矿灰,以方一尺五寸砖,用一十三两。每增减一寸,各加减三两。其条砖,减方砖之半;压阑,于二尺方砖之数,减十分之四。

应以墨煤刷砖甋、基阶之类,每方一百尺,用八两。

应以灰刷砖墙之类,每方一百尺,用一十五斤。

应[以]墨煤刷砖甋、基阶之类,每方一百尺,并灰刷砖墙之类,计灰一百五十斤,各用苕帚一枚。

应甃垒并所用盘版,长随径,每片广八寸,厚二寸。

每一片:

常使麻皮,一斤;

芦蕟,一领;

径一寸五分竹,二条。

窑作

烧造用芟草:

砖,每一十口:

方砖:

方二尺,八束。每束重二十斤,余芟草称束者,并同。每减一寸,减六分。

方一尺二寸,二束六分。盘龙、凤、华并砖碇同。

条砖:

长一尺三寸,一束九分。牛头砖同;其趄面即减十分之一。

长一尺二寸,九分。走趄并趄条砖,同。

压阑[砖]:长二尺一寸,八束。

瓦:

素白,每一百口:

瓪瓦:

长一尺四寸,六束七分。每减二寸,减一束四分。

长六寸,一束八分。每减二寸,减七分。

瓪瓦:

长一尺六寸,八束。每减二寸,减二束。

长一尺,三束。每减二寸,减五分。

青掍瓦:以素白所用数加一倍。

诸事件,谓鸱、兽、嫔伽、火珠之类;本作内余称事件者准此。每一功,一束。其龙尾所用芟草,同鸱尾。

琉璃瓦并事件,并随药料,每窑计之。谓曝窑。大料,分三窑折大料同。一百束,折大料八十五束。中料,分二窑,小料同。一百一十束,小料一百束。

掍造鸱尾,龙尾同。每一只,以高一尺为率,用麻捣,二斤八两。

青掍瓦:

滑石掍:

坯数:

大料,以长一尺四寸瓪瓦,一尺六寸瓪瓦,各六百口。华头重唇在内。下同。

中料,以长一尺二寸瓪瓦,一尺四寸瓪瓦,各八百口。

小料,以瓪瓦一千四百口,长一尺,一千三百口,六寸并四寸,各五十(千)口。瓪瓦一千三百口。长一尺二寸,一千二百口,八寸并六寸,各五十(千)口。

柴药数：

大料：滑石末，三百两；羊粪，三茎；中料，减三分之一；小料，减半。浓油，一十二斤；柏柴，一百二十斤，松柴，麻秆，各四十斤。中料，减四分之一；小料，减半。

茶土掍：长一尺四寸甋瓦，一尺六寸㼧瓦，每一口，一两。每减二寸，减五分。

造琉璃瓦并事件：

药料：每一大料；用黄丹二百四十三斤。折大料，二百二十五斤；中料，二百二十二斤；小料，二百九斤四两。每黄丹三斤，用桐（铜）末三两，洛河石末一斤。

用药，每一口：鸱、兽、事件及条子、线道之类，以用药处通计尺寸折大料：

大料，长一尺四寸甋瓦，七两二钱三分六厘。长一尺六寸㼧瓦减五分。

中料，长一尺二寸甋瓦，六两六钱一分六毫六丝六忽。长一尺四寸㼧瓦，减五分。

小料，长一尺甋瓦，六两一钱二分四厘三毫三丝二忽。长一尺二寸㼧瓦，减五分。

药料所用黄丹阙，用黑锡炒造。其锡，以黄丹十分加一分，即所加之数，斤以下不计，每黑锡一斤，用密（蜜）驼僧二分九厘，硫黄八分八厘，盆硝二钱五分八厘，柴二斤一十一两，炒成收黄丹十分之数。

營 造 法 式
卷二十八

诸作用钉料例

用钉料例

大木作：

椽钉，长加椽径五分。有余分者从整寸，谓如五寸椽用七寸钉之类；下同。

角梁钉，长加材厚一倍。柱碩同。

飞子钉，长随材厚。

大、小连檐钉，长随飞子之厚。如不用飞子者，长减椽径之半。

白版钉，长加版厚一倍。平闇遮椽版同。

搏风版钉，长加版厚两倍。

横抹版钉，长加版厚五分。隔减并襻同。

小木作：

凡用钉，并随版木之厚。如厚三寸以上，或用签钉者，其长加厚七分。若厚二寸以下者，长加厚一倍；或缝内用两入钉者，加至二寸止。

雕木作：

凡用钉，并随版木之厚。如厚二寸以上者，长加厚五分，至五寸止。若厚一寸五分以下者，长加厚一倍；或缝内用两入钉者，加至五寸止。

竹作：

压笆钉，长四寸。

雀眼网钉，长二寸。

瓦作：

瓪瓦上滴当子钉，如高八寸者，钉长一尺；若高六寸者，钉长八寸；高一尺二寸及一尺四寸嫔伽，并长一尺二寸，瓪瓦同。或高三寸及四寸者，钉长六寸。高一尺嫔伽并六寸华头瓪瓦同，并用本作葱台长钉。

套兽长一尺者，钉长四寸；如长六寸以上者，钉长三寸；月版及钉箔同；若长四寸以上者，钉长二寸。燕颔版牙子同。

泥作：

沙壁内麻华钉,长五寸。造泥假山钉同。

砖作:

井盘版钉,长三寸。

用钉数

大木作:

连檐,随飞子椽头,每一条,营房隔间用(同)。

大角梁,每一条;续角梁,二枚;子角梁,三枚。

托槫,每一条;

生头,每长一尺;搏风版同。

搏枊(风)版,每长一尺五寸;

横抹,每长二尺;

右(以上)各一枚。

飞子,每一条(枚);襻槫同;

遮椽版,每长三尺,双使;难子,每长五寸,一枚。

白版,每方一尺;

槫、枓,每一只;

隔减,每一出入角;襻,每条同。

右(以上)各二枚。

椽,每一条;上架三枚[1],下架一枚;

平闇版,每一片;

柱碛,每一只;

右(以上)各四枚。

小木作:

门道立、卧柣,每一条;平棊华、露篱、枨帐、经藏猴面等棍之类同;帐上透栓、卧棍,隔缝用;井亭大连檐,随椽隔间用。

乌头门上如意牙头,每长五寸;难子、贴络牙脚、牌带签面并楅、破子䯼填心、水槽底版、胡梯促踏版、帐上山华贴及楅、角脊、瓦口、转轮经藏钿面版之类同;帐及经藏签面版等,隔棍用;帐上合角并山华贴牙脚、帐头楅,用二枚。

钓(钩)窗槛面搏肘,每长七寸;

乌头门并格子签子桯,每长一尺。格子等搏肘版、引檐,不用;门簪、鸡栖、平棊、梁抹瓣、方井亭等搏风版、地棚地面版、帐、经藏仰托棍、帐上混肚方、牙脚帐压青牙子、壁藏枓槽版、签面之类同;其里(裹)枊,版随水路两边,各用。

破子窗签子桯,每长一尺五寸;

签平棊桯,每长二尺;帐上槫同。

藻井背版,每广二寸,两边各用;

水槽底版罨头,每广三寸;

---

[1] 此句,"梁本"为小字体。参见《梁思成全集》第七卷,第360页。

帐上明金版,每广四寸;帐、经藏压瓦版,随椽隔间用。

随榀签门版(板),每广五寸;帐井经藏坐面,随榥背版;井亭厦瓦版,随椽隔间用,其山版,用二枚。

平棊背版,每广六寸;签角蝉版,两边各用。

帐上山华蕉叶,每广八寸;牙脚帐随榥钉,顶版同。

帐上坐面版,随榥每广一尺;

铺作,每枓一只;

帐并经藏车槽等涩,子涩、腰华版,每瓣,壁藏坐壼门、牙头同;车槽坐腰面等涩、背版,隔瓣用;明金版,隔瓣用二枚。

右(以上)各一枚。

乌头门枪(抢)柱,每一条;独扇门等伏兔、手把(拴)、承拐榀用(同);门簪、鸡栖、立牌牙子、平棊护缝、斗四瓣方、帐上桩子、车槽等处卧榥、方子、壁帐、马街(衔)、填心、转轮经藏辋、頰子之类同。

护缝,每长一尺;井亭等脊、角梁、帐上仰阳、隔科(枓)贴之类同。

右(以上)各二枚。

七尺以下门榀,每一条;垂鱼、钉槫头版(板)、引檐跳椽、钩阑华托柱、叉子、马衔、井亭槫(博)①脊、帐并经藏腰檐抹角栱、曲剜椽子之类同。

露篱上屋版,随山子版,每一缝;

右(以上)各三枚。

七尺至一丈九尺门榀,每一条,四枚。平棊榀、小平棊枓槽版、横钤、立旌、版门等伏兔、搏(槫)柱、日月版、帐上角梁、随间栿、牙脚帐格榥、经藏井口榥之类同。

二丈以上门榀,每一条,五枚。随圜桥子上促踏版之类同。

斗四并井亭子上枓槽版,每一条;帐带、猴面榥、山华蕉叶钥匙头之类同。

帐上腰檐鼓坐(作)、山华蕉叶枓槽版,每一间;

右(以上)各六枚。

截间格子搏(槫)柱,每一条,上面八枚②,下面四枚。

斗八上枓槽版,每片,一十枚。

小斗四、斗八、平棊上并钩阑、门窗、雁翅版、帐并壁藏天宫楼阁之类,随宜计数。

雕木作:

宝床,每长五寸;脚并事件,每件二(三)枚。

云盆,每长〈广〉五寸;

---

① "梁本"误为"博"。参见《梁思成全集》第七卷,第361页。

② 此句,"梁本"为小字体。参见《梁思成全集》第七卷,第361页。

右(以上)各一枚。

角神安脚,每一只;膝窠,四枚;带,五枚;安钉,每身六枚。

扛坐神,力士同。每一身;

华版,每一片;如(每)通长造者,每一尺一枚;其华头系贴钉者,每朵一枚;若一寸以上,加一枚。

虚柱,每一条钉卯;

右(以上)各二枚。

混作真人、童子之类,高二尺以上,每一身;二尺以下,二枚。

柱头、人物之类,径四寸以上,每一件;如三寸以下,一枚。

宝藏神臂膊,每一只;腿脚,四枚;襜,二枚;带,五枚;每一身安钉,六枚。

鹤子腿,每一只;每翅,四枚;尾,每[一]段,一枚;如施于华表柱头者,加脚钉,每只四枚。

龙、凤之类,接搭造,每一缝;缠柱者,加一枚;如全身作浮动者,每长一尺又加二枚;每长增五寸,加一枚。

应贴络,每一件;以一尺为率,每增减五寸,各加减一枚,减至二枚(寸)止;

椽头盘子,径六寸至一尺,每一个;径五寸以下,三枚;

右(以上)各三枚。

竹作:

雀眼网贴,每长二尺,一枚。

压竹笆,每方一丈,三枚。

瓦作:

滴当子嫔伽,瓶瓦华头同。每一只;

燕颔或牙子版,每〈长〉二尺。

右(以上)各一枚。

月版,每段,每广八寸,二枚。

套兽,每一只,三枚。

结瓦铺箔系转角处者,每方一丈,四枚。

泥作:

沙泥画壁披麻,每方一丈,五枚。

造泥假山,每方一丈,三十枚。

砖作:

井盘版,每一片,三枚。

通用钉料例

每一枚:

葱台头钉,长一尺二寸,盖下方五分,重一十一两;长一尺一寸,盖下方四分八厘,重一十两一分;长一尺,盖下方四分六厘,重八两五钱。

猴头钉,长九寸,盖下方四分,重五两三钱;长八寸,盖下方三分八厘,重四两八钱。

卷盖钉,长七寸,盖下方三分五厘,重三两;长六寸,盖下方三分,重二两;长五寸,盖下方二分五厘,重一两四钱;长四寸,盖下方二分,重七钱。

圜盖钉,长五寸,盖下方二分三厘,

重一两二钱；长三寸五分，盖下方一分八厘，重六钱五分；长三寸，盖下方一分六厘，重三钱五分。

拐盖钉，长二寸五分，盖下方一分四厘，重二钱二分五厘；长二寸，盖下方一分二厘，重一钱五分；长一寸三分，盖下方一分，重一钱；长一寸，盖下方八厘，重五分。

葱台长钉，长一尺，头长四寸，脚长六寸，重三两六分(钱)；长八寸，头长三寸，脚长五寸，重二两三钱五分；长六寸，头长二寸，脚长四寸，重一两一钱。

两入钉，长五寸，中心方二分二厘，重六钱七分；长四寸，中心方二分，重四钱三分；长三寸，中心方一分八厘，重二钱七分；长二寸，中心方一分五厘，重一钱二分；长一寸五分，中心方一分，重八分。

卷叶钉，长八分，重一分，每一百枚重一两。①

诸作用胶料例

小木作：雕木作同。

每方一尺：入细生活，十分中三分用鳔；每胶一斤，用木劄二斤煎；下准此。

缝，二两。

卯，一两五钱。

瓦作：

应使墨煤；每一斤用一两。

泥作：

应使墨煤，每一十一两用七钱。

彩画作：

应颜色每一斤，用下项：拢窨在内。土朱，七两；

黄丹，五两；

墨煤，四两；

雌黄，三两；土黄、淀、常使朱红、大青绿、梓州熟大青绿、二青绿、定粉、深朱红、常使紫粉同。

石灰，二两。白土、生二青绿、青绿华同。

合色：朱，绿；

右(以上)各四两。

绿华，青华同。二两五钱。

红粉；

紫檀；

右(以上)各二两。

草色：

绿，四两。

深绿，深青同。三两。

绿华，青华同。

红粉；

右(以上)各二两五钱。

① 上述"用钉料""小字体"在"梁本"中均为正文。参见《梁思成全集》第七卷，第362页。

衬金粉，三两。用鳔。

煎合桐油，每一斤，用四钱。

砖作：

应使墨煤，每一斤，用八两。

诸作等第

石作：

镌刻混作剔地起突及压地隐起华或平钑华。混作，谓螭头或钩阑之类。

右(以上)为上等。

柱碇(础)，素覆盆；阶基望柱、门砧、流杯之类，应素造者同。

地面；踏道、地栿同。

碑身；笏头及坐同。

露明斧刃卷輂水窗；

水槽。井口，并盖同。

右(以上)为中等。

钩阑下螭子石；阁柱碇同。

卷輂水窗拽后底版。山棚锭脚同。

右(以上)为下等。

大木作：

铺作科栱；角梁、昂、抄(杪)、月梁，同。

绞割展拽地架。

右(以上)为上等。

铺作所用槫、柱、栿、额之类，并安椽；

科口跳绞泥道栱或安侧项方及用杷(把)头栱者，同。所用科栱。华驼峰、楂子、大连檐、飞子之类，同。

右(以上)为中等。

科口跳以下所用槫、柱、栿、额之类，并安椽；

凡平闇内所用草架栿之类，谓不事造者；其科口跳以下所用素驼峰、楂子、小连檐之类，同。

右(以上)为下等。

小木作：

版门、牙、缝、透栓、垒肘造；

格子门；阑槛钩窗同。

毬文格子眼；四直方格眼，出线，自一混，四撺尖以上造者，同。

桯，出线造；

斗八藻井；小斗八藻井同。

叉子；内霞子、望柱、地栿、衮砧，随木等造；下同。

梶子，马衔同。海石榴头，其身，瓣内单混、面上出心线以上造；

串，瓣内单混、出线以上造；

重台钩阑；井亭子并胡梯，同。

牌带贴络雕华；

佛、道帐。牙脚、九脊、壁帐、转轮

经藏、壁藏,同。

右(以上)为上等。

乌头门;软门及版门、牙、缝,同。

破子窗;井屋子同。

格子门;平棊及阑槛钩(钩)窗同。

格子,方绞眼,平出线或不出线造;

桯,方直、破瓣、撺尖;素通混或压边线造,同。

栱眼壁版;裹栿版、五尺以上垂鱼、惹草,同。

照壁版,合版造;障日版同。

擗帘竿,六混以上造;

叉子:

榥子,云头、方直出心线或出边线、压白造;

串,侧面出心线或压白造;

单钩阑,撮项蜀柱、云栱造。素牌及棵笼子,六瓣或八瓣造,同。

右(以上)为中等。

版门,直缝造;版榥窗、睒电窗,同。

截间版帐;照壁障日版,牙头、护缝造,并屏风骨子及横铃(钤)、立旌之类同。

版引檐;地棚并五尺以下垂鱼、惹草,同。

擗帘竿,通混、破瓣造;

叉子:拒马叉子同。

榥子,挑瓣云头或方直笋头造;

串,破瓣造;托枨或曲枨,同。

单钩阑,枓子蜀柱、蜻蜓头造。棵笼子,四瓣造,同。

右(以上)为下等。

凡安卓,上等门、窗之类为中等,中等以下并为下等。其门井(并)版壁、格子,以方一丈为率,于计定造作功限内,以一(加)功二分作下等。每增减一尺,各加减一分功。乌头门比版门合得下等功限加倍。破子窗,以六尺为率,于计定功限内,以五分功作下等[功]。每增减一尺,各加减五厘功。

雕木作:

混作:

角神;宝藏神同。

华牌,浮动神仙、飞仙、升龙、飞凤之类;

柱头,或带仰覆莲荷,台坐造龙、凤、师子之类;

帐上缠柱龙;缠宝山或牙鱼,或间华;并扛坐神、力士、龙尾、嫔伽,同。

半混:

雕插及贴络写生牡丹华、龙、凤、师子之类;宝床事件同。

牌头,带、舌同。华版;

椽头盘子,龙、凤或写生华;钩阑寻杖头同。

槛面、钩阑同。云栱，鹅项、矮柱、地霞、华盆之类同；中、下等准此。剔地起突，二卷或一卷造；

平棊内盘子，剔地云子间起突雕华、龙、凤之类；海眼版、水地间海鱼等，同。

华版：

海石榴或尖叶牡丹，或写生，或宝相，或莲荷；帐上欢门、车槽、猴面等华版及裹栿、障水、填心版、格子、版壁腰内所用华版之类，同；中等准此。

剔地起突，卷搭造；透突起突［造］同。

透突洼叶间龙、凤、师子、化生之类；

长生草或双头蕙草，透突龙、凤、师子、化生之类。

右（以上）为上等。

混作帐上鸱尾；兽头、套兽、蹲兽，同。

半混：

贴络鸳鸯、羊、鹿之类；平棊内角蝉井（并）华之类同。

槛面、钩阑同。云栱、洼叶平雕；

垂鱼、惹草，间云、鹤之类；立标手把飞鱼同。

华版，透突洼叶平雕长生草或双头蕙草，透突平雕或剔地间鸳鸯、羊、鹿之类。

右（以上）为中等。

半混：

贴络香草、山子、云霞；

槛面：钩阑同。

云栱，实云头；

万字、钩片，贴（剔）地；

叉子，云头或双云头；

铤脚壸门版帐带同。造实结带或透突华叶；

垂鱼、惹草，实云头；

搏（团）科（窠）莲华；伏兔莲荷及帐上山华蕉叶版之类，同。

毯文格子，挑白。

右（以上）为下等。

旋作：

宝床所用名件：槏角梁、宝瓶、穗（栌）铃，同。

右（以上）为上等。

宝柱：莲华柱顶、虚柱莲华并头瓣，同。

火珠：滴当子、椽头盘子、仰覆莲胡桃子、葱台钉并盖钉筒子，同。

右（以上）为中等。

栌料；

门盘浮沤。瓦头子，钱子之类，同。

右（以上）为下等。

竹作：

织细棊文簟，间龙、凤或华样。

右（以上）为上等。

织细碁文素簟；

织雀眼网，间龙、凤、人物或华样。

右（以上）为中等。

织粗簟，假碁文簟同。

织素雀眼网；

织笆，编道竹栅，打篖、笍索、夹载盖棚，同。

右（以上）为下等。

瓦作：

结宽（窑）殿阁、楼台；

安卓鸱、兽事件；

斫事琉璃瓦口。

右（以上）为上等。

瓪瓯结宽（窑）厅堂、廊屋；用大当沟、散瓪结瓦、摊钉行垄同。

斫事大当沟。开剜燕颔、牙子版，同。

右（以上）为中等。

散瓪瓦结宽（窑）；

斫事小当沟井（并）线道、条子瓦；

抹栈、笆、箔。泥染黑脊、白道、系箔、并织造泥篮，同。

右（以上）为下等。

泥作：

用红灰；黄、〈青〉、白灰同。

沙泥画壁；被蔑，披麻同。

垒造锅镬灶；烧钱炉、茶炉同。

垒假山。壁隐山子同。

右（以上）为上等。

用破灰泥；

垒坯墙。

右（以上）为中等。

细泥；粗泥并搭乍中泥作衬同。

织造泥篮。

右（以上）为下等。

彩画作：

五彩装饰；间用金同。

青绿碾玉。

右（以上）为上等。

青绿棱间；

解绿赤、白及结华；画松文同。

柱头，脚及槫画束锦。

右（以上）为中等。

丹粉赤白；刷土黄丹（同）。

刷门、窗。版壁、叉子、钩阑之类，同。

右（以上）为下等。

砖作：

镂华；

垒砌象眼、踏道。须弥华台坐同。

右（以上）为上等。

垒砌平阶、地面之类；谓用斫磨砖者①。

斫事方、条砖。

右(以上)为中等。

垒砌粗台阶之类；谓用不斫磨砖者。

卷輂、河渠之类。

右(以上)为下等。

窑作：

鸱、兽；行龙、飞凤、走兽之类，同。

火珠。角珠、滴当子之类，同。

右(以上)为上等。

瓦坯：黏较并造华头，拨重唇，同；

造琉璃瓦之类；

烧变砖、瓦之类。

右(以上)为中等。

砖坯；

装窑。墨輂窑同。

右(以上)为下等。

---

① 此句，"梁本"为正文。参见《梁思成全集》第七卷，第366页。

營造法式

卷二十九

總例圖樣

圜方方圜圖

圜方圖

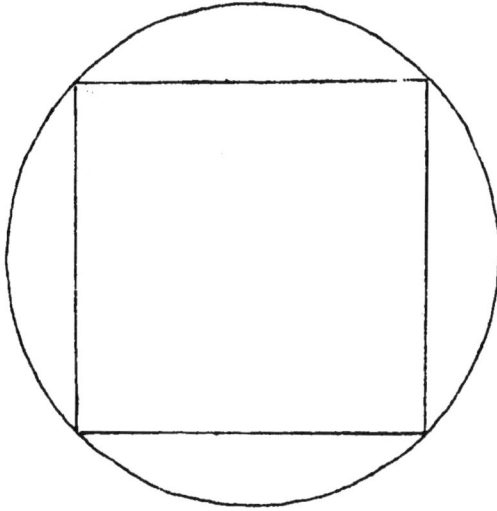

方圜圖

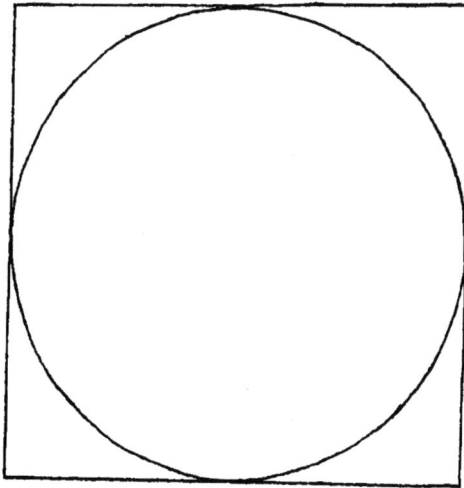

壕寨制度圖樣

景表版等第一

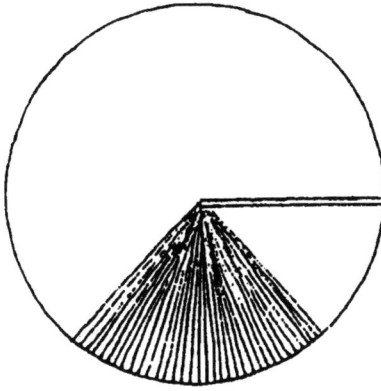

景表版

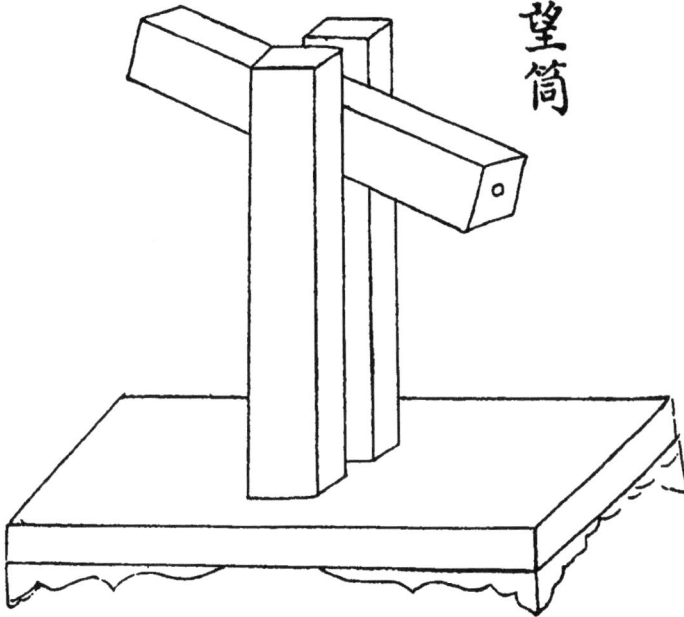

望筒

水池景表

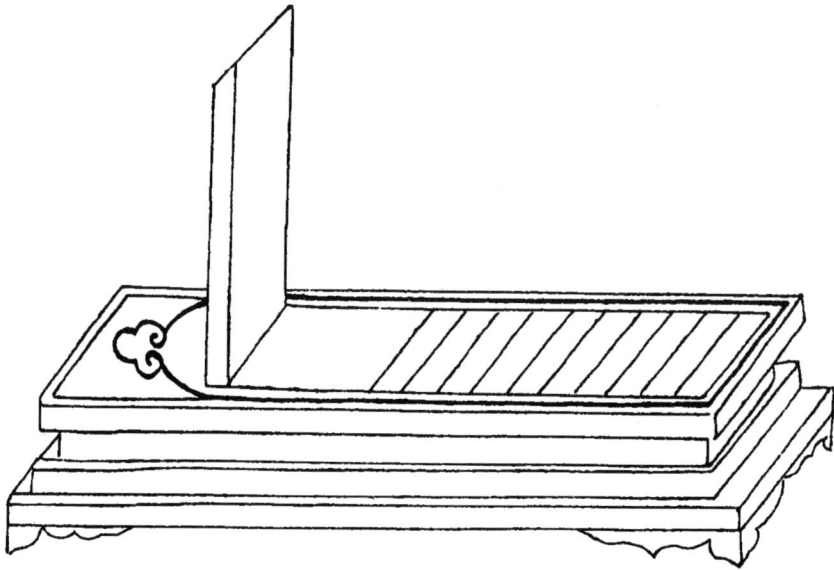

水平

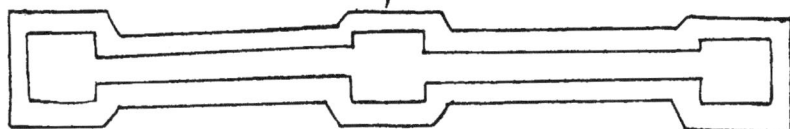

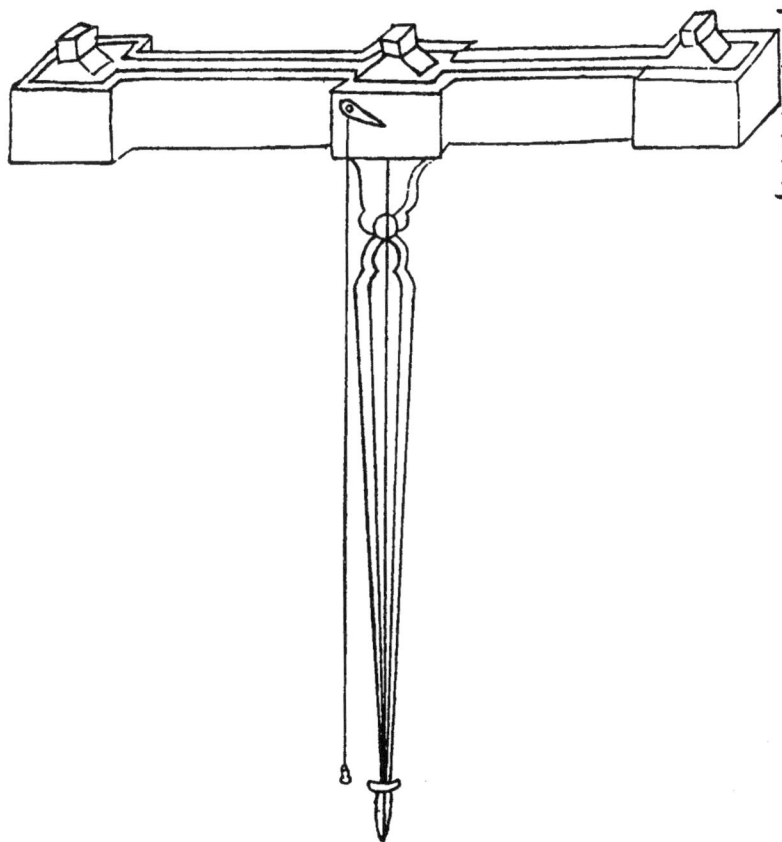

水平真尺第二

真尺

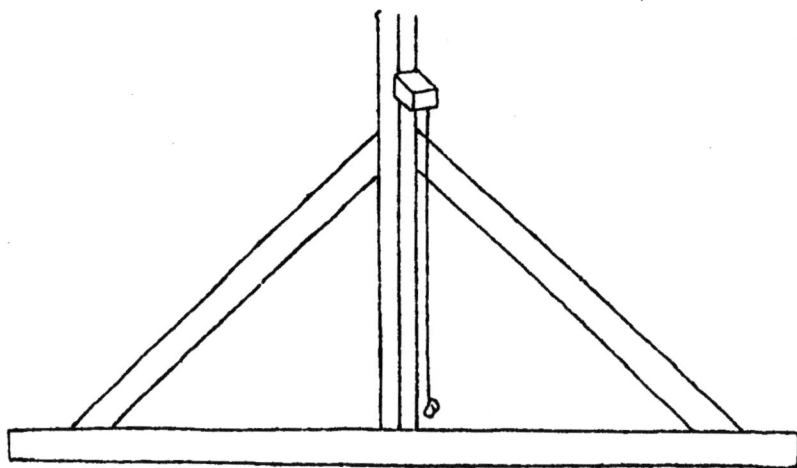

石作制度圖樣

柱礎角石等第一

柱礎

剔地隱起
海石榴華

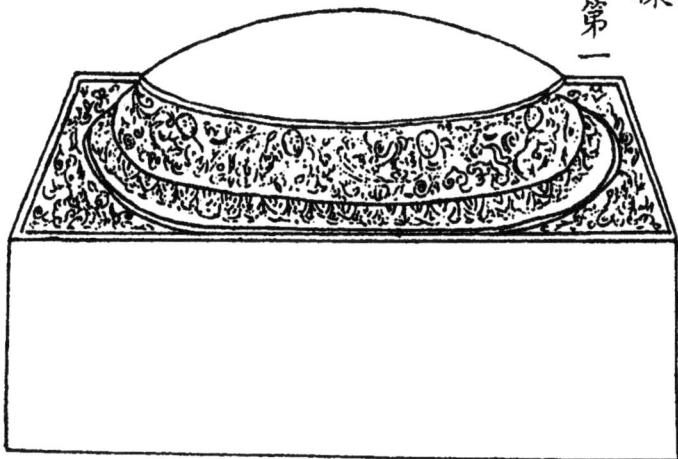

龍水

壓地隱起
牡丹華

寶相華

仰覆蓮華

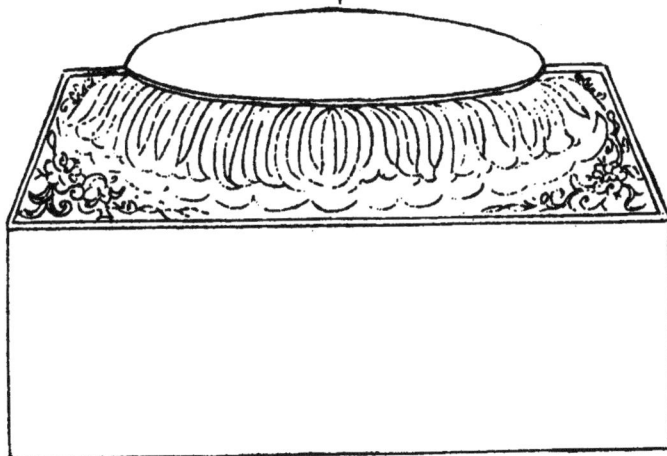

寶蓮華

鋪地蓮華

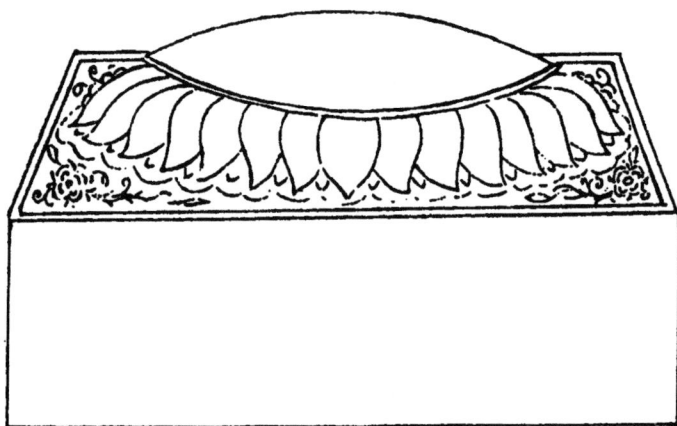

減地平鈒華

角石

剔地起突雲龍

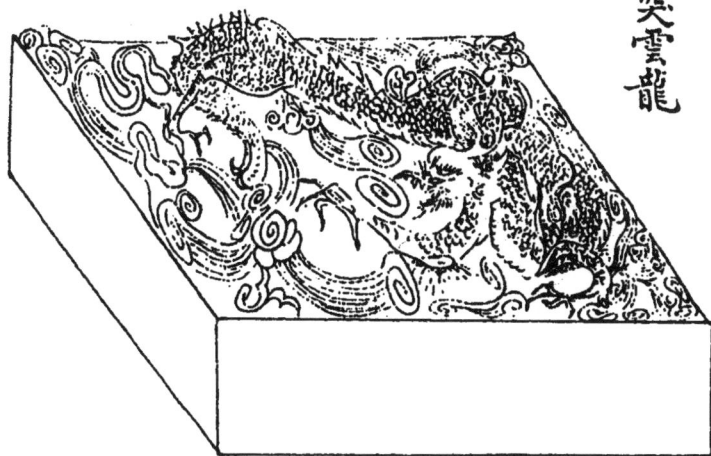

盤鳳

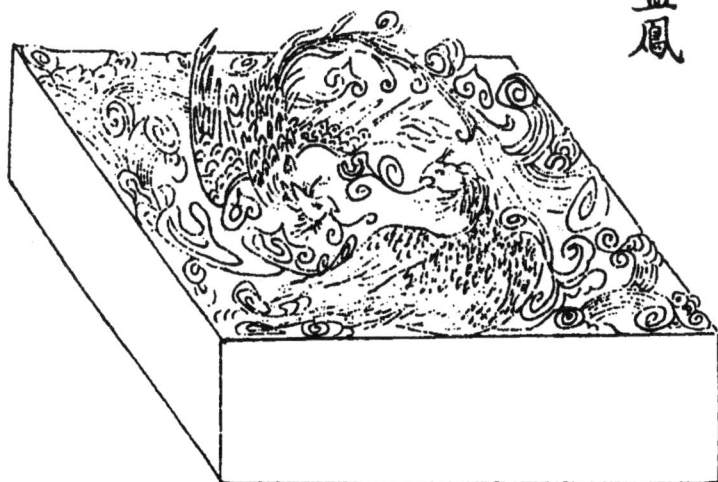

剔地起突師子

壓地隱起海石榴華

角柱

剔地起突雲龍

壓地隱起華

壓闌石

剔地起突華

壓地隱起華

踏道

踏道螭首第二

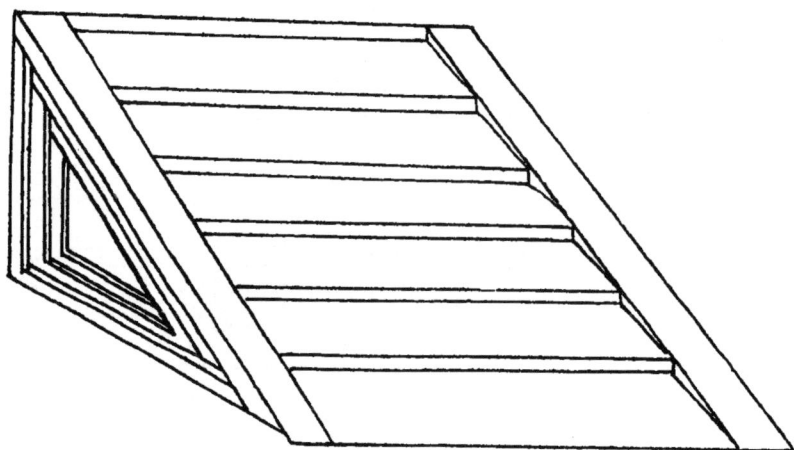

螭首

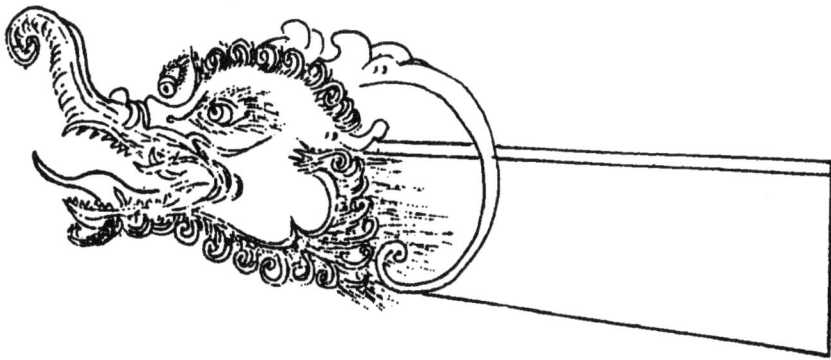

殿內闘八第三十

殿堂内七朱八藻井之圖

鉤闌門砧第四

重臺鉤闌

單鈎闌

望柱頭師子

望柱下坐

門砧

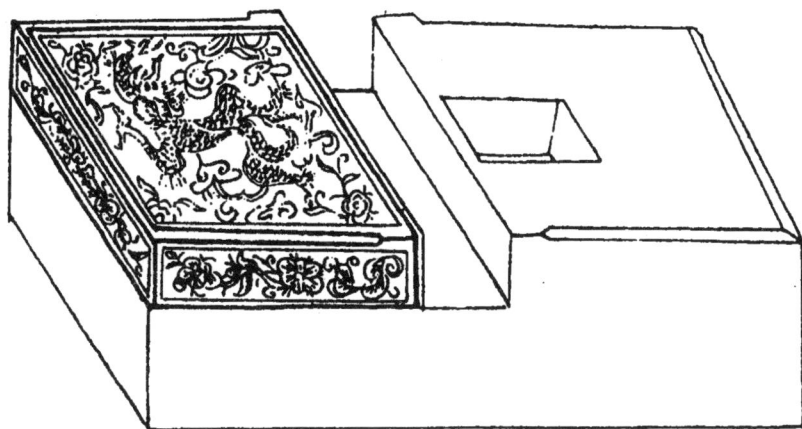

地栿

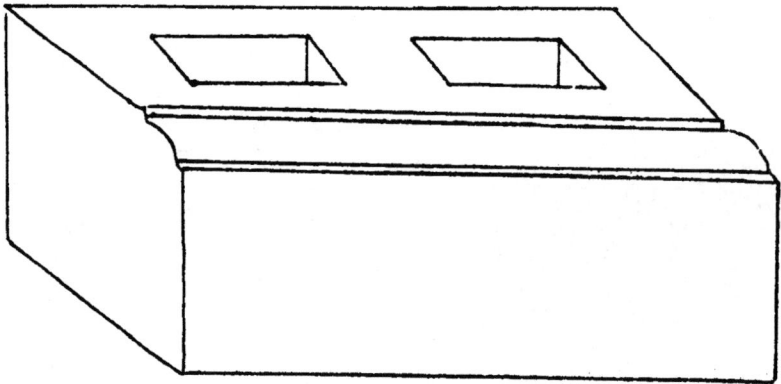

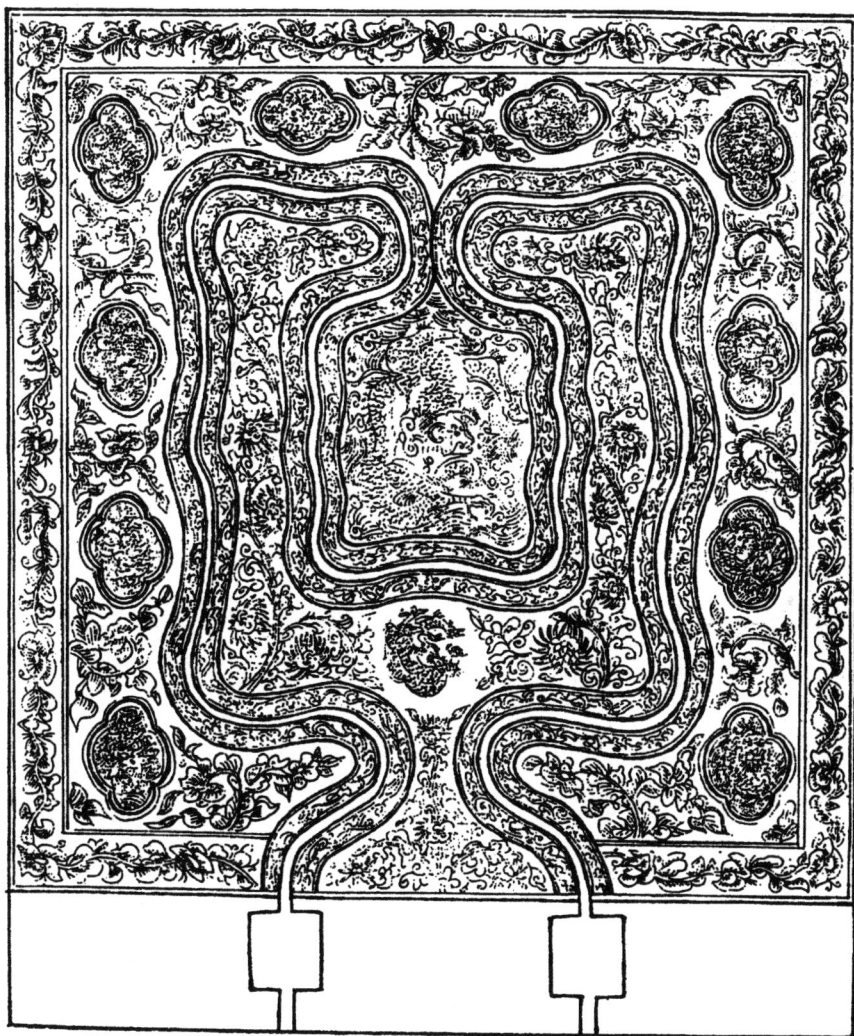

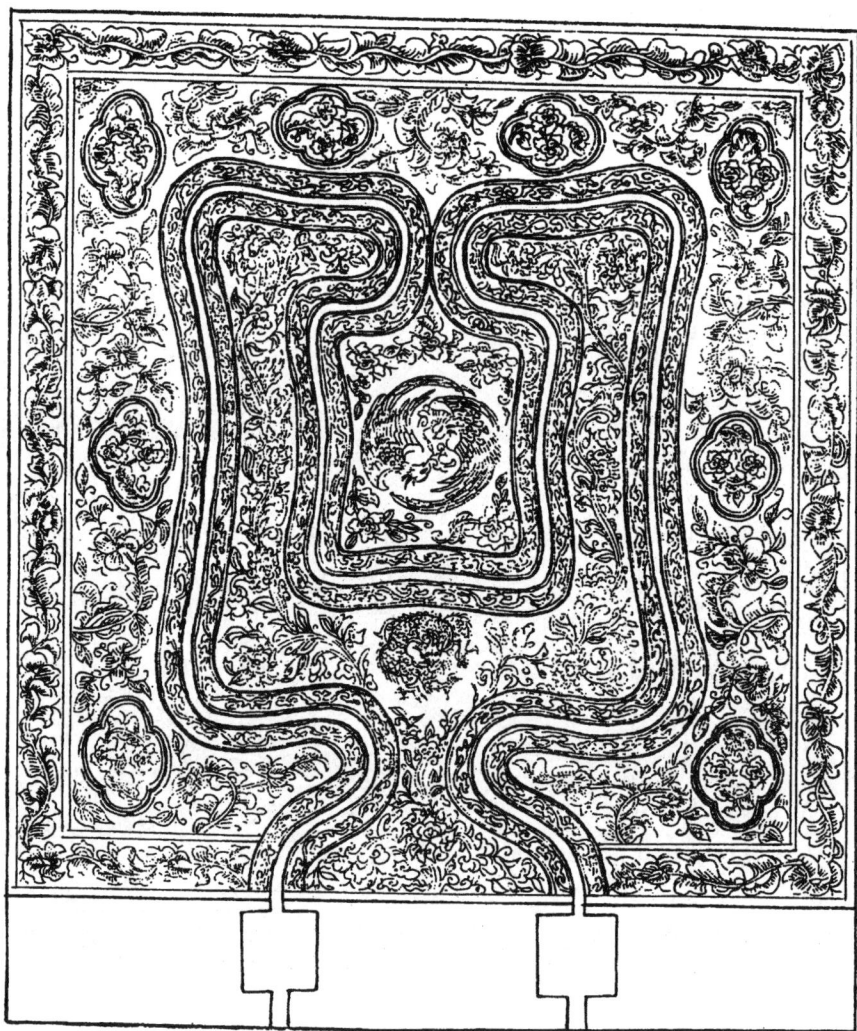

營造法式

卷十三

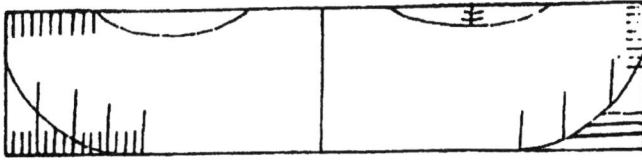

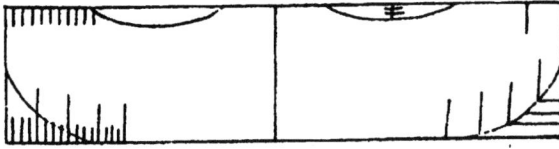

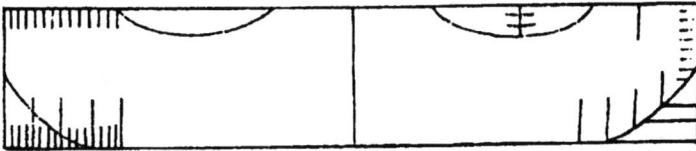

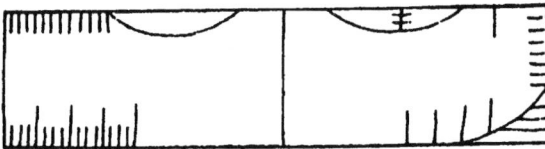

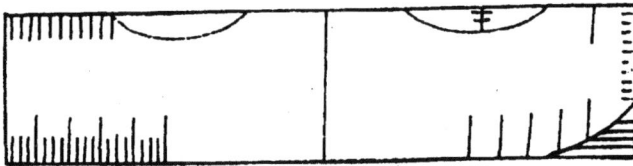

拱料等卷殺第一

華栱　泥道栱　慢栱　瓜子栱　令栱

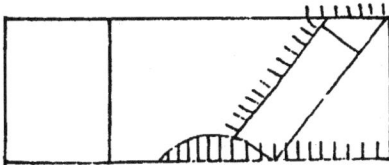

要頭

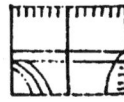

交互枓

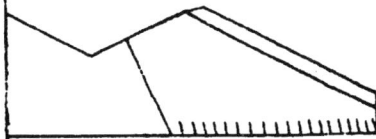

下昂尖

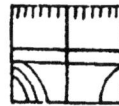

齊心枓

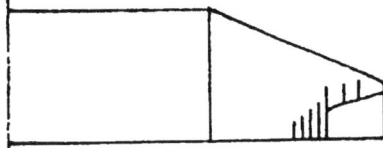

華頭子

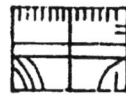

散枓

替木頭

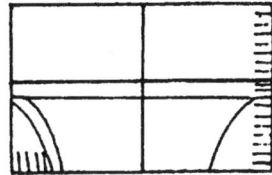

櫨枓

梁抹頭

柱礩

梁柱等卷殺第二

月梁

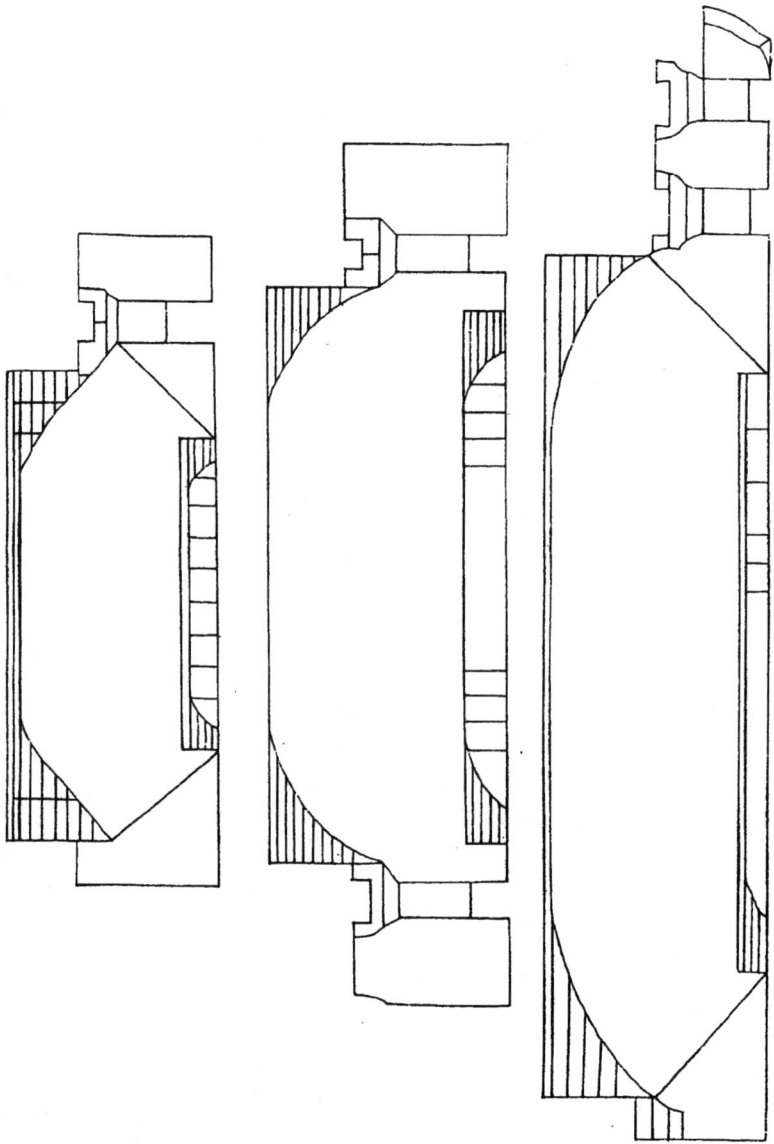

額肚并柱樣

下檐額肚

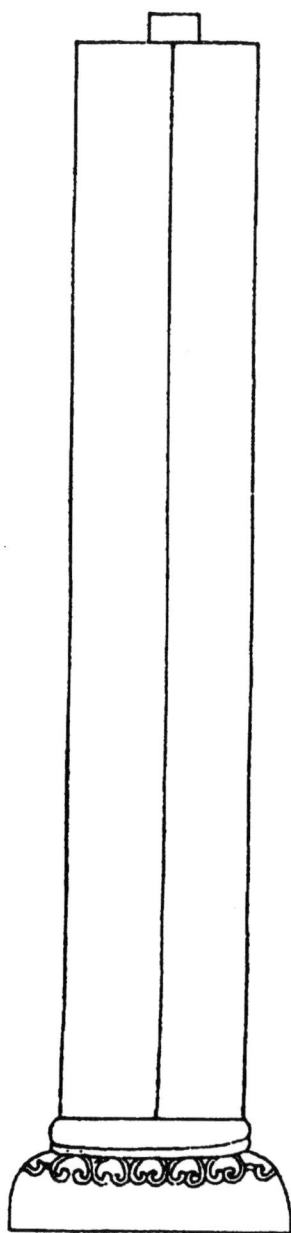

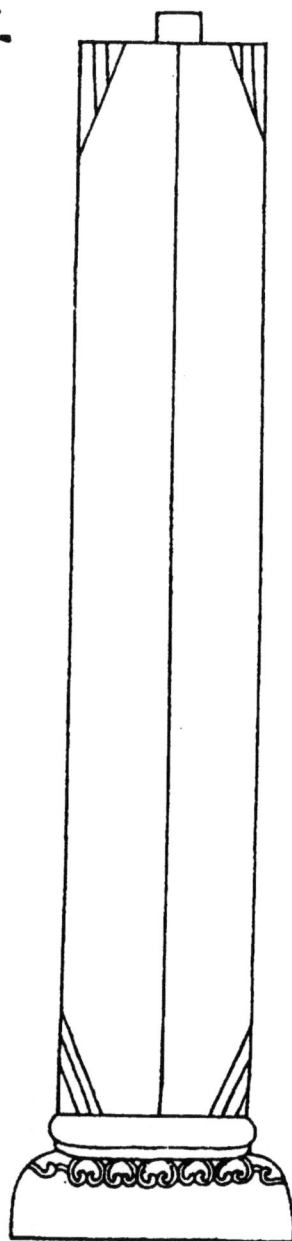

直柱

梭柱

子角梁

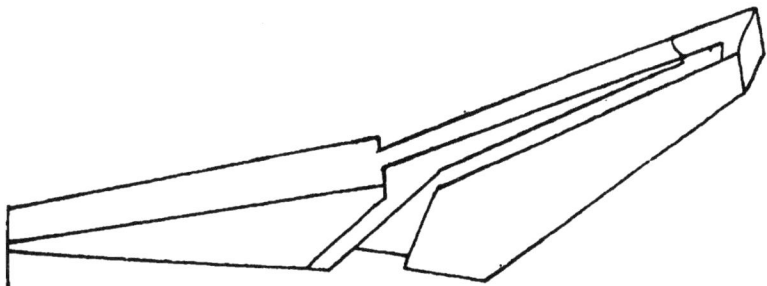

大角梁　三瓣頭或
　　　　只作楷頭

楷頭綽幕

蟬肚綽幕

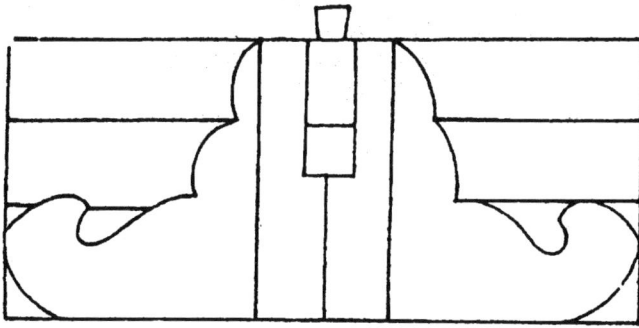

鷹嘴駝峯三瓣

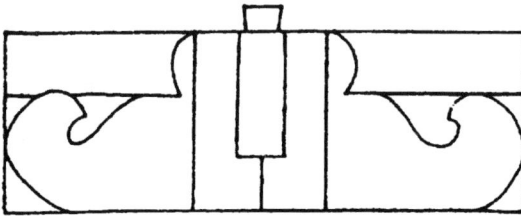

兩瓣駝峯

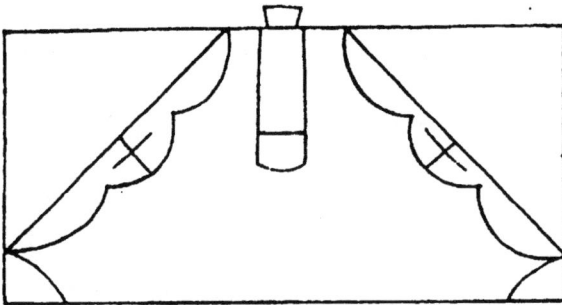

搯瓣駝峯

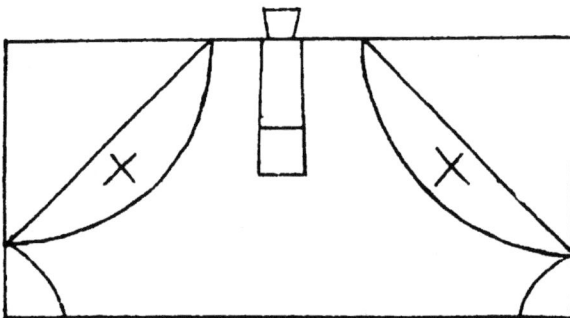

氈笠駝峯

下昂側樣

四鋪作裏外並一杪　下昂上昂出跳分數第三

卷頭壁內重栱

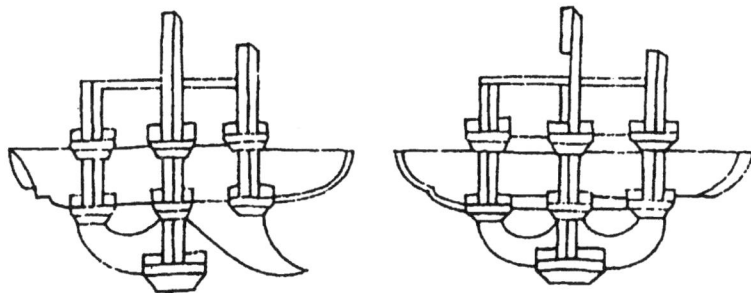

五鋪作重栱出單杪單下昂裏

轉五鋪作重栱出兩杪並計心

六鋪作重栱出單杪雙昂裏

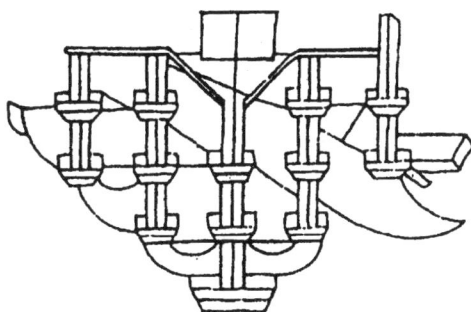

轉五鋪作重栱出兩杪並計心

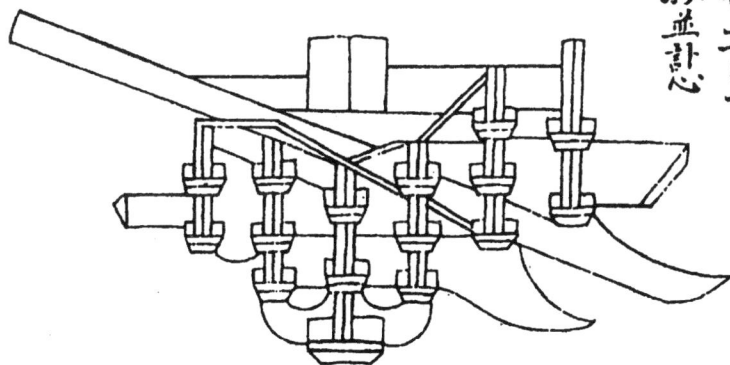

七鋪作重栱出雙抄雙下昂裏
轉六鋪作重栱出三抄並計心

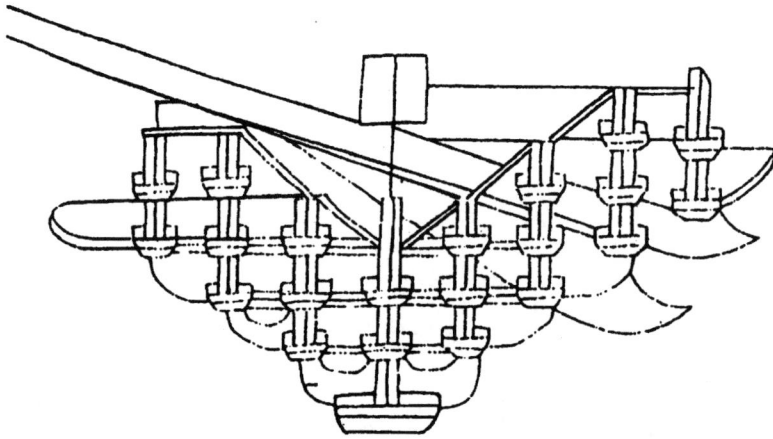

八鋪作重栱出雙抄三下昂裏
轉六鋪作重栱出三抄並計心

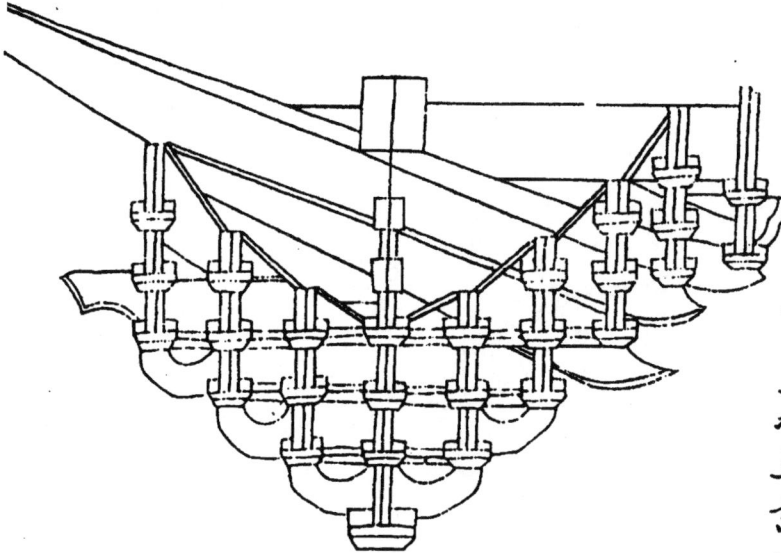

第三跳長
二十二分
第二跳長
二十五分

上昂側樣

五鋪作重栱出
上昂並計心

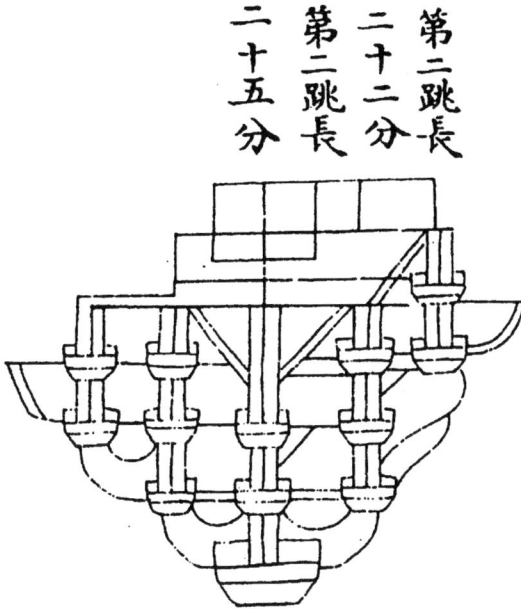

第二第三
跳共長二
十八分
第一跳長
二十七分

六鋪作重栱出上昂偷
心跳內當中施騎枓栱

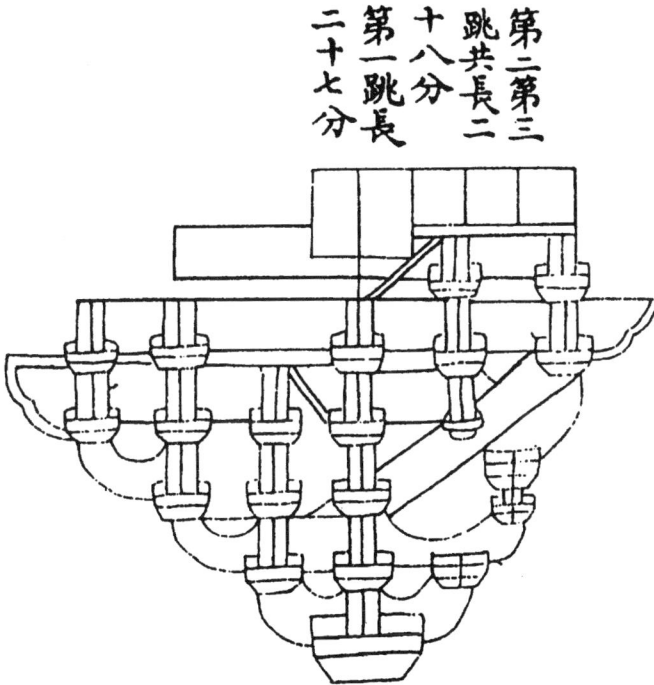

七鋪作重栱出上昂偷
心跳内當中施騎枓栱

第三第四
跳共長三
十五分
第一跳長
十五分
第一跳長
二十三分

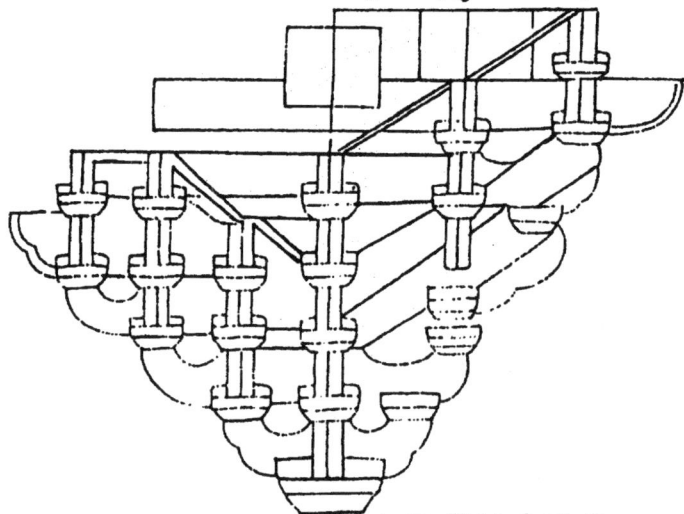

八鋪作重栱出上昂偷
心跳内當中施騎枓栱

第四第五
跳共長二
十六分
第三跳同
第二跳
第二跳長
十六分
第一跳長
二十六分

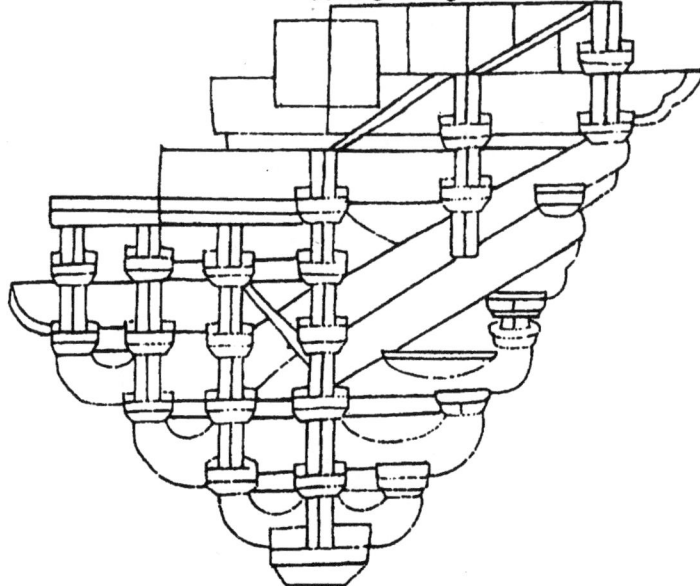

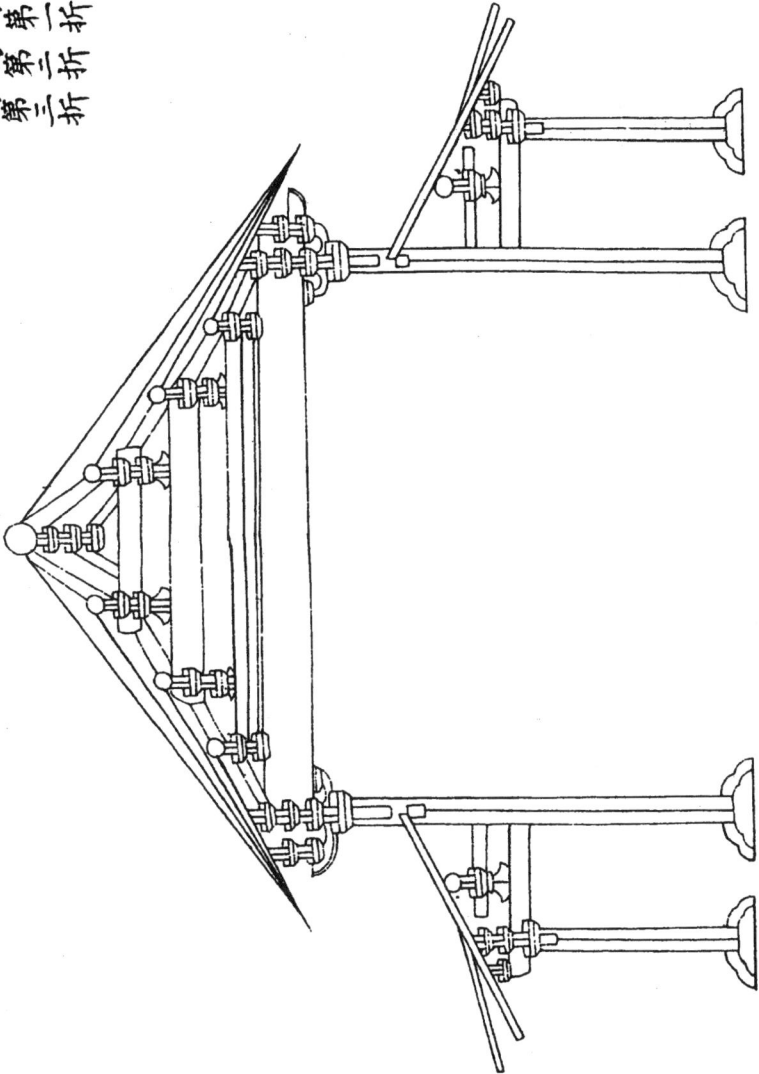

舉折屋舍分數第四

黄青朱
栿栿栿
為為為
第第第
三二一
折折折

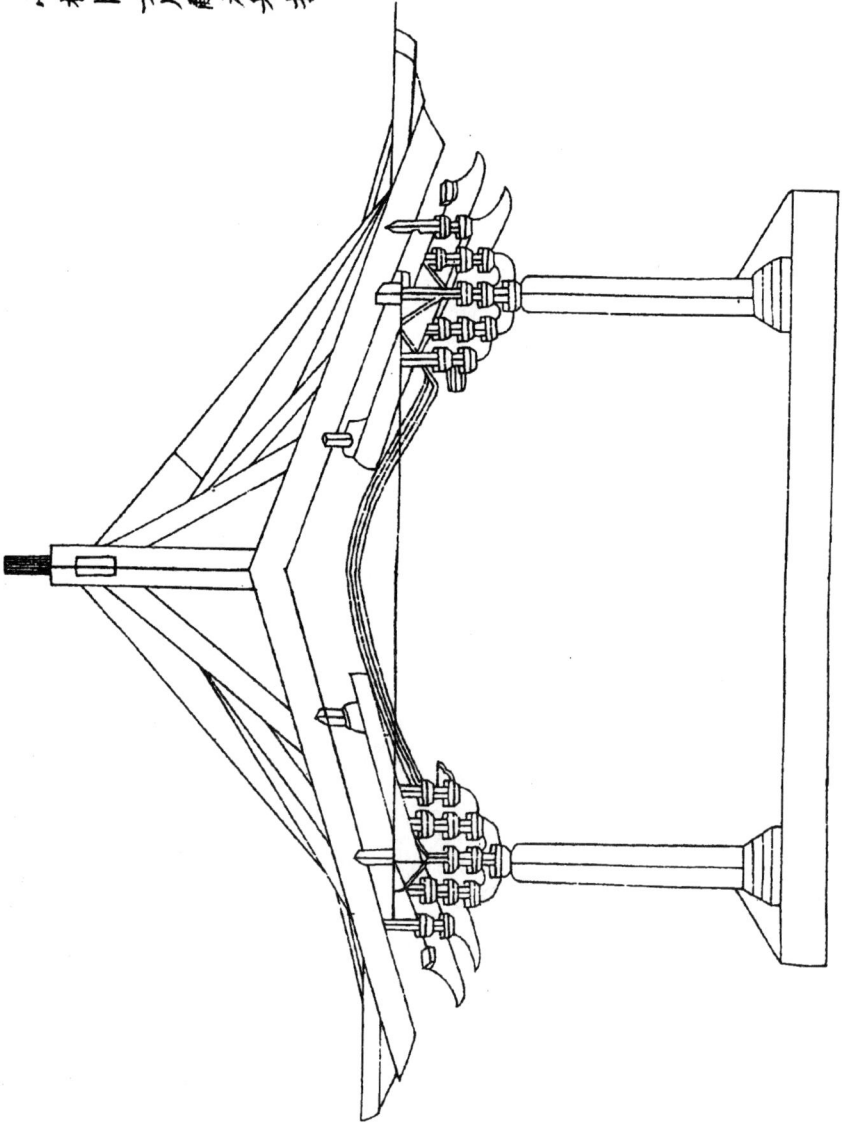

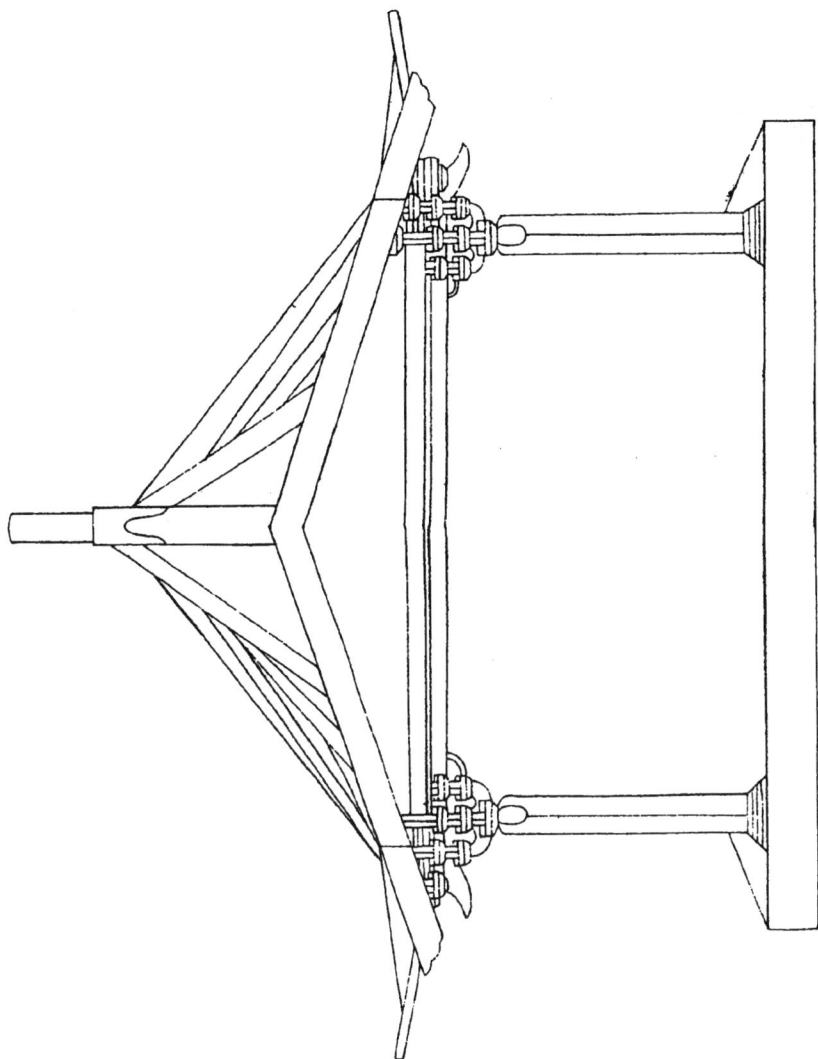

亭榭鬬尖用簇角梁折

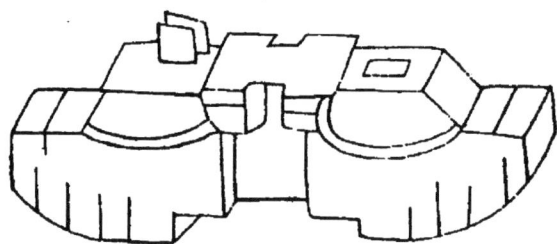

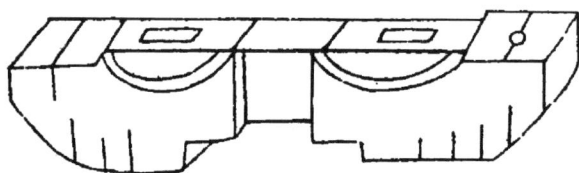

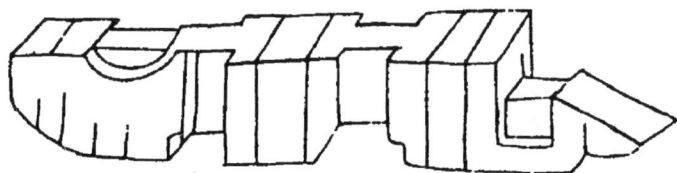

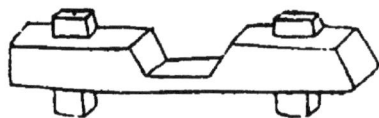

華栱 足材

華栱 單材

華栱第二跳 外作華頭子如第三

絞割鋪作栱昂枓等所用卯口第五 六鋪作以上並隨跳加長

以五鋪作名件卯口為法其

跳以上隨跳加長

闇契

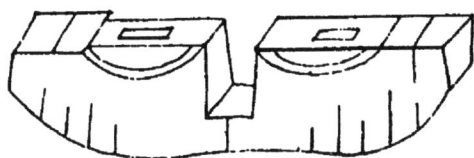

泥道栱、^{上施}閣契用

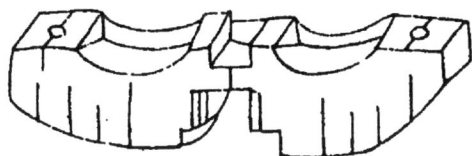

瓜子栱、用^{外跳}

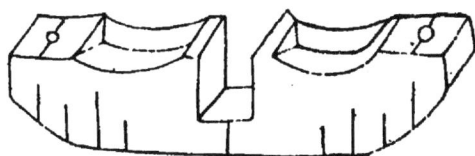

瓜子栱、用^{裏跳}

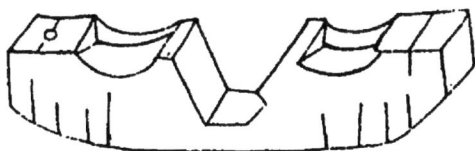

瓜子栱、用^{絞栿}

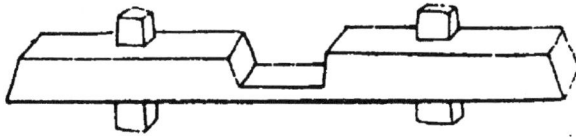

慢栱壁內用上
施闇栔

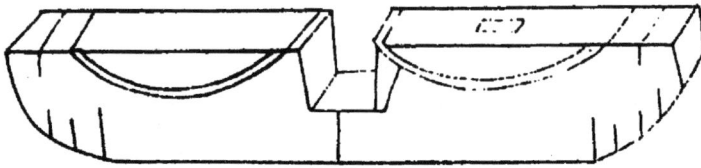

慢栱外跳騎
昂用

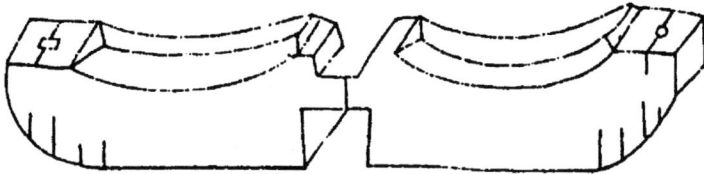

慢栱裏跳
用

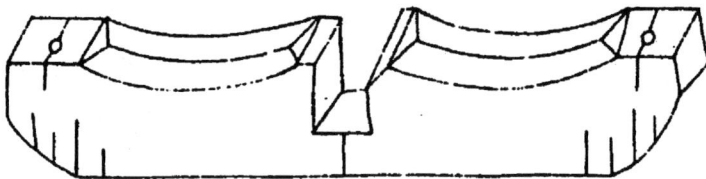

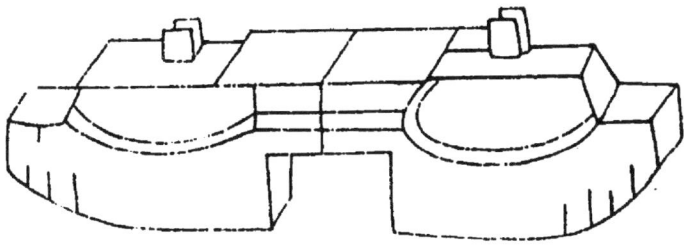

慢栱足材騎
栿用

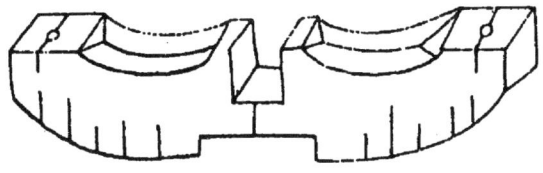

令栱外跳
用

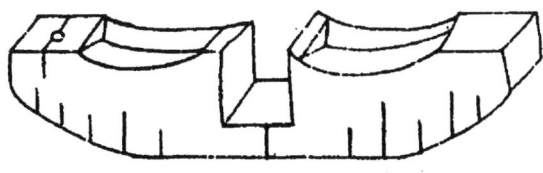

令栱裏跳
用

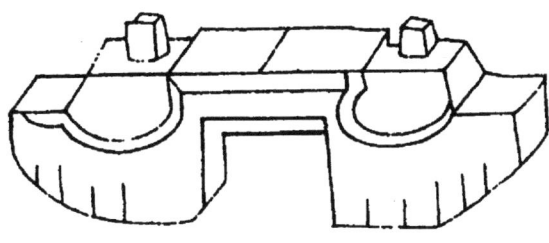

令栱足材騎
栿用

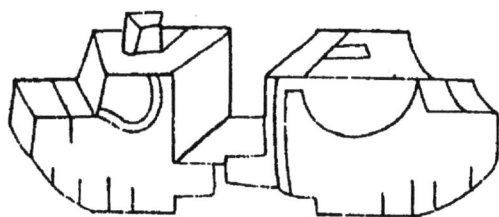

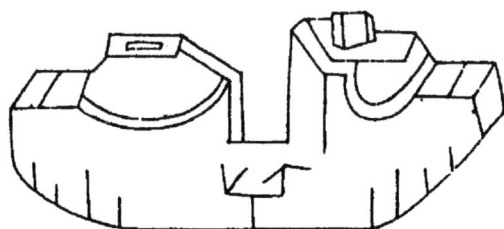

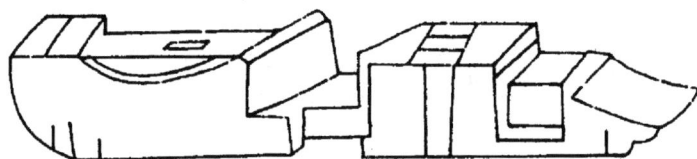

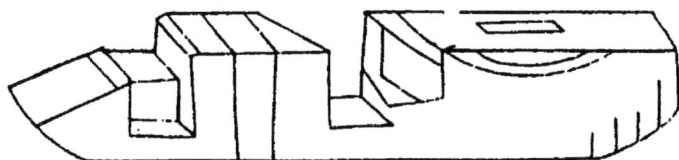

華栱與泥道栱相列 用外跳

慢栱與華頭子相列 外跳用七鋪作 以上隨跳加長

尾子栱與小栱頭相列用 外跳

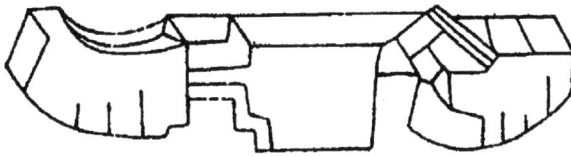

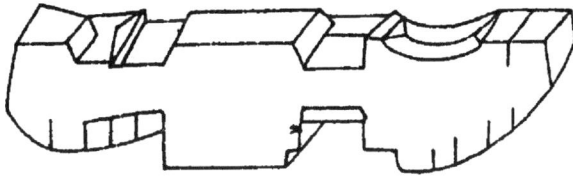

慢栱與切几頭相列用 外跳

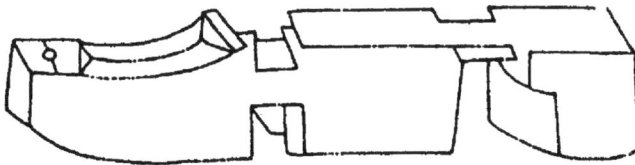

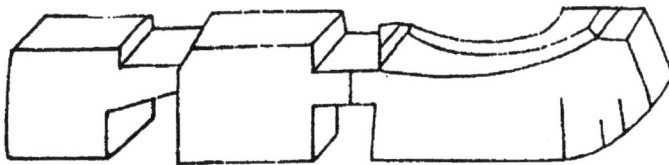

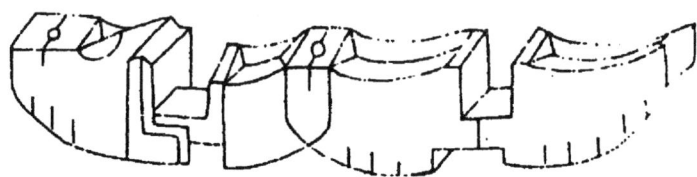

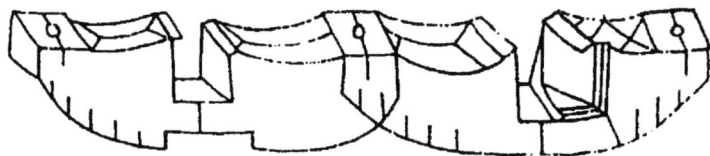

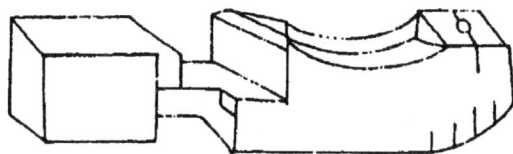

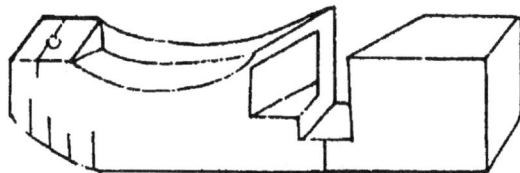

瓜子栱與令栱相列外跳鴛鴦交首栱也
六鋪作以上並用瓜子栱

慢栱與切几頭相列用裏跳

瓜子栱與小栱頭相列_用裏跳

令栱與小栱頭相列_用裏跳

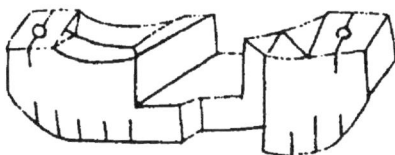

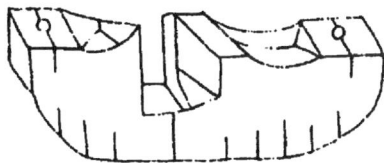

柱頭或補間鋪作內第二跳下昂_{第三跳以上}_{隨跳加長}

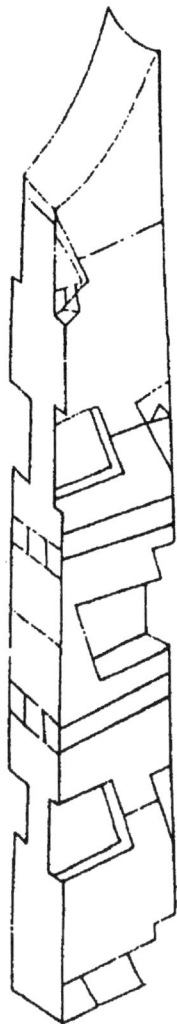

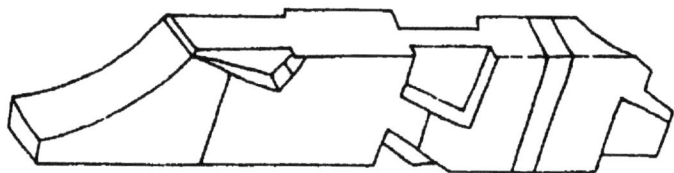

合角下昂　角內用六鋪作
以上隨跳加長

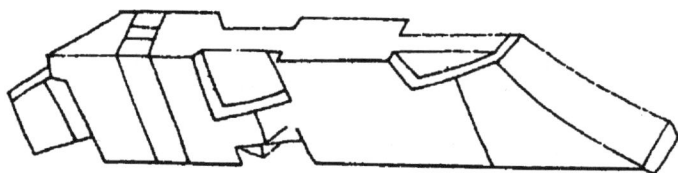

要頭　外跳昂
上用

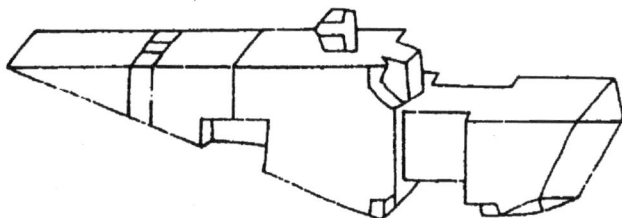

要頭　裏跳上用七鋪作
以上隨跳加長

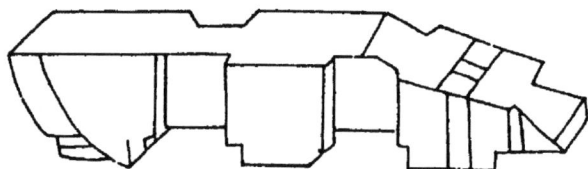

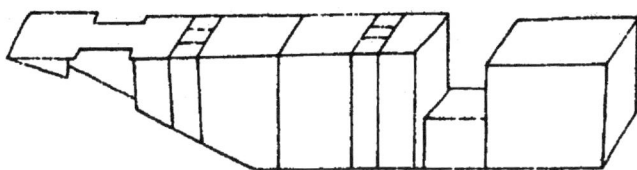

襯方頭

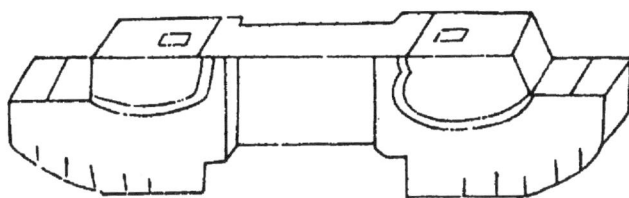

華栱 角內第一跳用

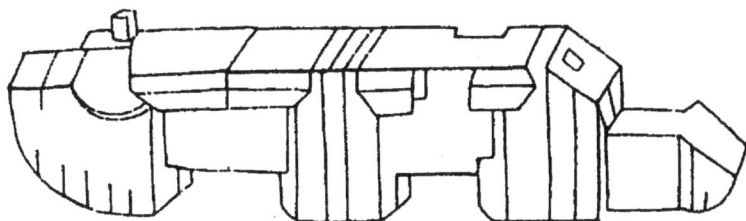

華栱 角內第二跳用七鋪作以上隨跳加長

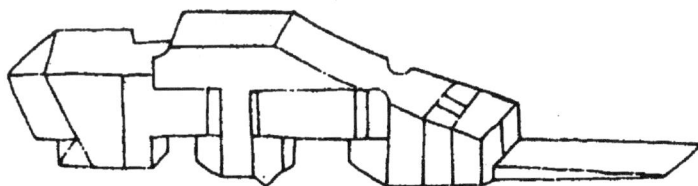

要頭 角內用七鋪作以上隨跳加長

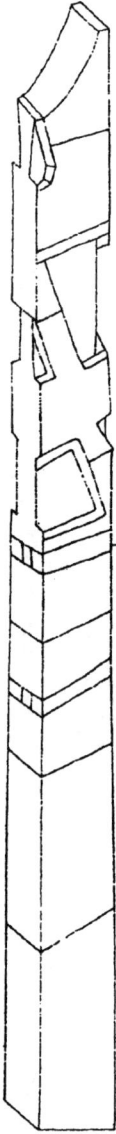

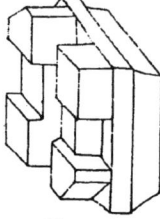

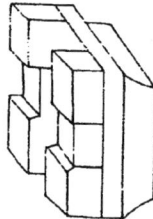

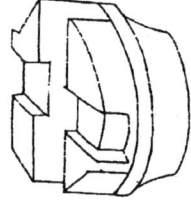

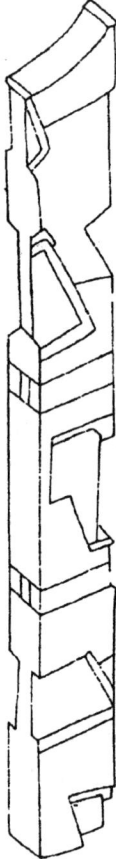

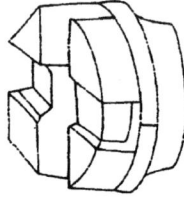

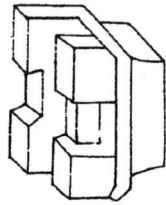

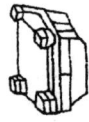

梁額等卯口第六

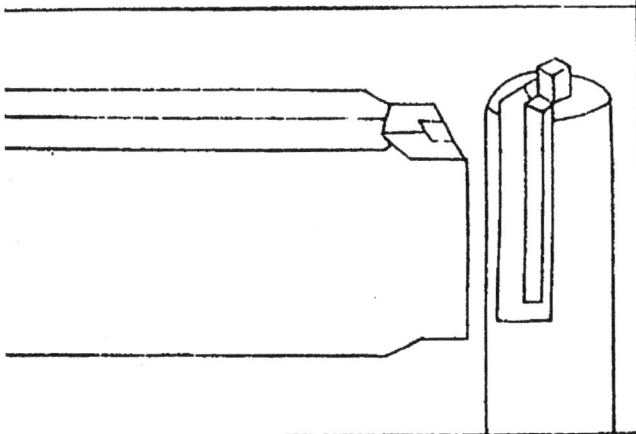

梁柱鼓卯　鏍口

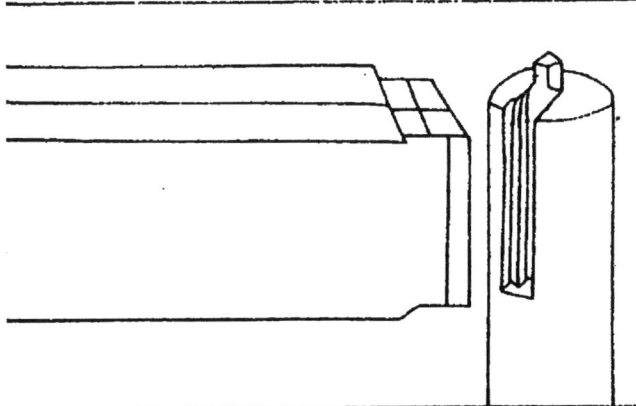

梁柱鼓卯

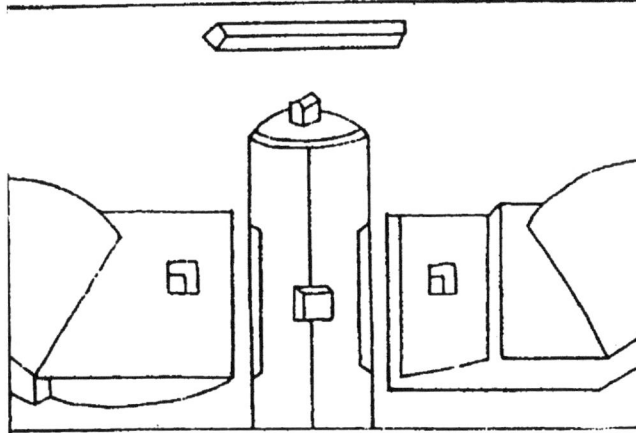

梁柱對卯　鵝批搭掌　蕭眼穿串

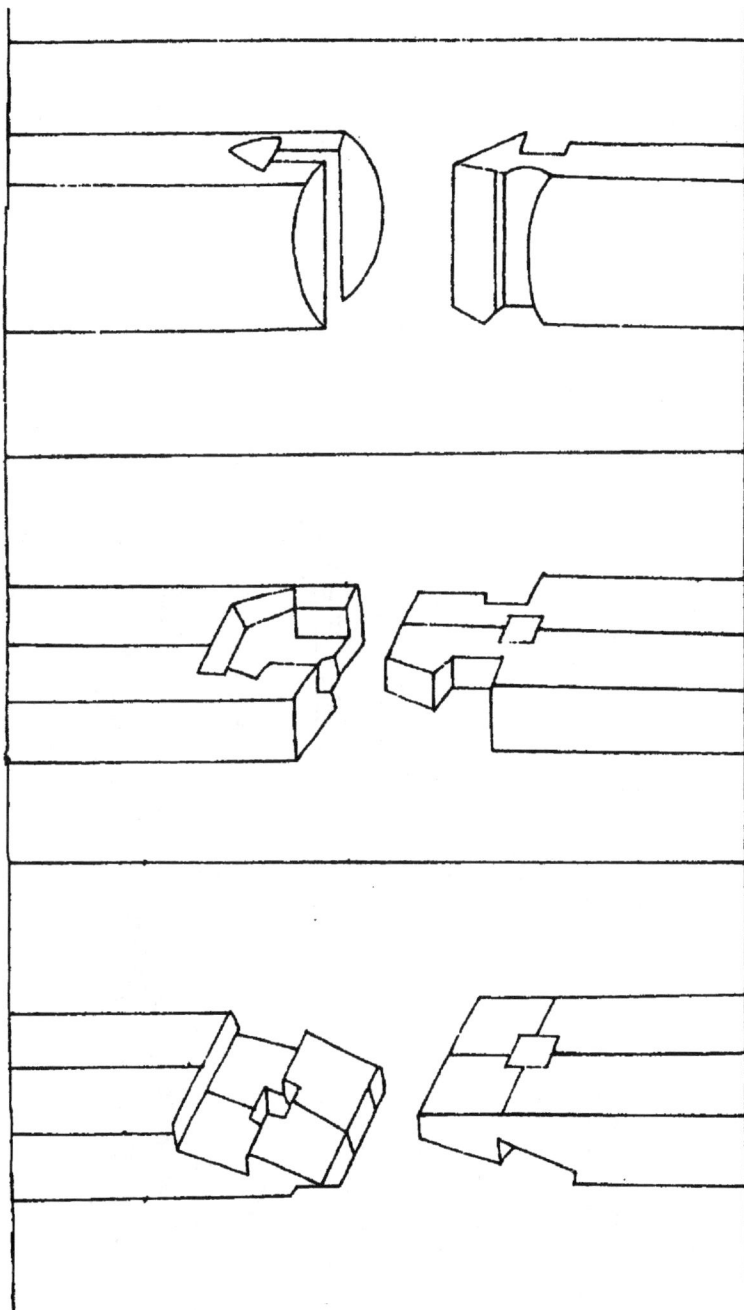

槫間縫　蟢蜋
　　　　頭口

普拍方間縫　蟢蜋
　　　　　頭口

普拍方間縫　勾頭
　　　　　搭掌

兩段合

合柱鼓卯第七

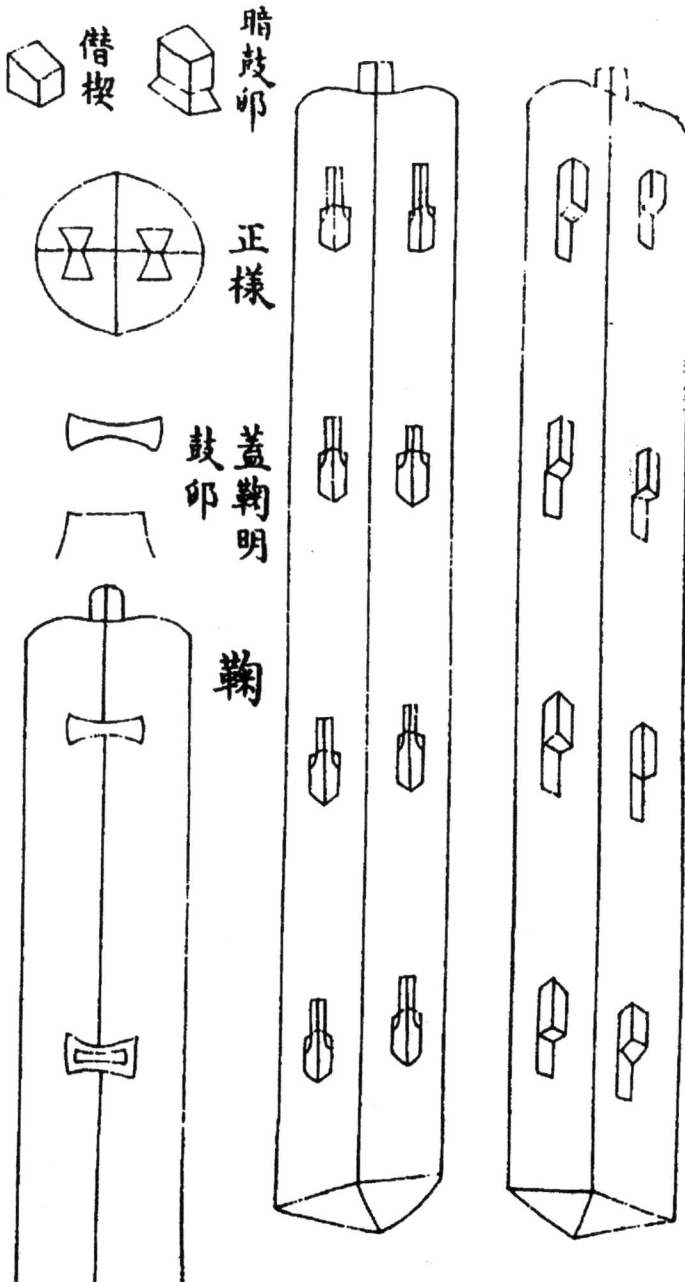

暗鼓卯　　正樣　　蓋鞠明　鞠

借楔　　　　　　　鼓卯

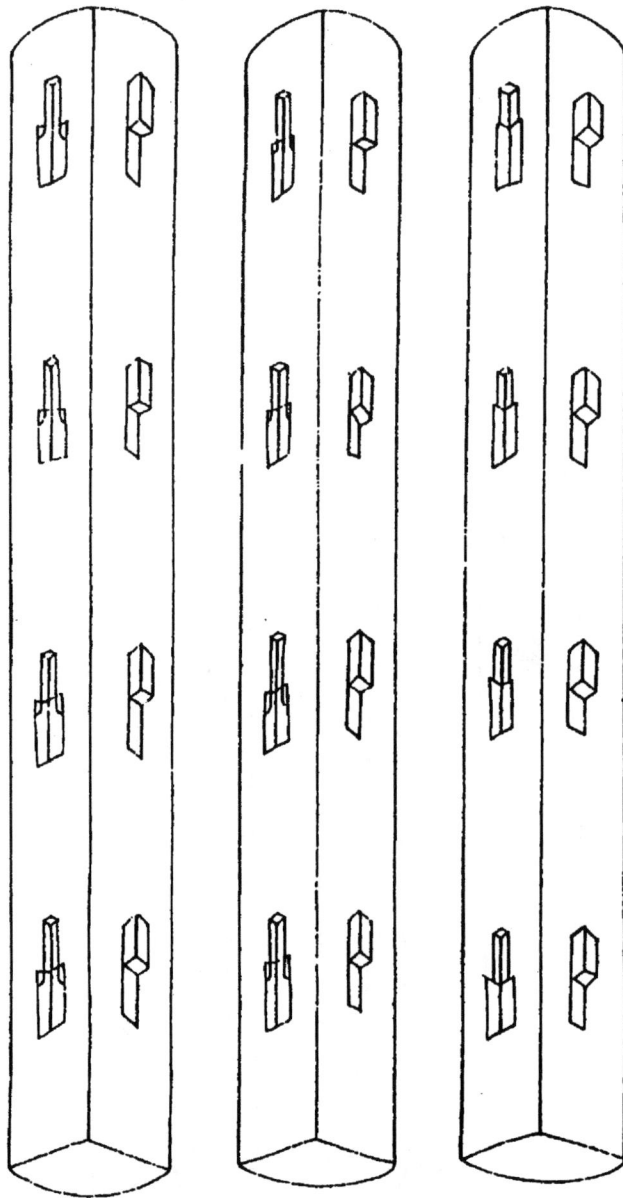

三段合

四段

合同

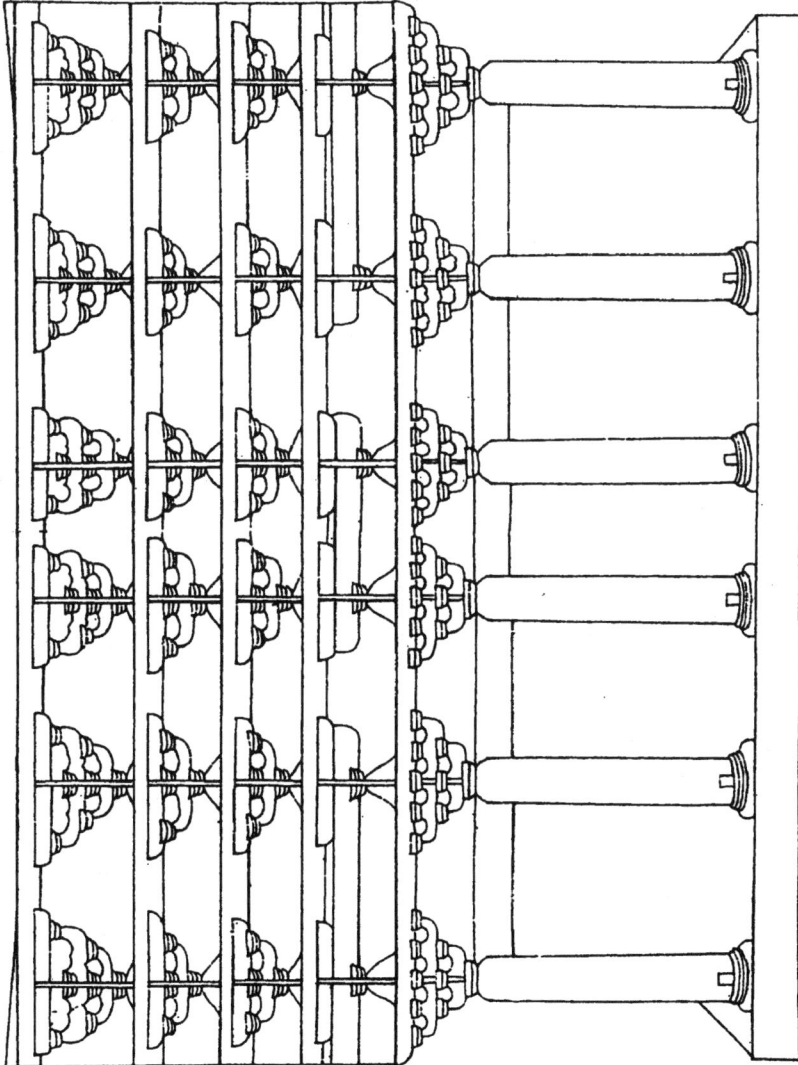

鋪作轉角正樣第九

殿閣亭榭等轉角正樣四
鋪作壁內重栱挿下昂

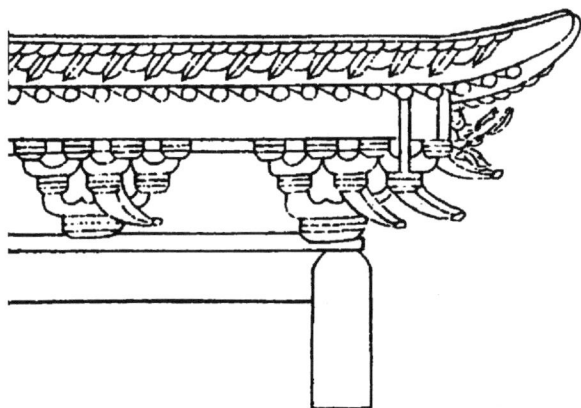

殿閣亭榭等轉角正樣五鋪作
重栱出單抄下昂逐跳計心

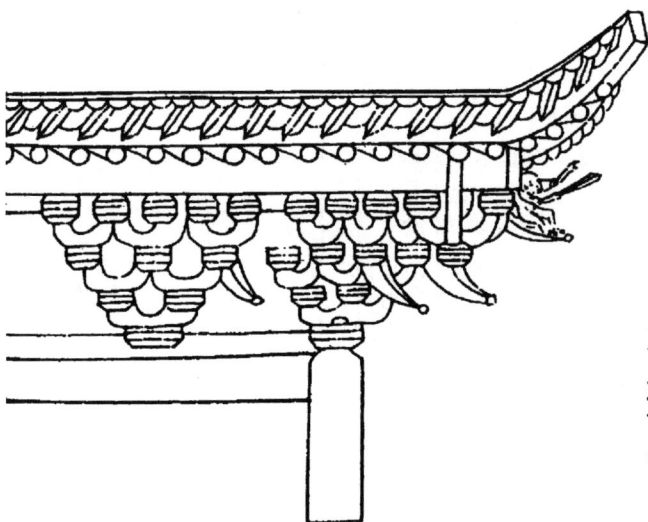

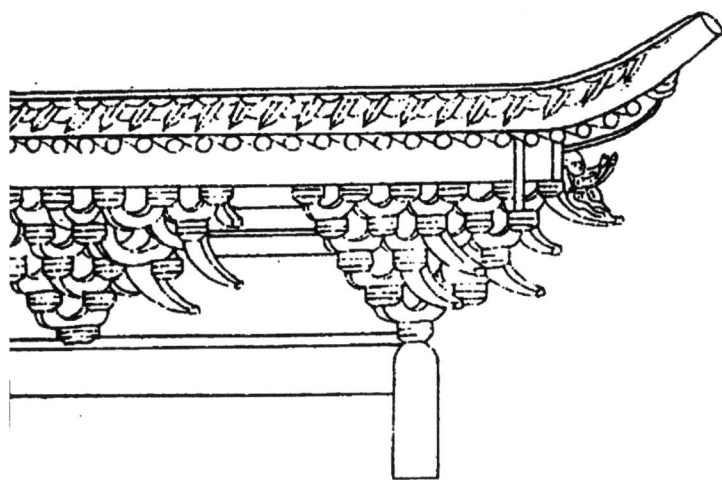

殿閣亭榭等轉角正樣六鋪作
重栱出單抄兩下昂逐跳計心

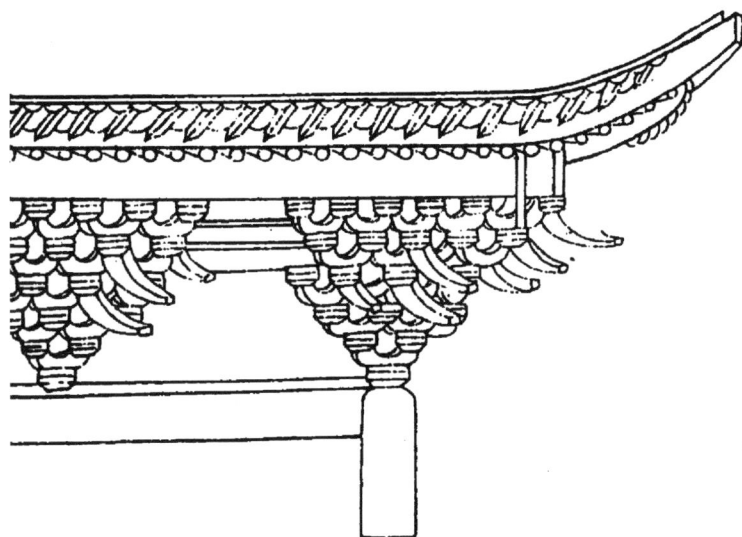

殿閣亭榭等轉角正樣七鋪作
重栱出雙抄兩下昂逐跳計心

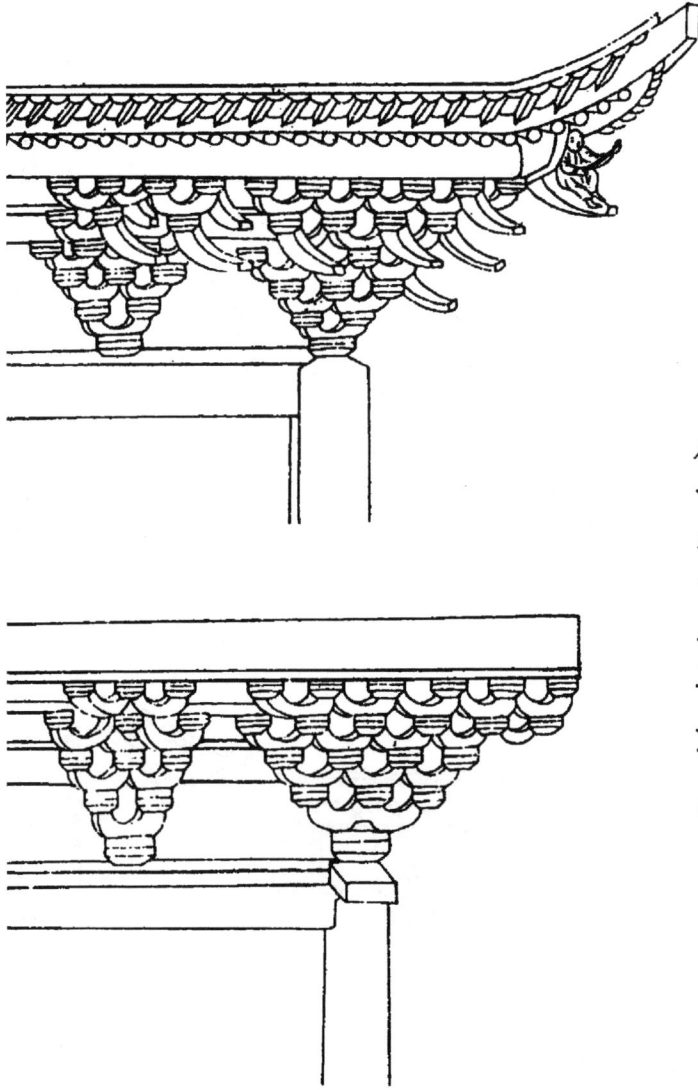

樓閣平坐轉角正樣六鋪
作重栱出卷頭並計心

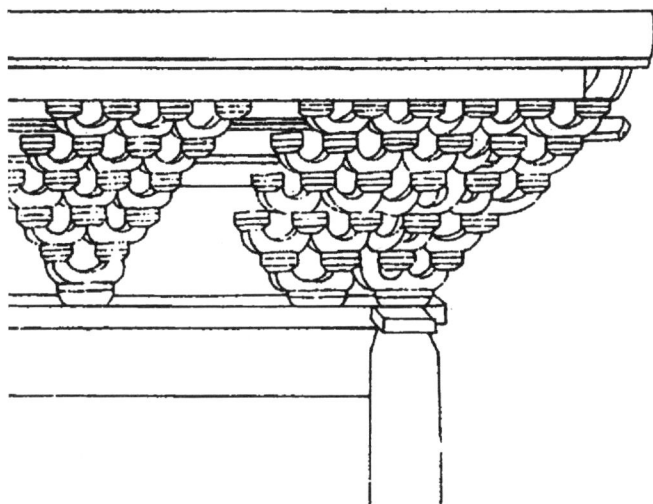

樓閣並坐轉角正樣七鋪
作重栱出卷頭並計心

樓閣平坐轉角正樣七鋪作重栱
出上昂偷心跳內當中施騎枓栱

營造法式

卷三十一

殿閣身地盤九間
身內分心斗底槽

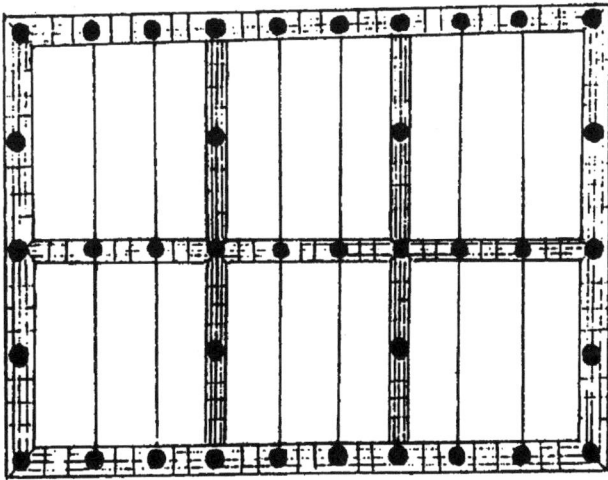

殿閣地盤分槽第十

殿閣地盤殿身七間副階周帀
各兩架椽身內金箱斗底槽

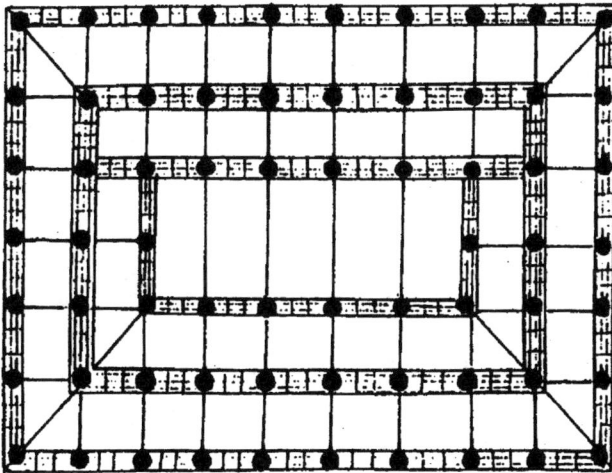

殿閣地盤殿身七間副階
周帀各兩架椽身內單槽

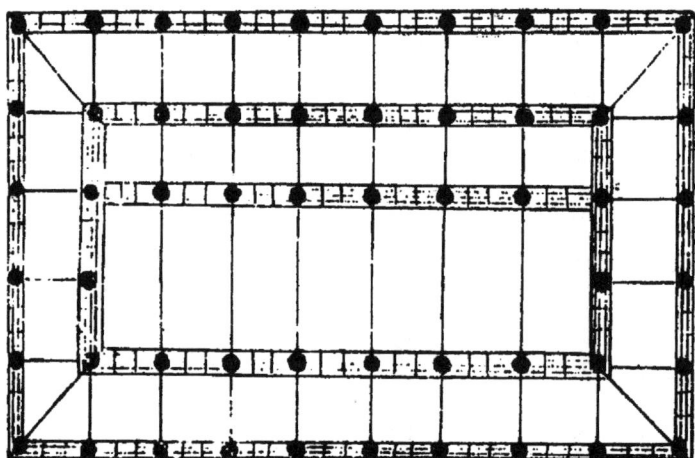

殿閣地盤殿身七間副階
周帀各兩椽身內雙槽

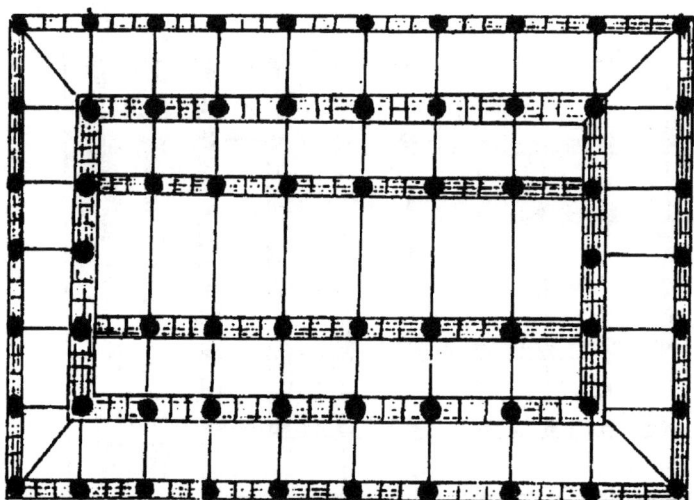

殿堂等八鋪作副階六鋪作雙槽下斗底草架側樣第十二

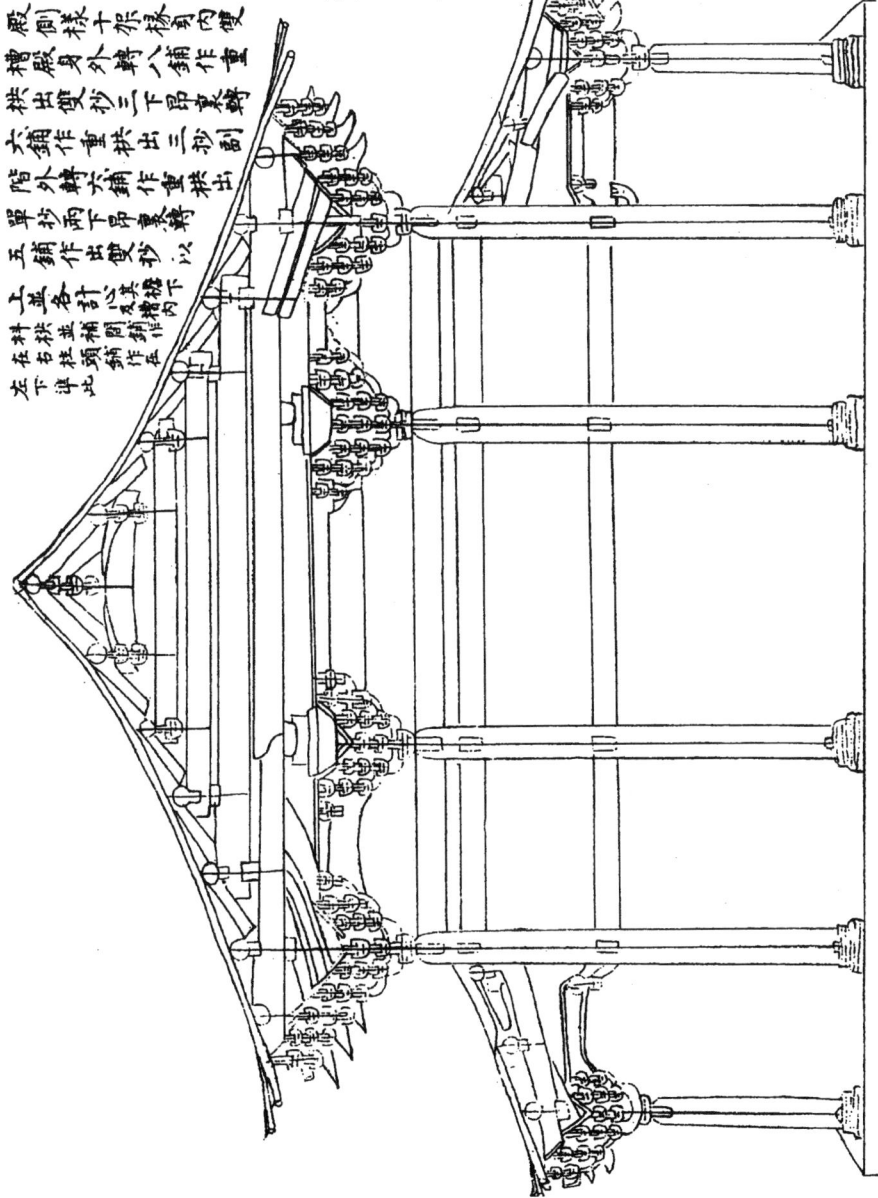

殿側樣

殿身槽内外八鋪作
重拱出三抄雙
重拱出三抄副
外轉六鋪作重拱出三抄雙昂
階兩下昂裏轉六鋪作重拱出
上平坐五鋪作出兩抄以其
左在科下枓此拱並補間鋪作五
其拱並補間鋪作五

殿堂等七鋪作副階五鋪作雙槽草架側樣第十三

殿側樣
殿身外轉七鋪作重栱出雙抄雙下昂裏轉五鋪作重栱出單抄單下昂各計心副階身内單抄單下昂裏外轉並重栱出跳計心以上殿閣身槽内七鋪作雙槽草架侧樣各計心

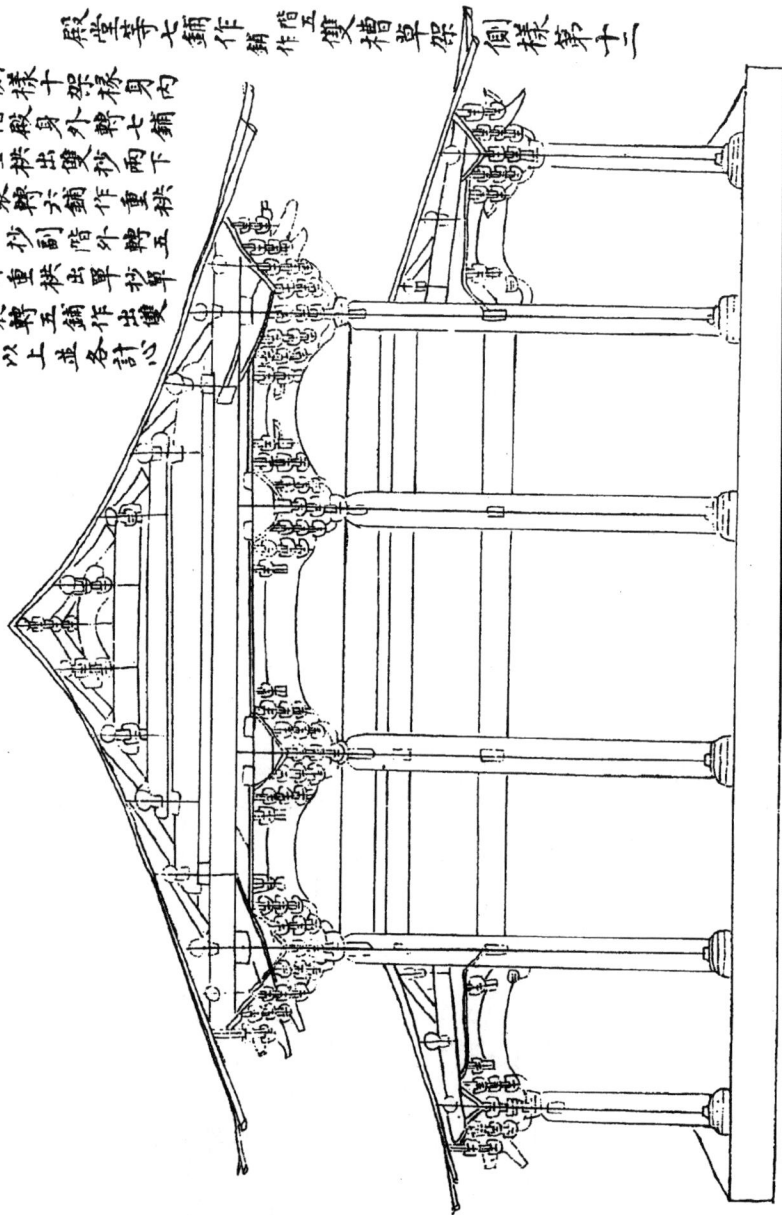

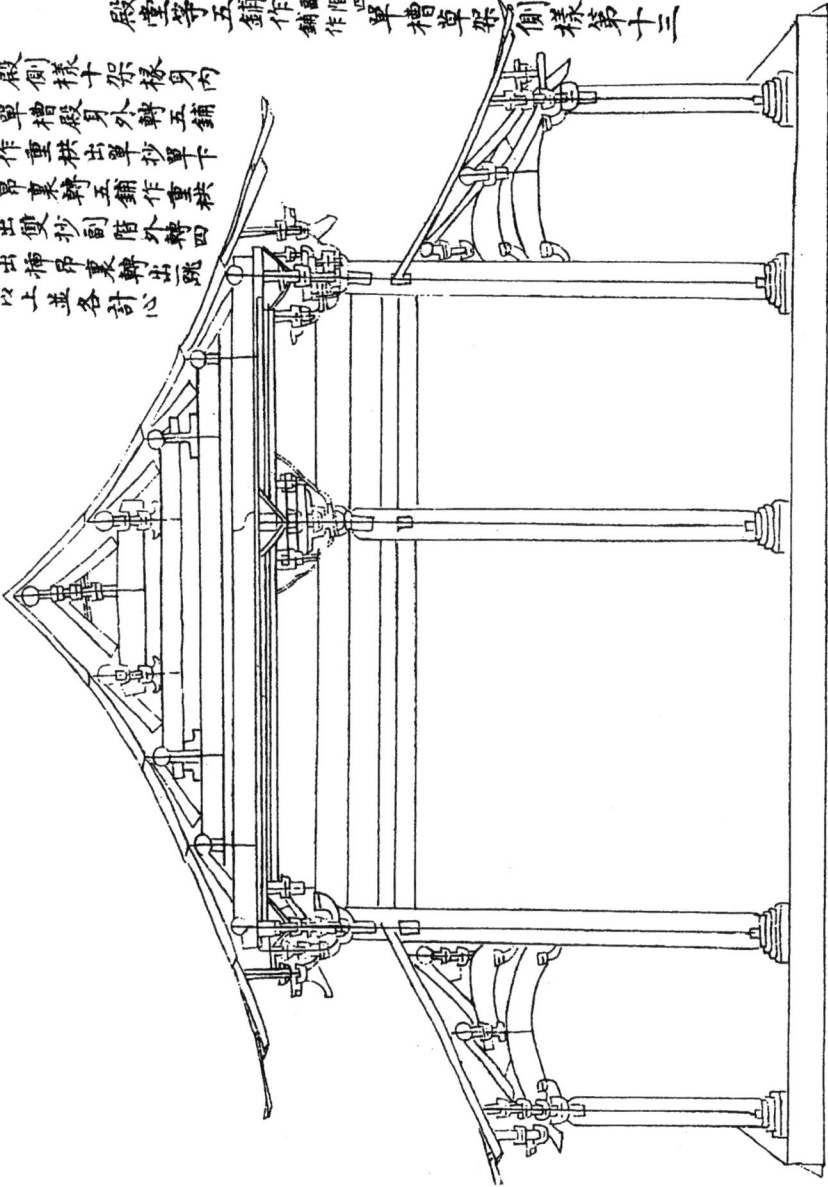

殿堂等五鋪作副階纏腰分心斗底槽草架側樣第十三

殿堂等五鋪作單槽草架側樣第十三

側樣十架椽殿身分外轉五鋪作單栱出單抄單昂裏轉五鋪作重栱出兩抄並計心

殿堂等六鋪作分心槽草架側樣第十四

殿側樣十架椽身內單槽

外轉六鋪作單杪

雙下昂裏轉六鋪作重栱出單杪

雙抄裏轉五鋪作重栱出

以上並各計心

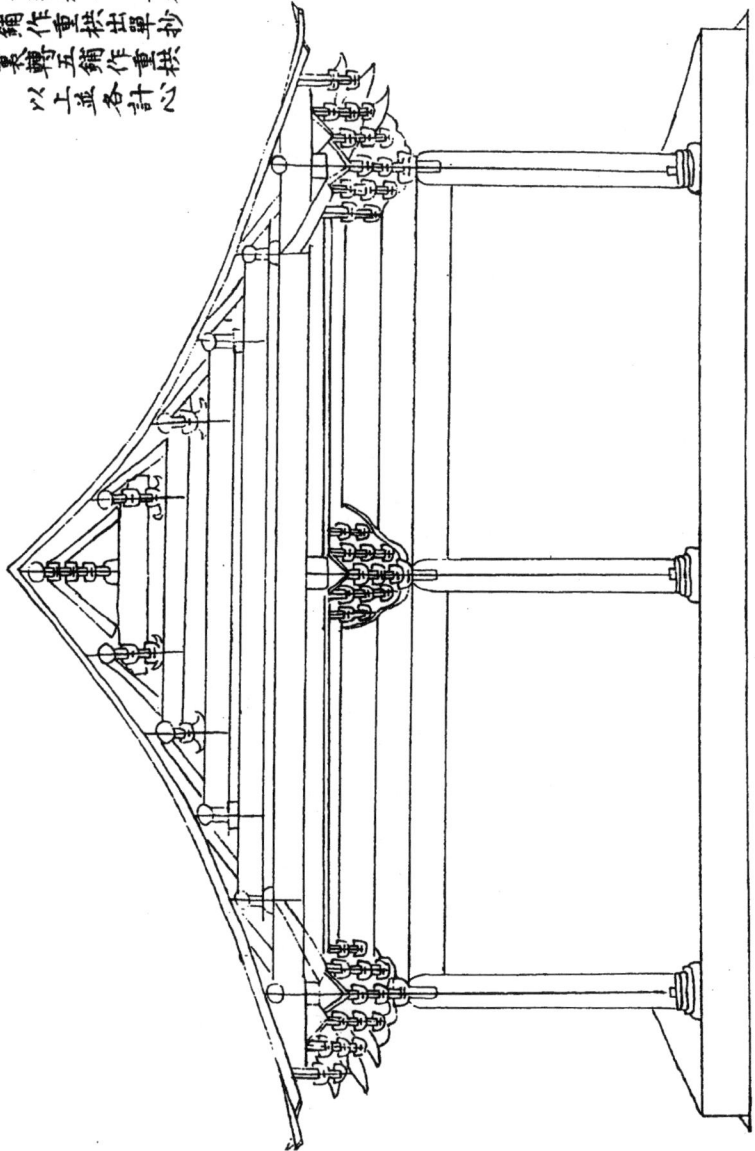

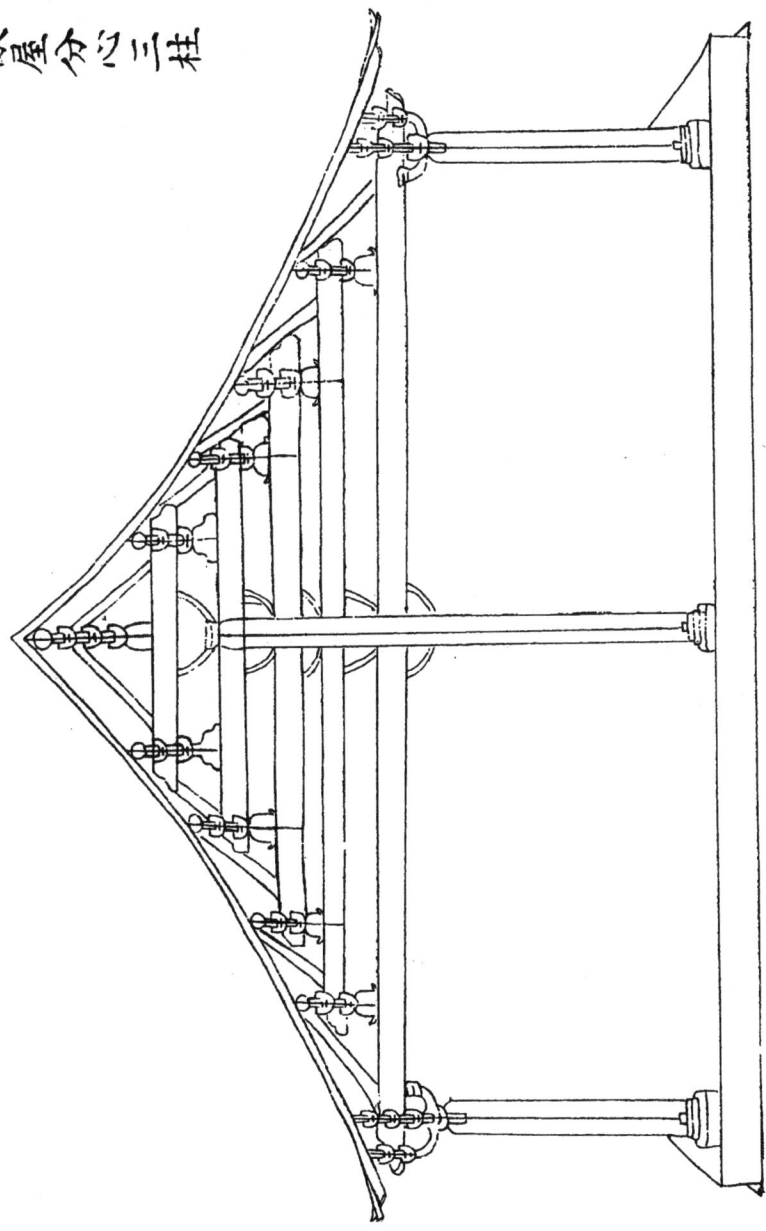

十架椽屋前後三椽栿用四柱

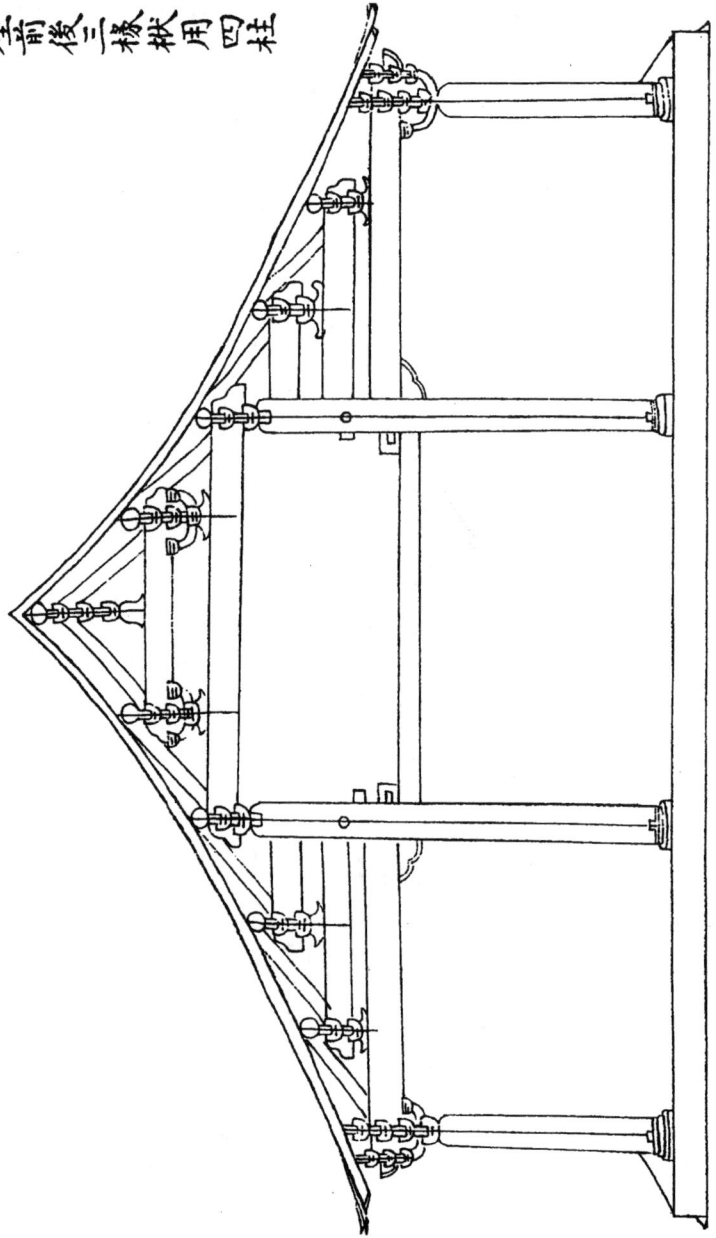

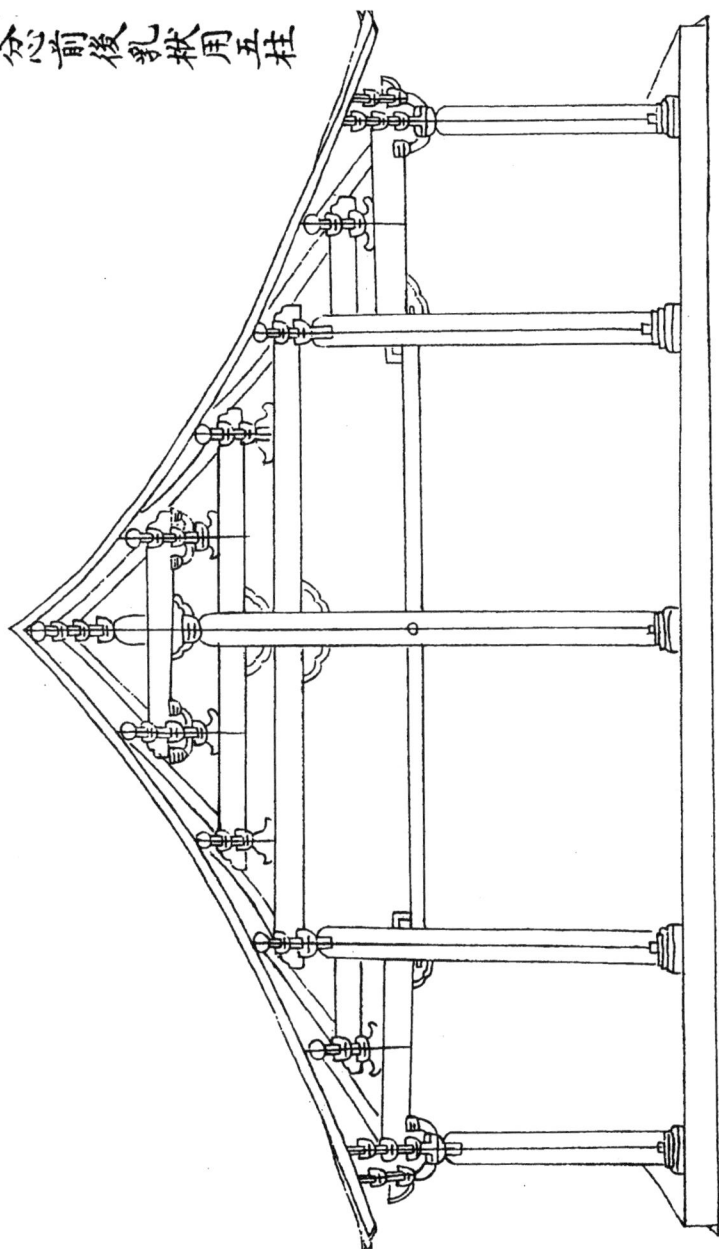

十架椽屋分心前後乳栿用五柱

十架椽屋前後並乳栿用六柱

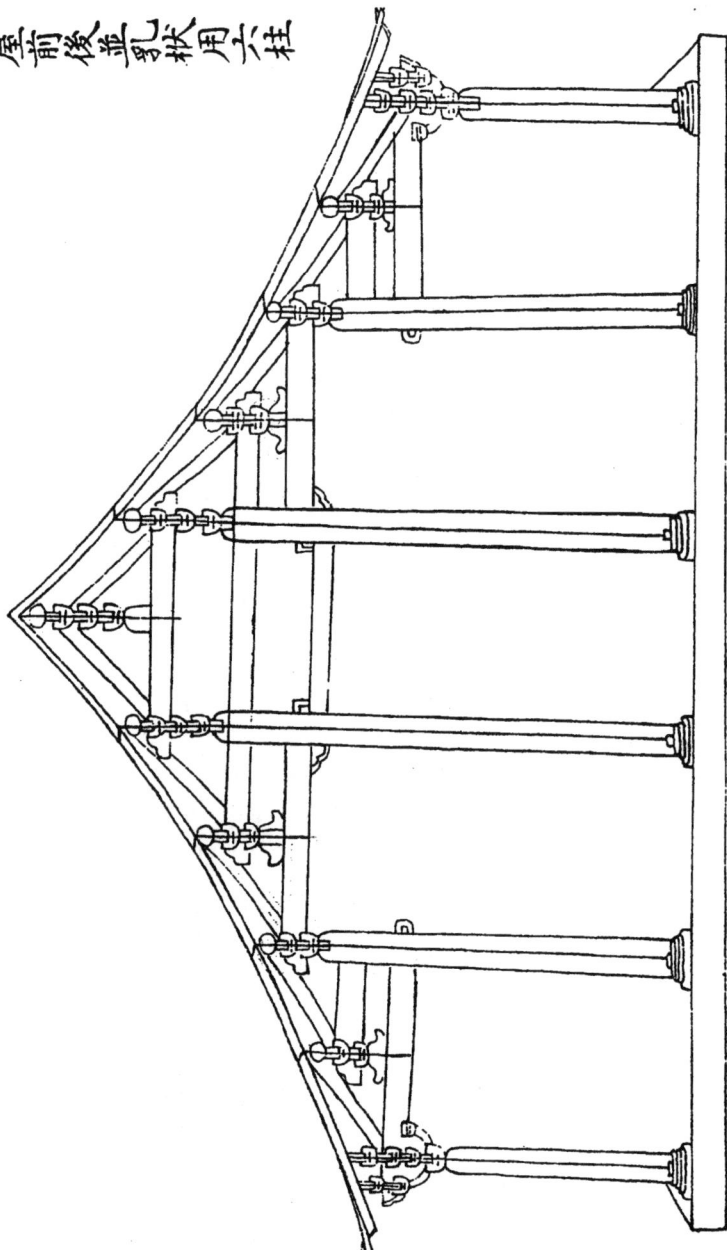

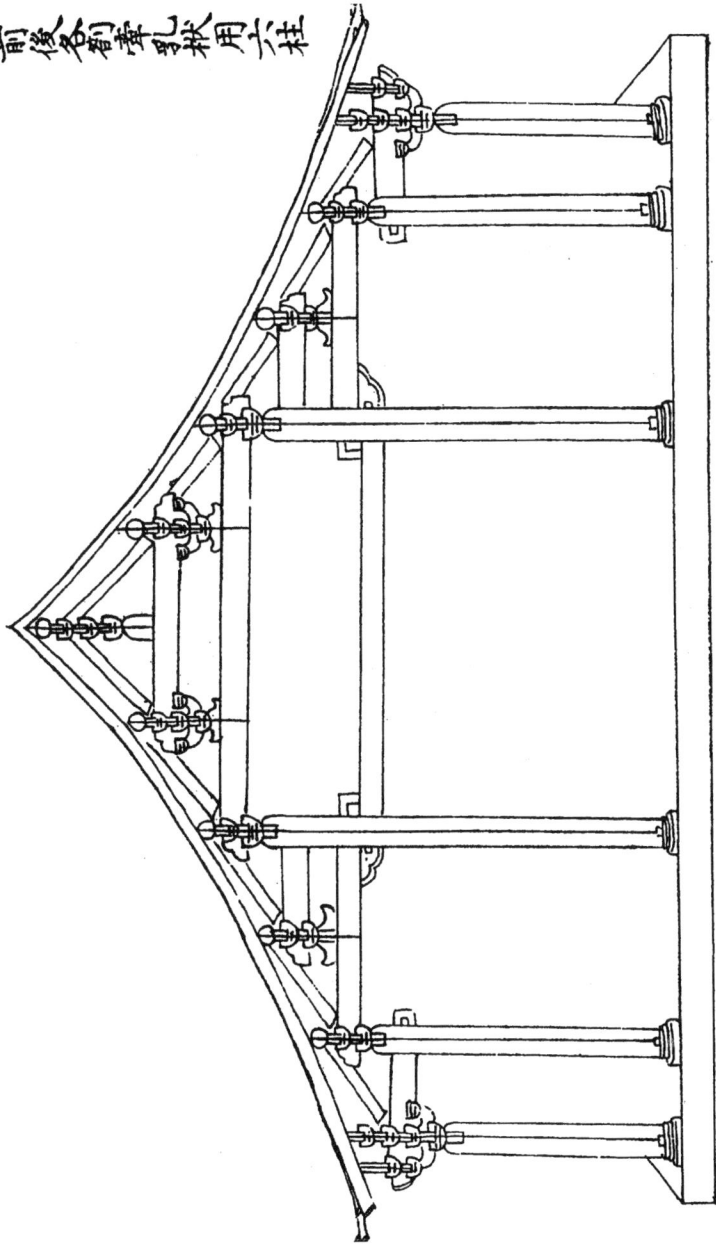

十架椽屋前後各割舜乳栿用六柱

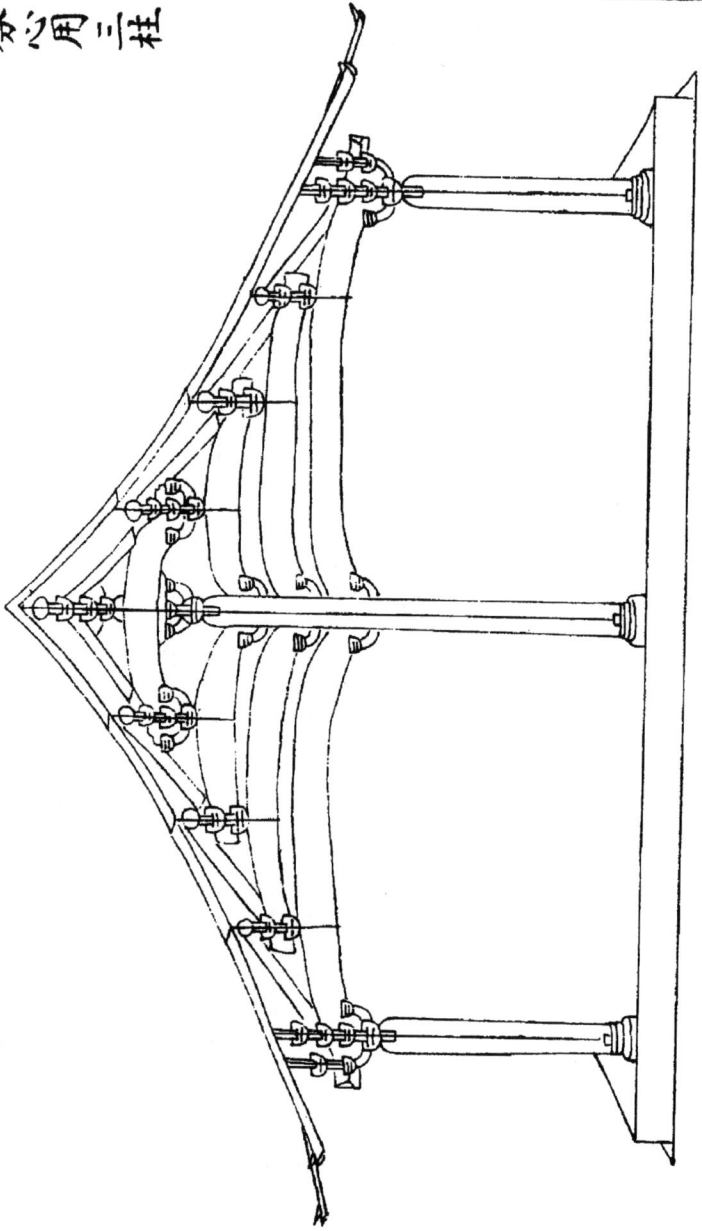

八架椽屋分心用三柱

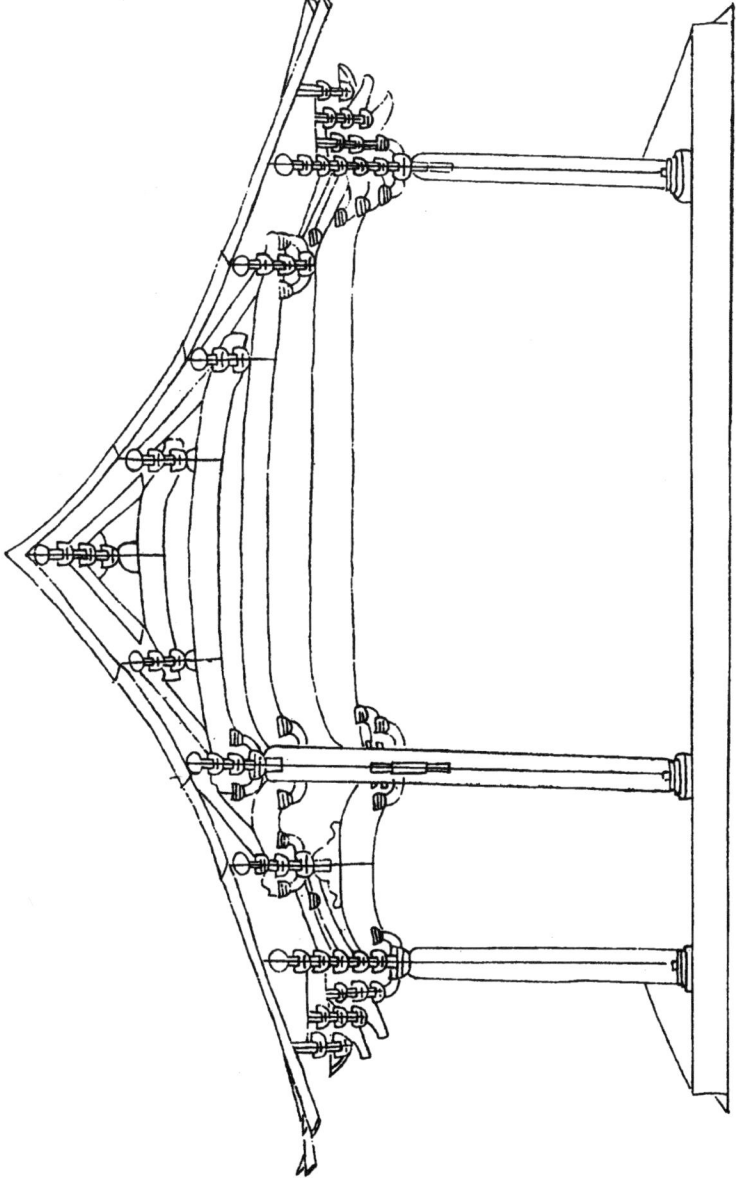

八架椽屋乳栿劄牽分心用三柱

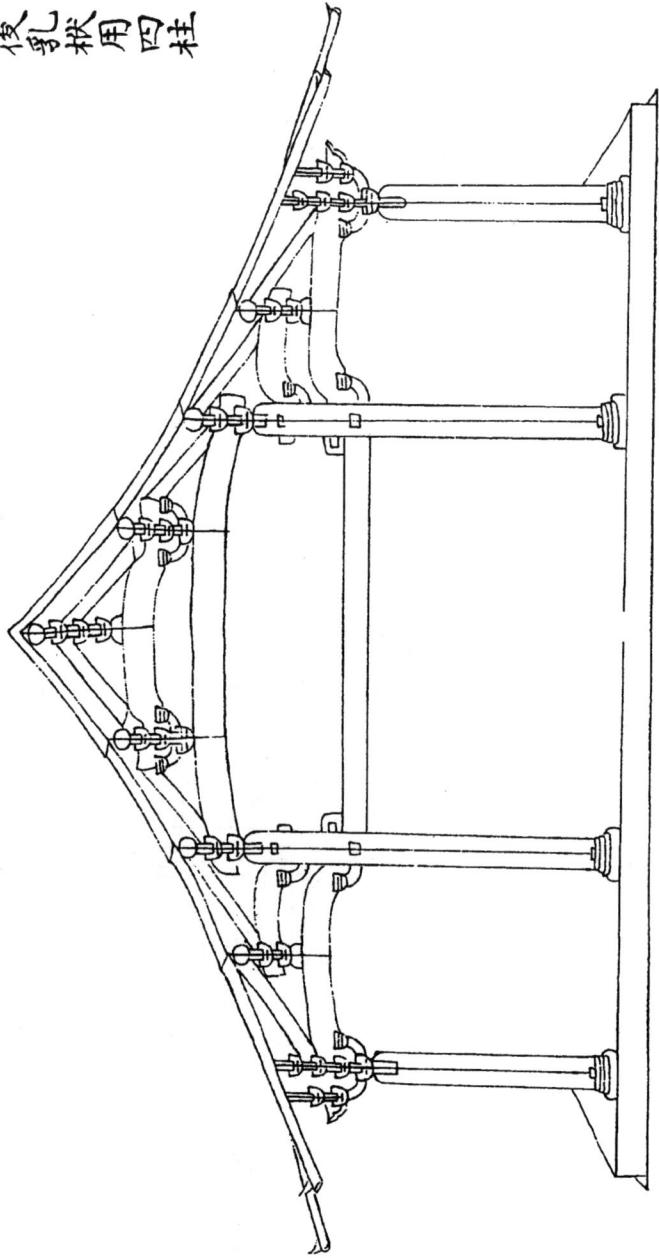

八架椽屋前後乳栿用四柱

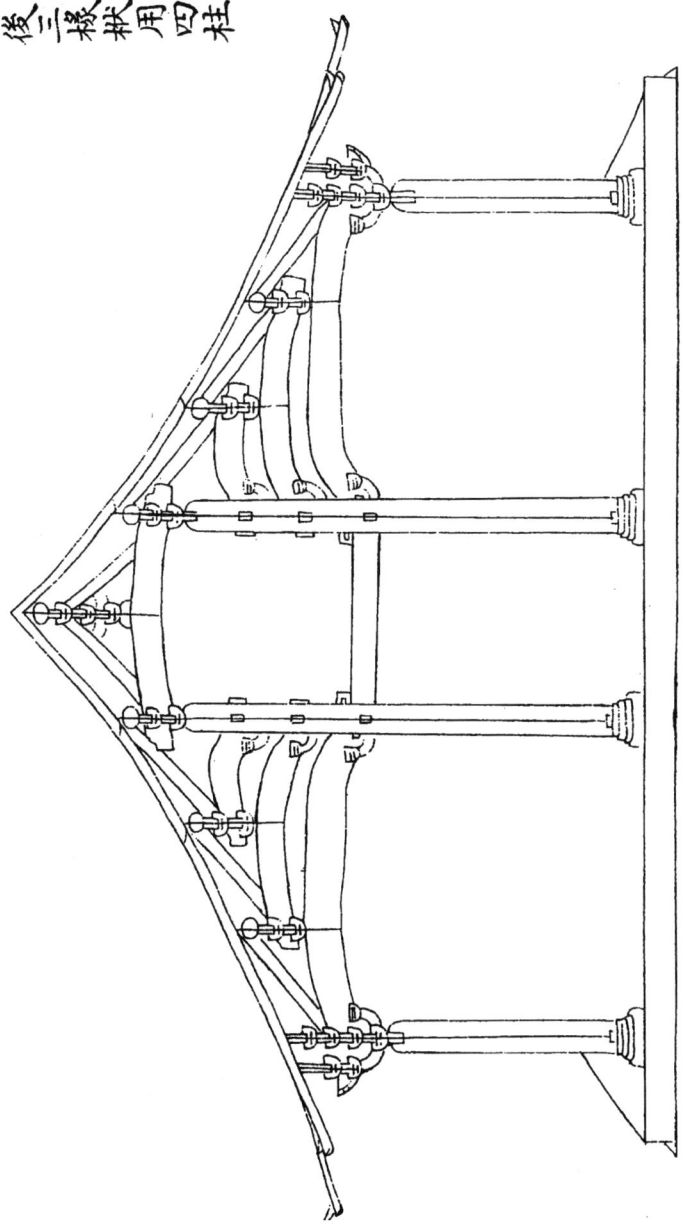

八架椽屋前後三椽栿用四柱

八架椽屋分心乳栿用五柱

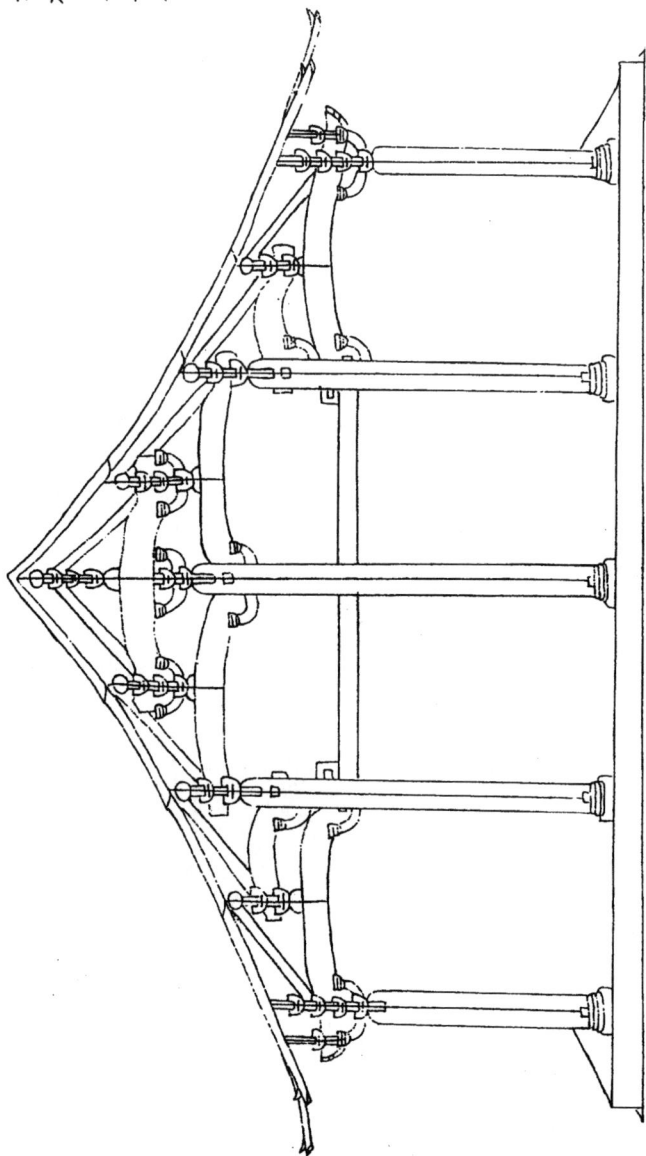

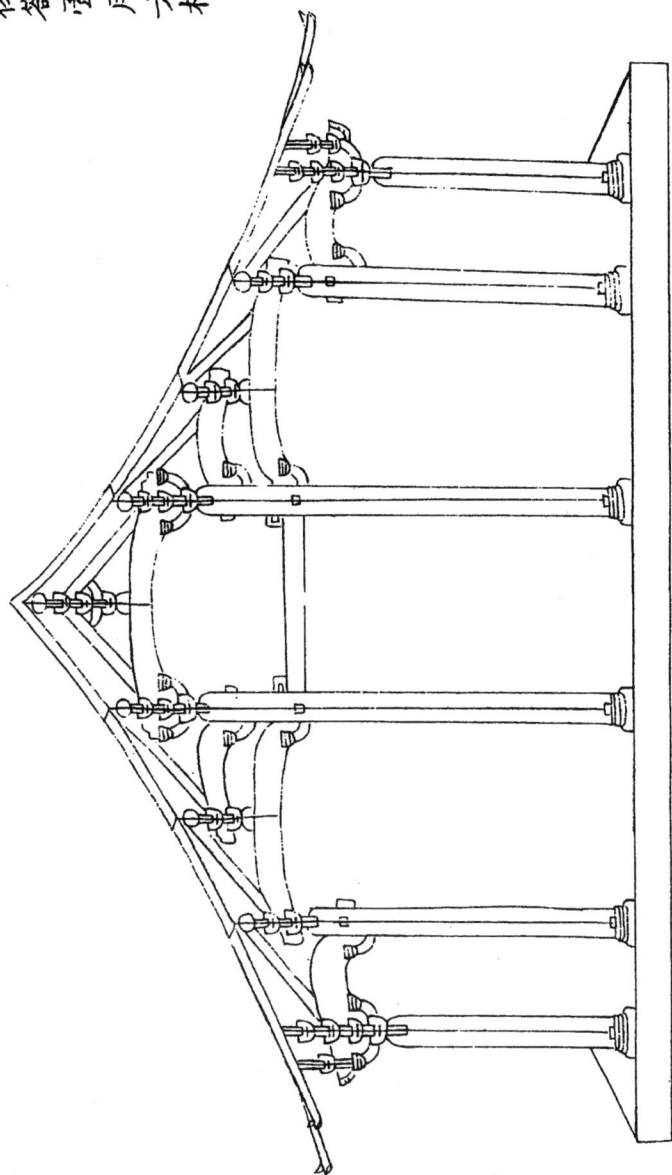

八架椽屋前後劄牽用六柱

大木作殿堂分心用三柱

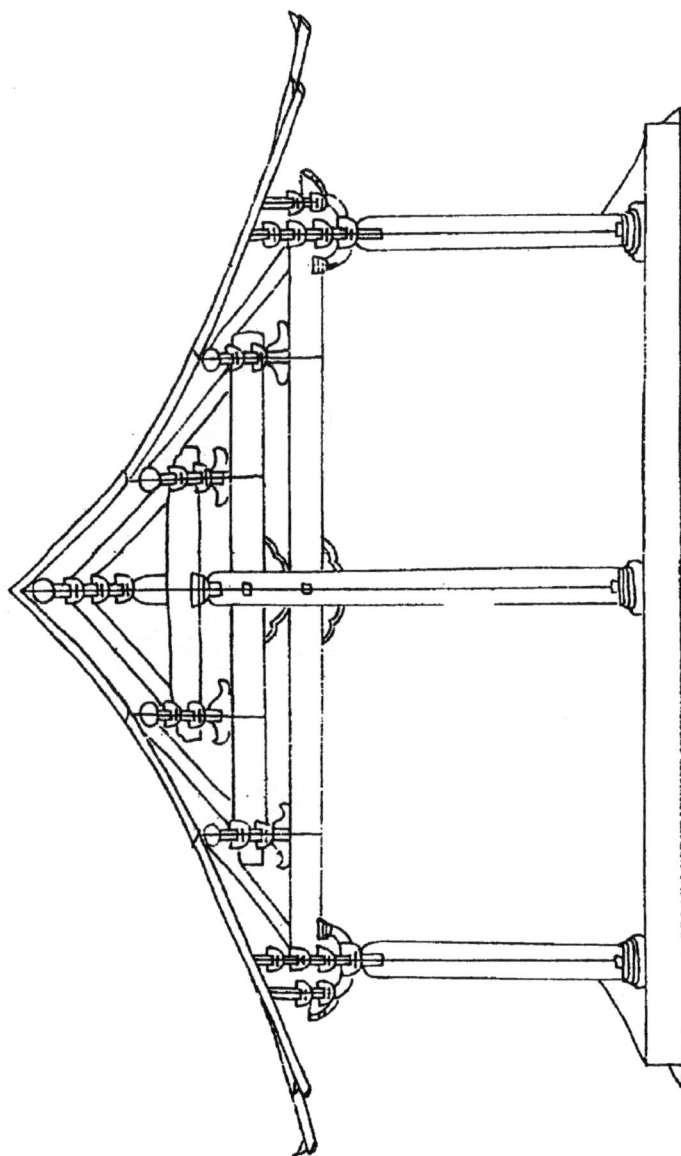

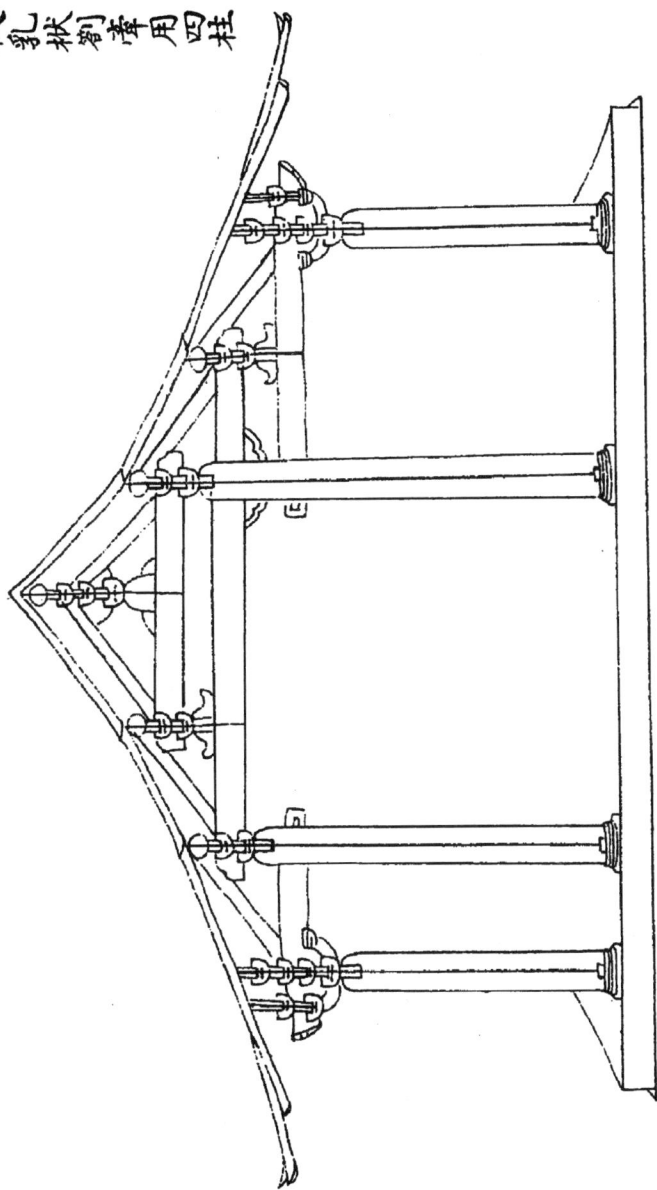

六架椽屋前後乳栿劄牽用四柱

六架椽屋乳栿對四椽栿用三柱

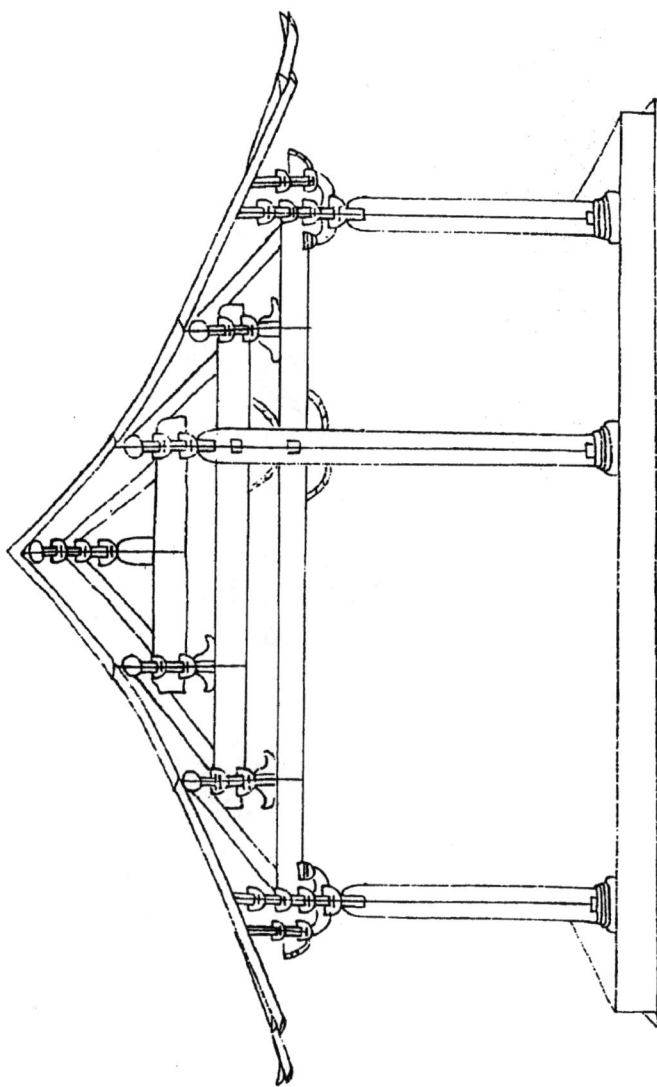

六架椽屋前後乳栿用四柱

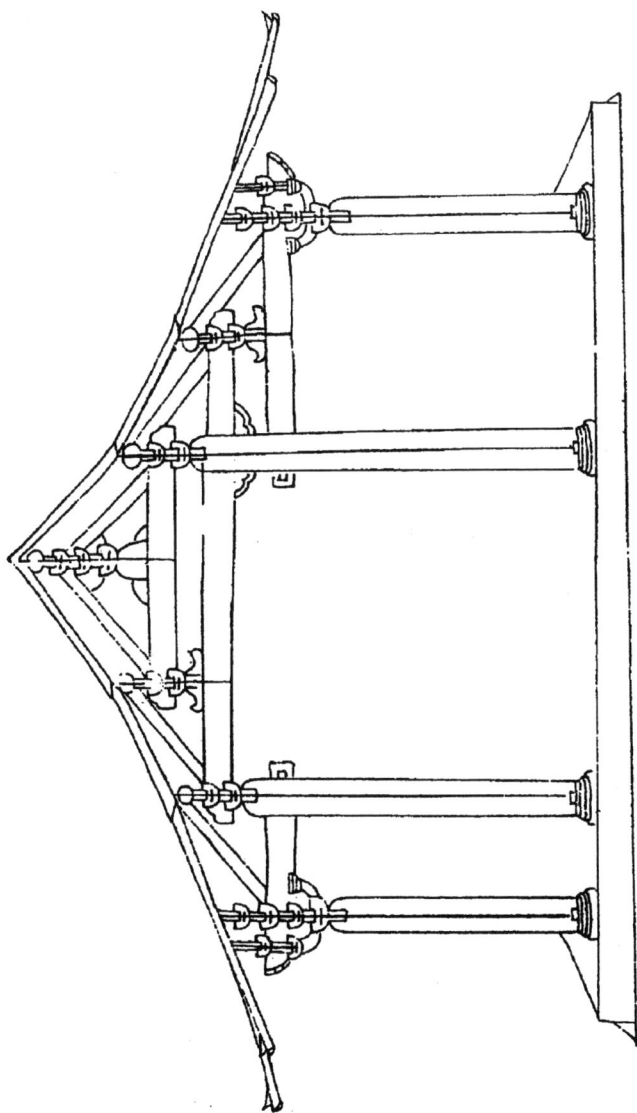

四架椽屋分心用三柱

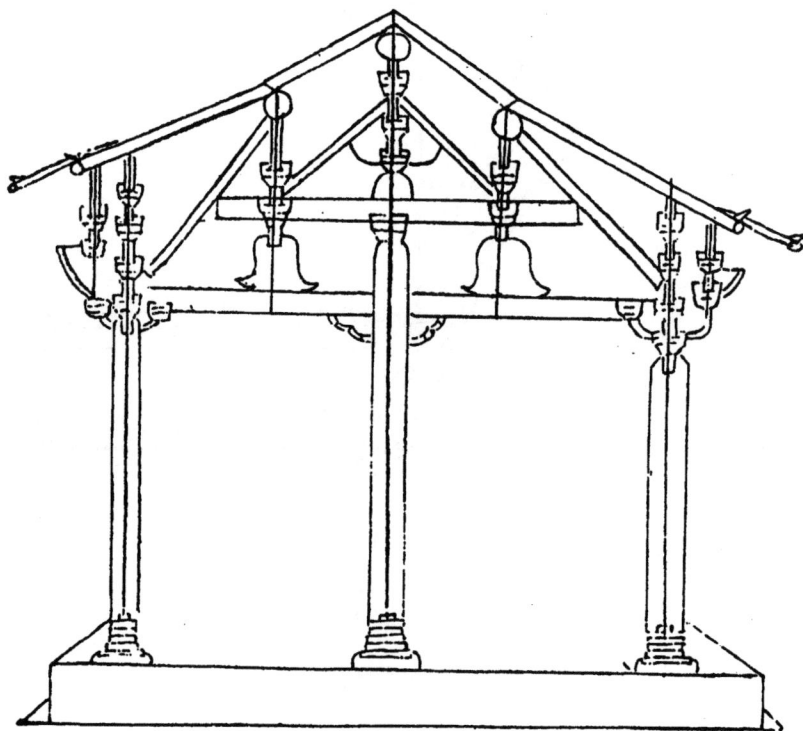

四架椽屋劄牽三椽栿用三柱

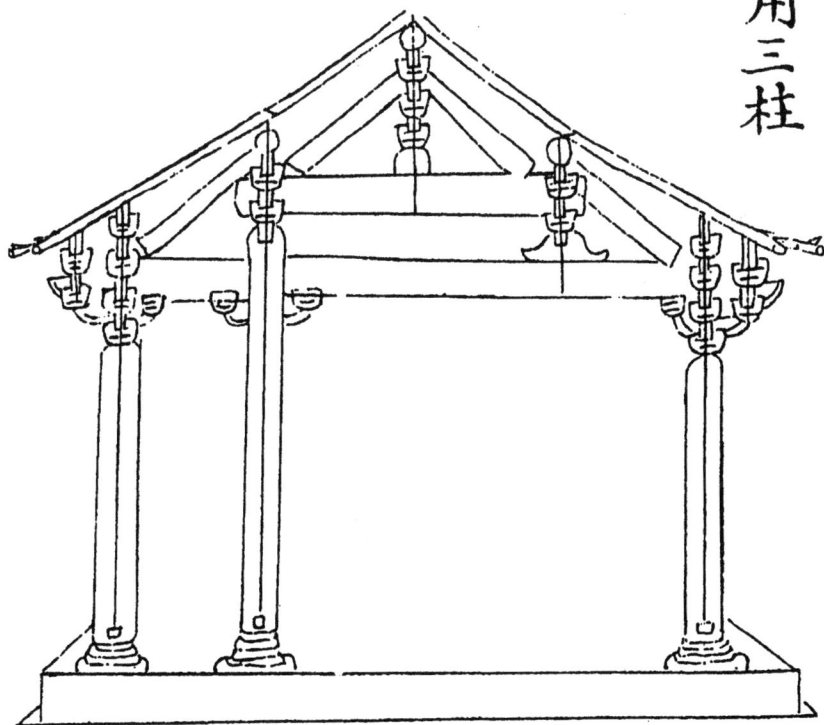

營造法式

卷三十二

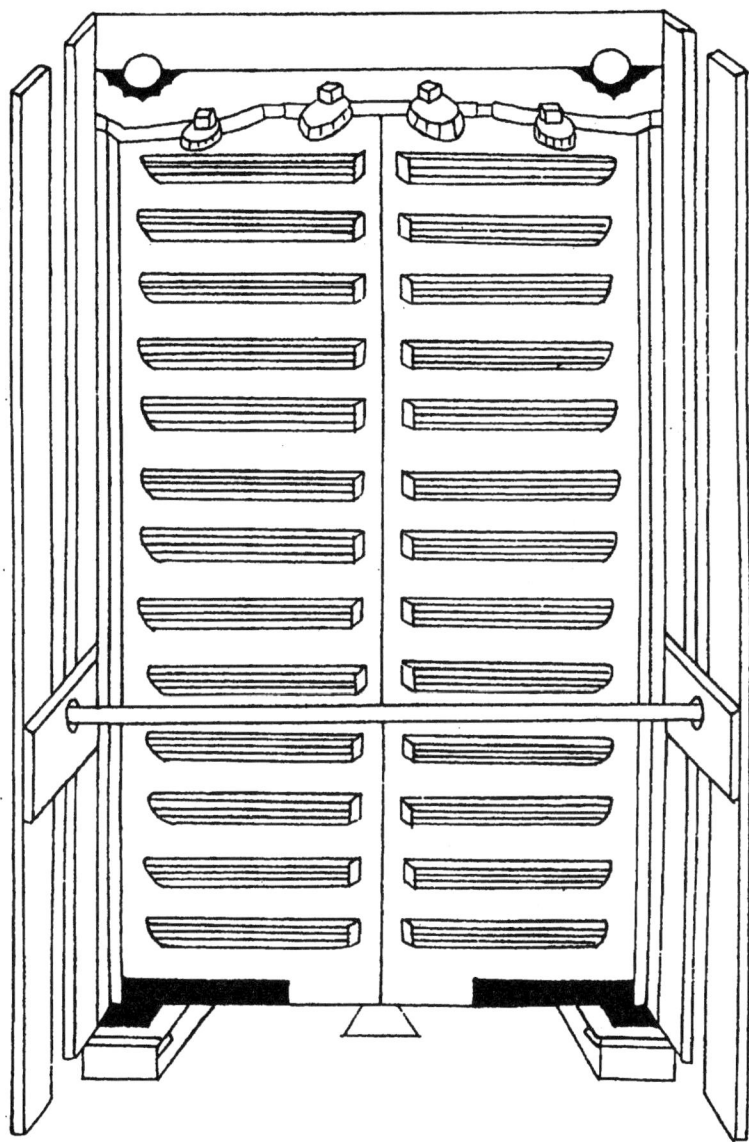

版門

小木作制度圖樣

門窻格子門等第一 附

垂魚

烏頭門

牙頭護縫軟門

合版軟門

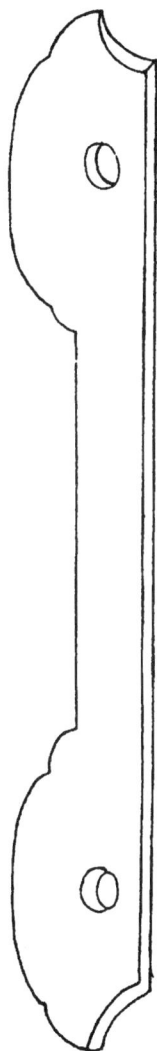

雞栖木

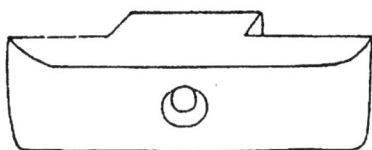

排叉槨

搕鏁柱

伏兔手栓

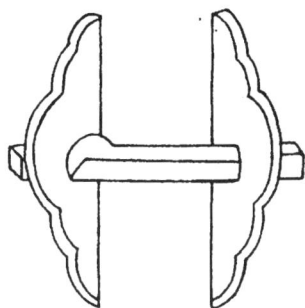

伏兔

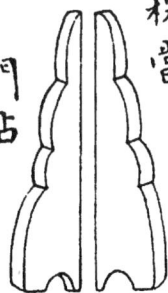

承柺當

門砧

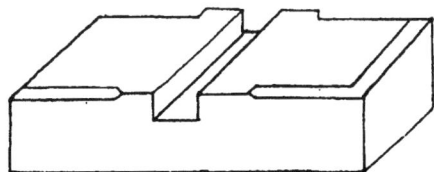

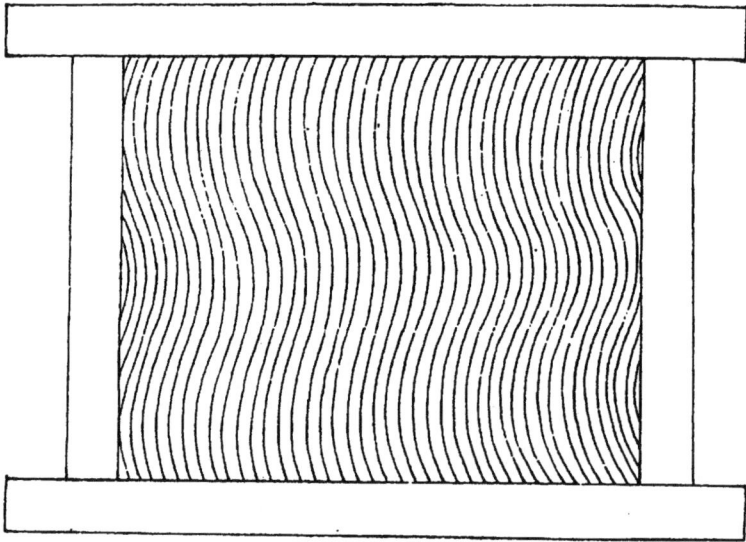

睒電窻

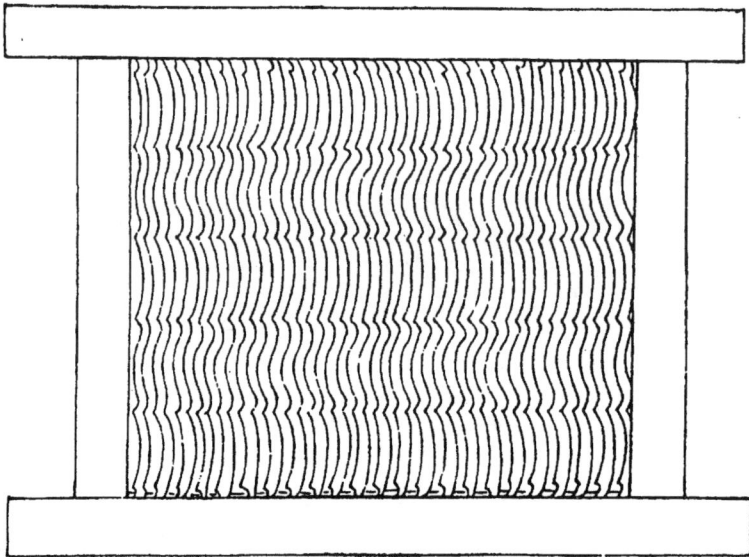

水文窻

挑白毬文格眼　四程四混中心出雙線入混內出單線

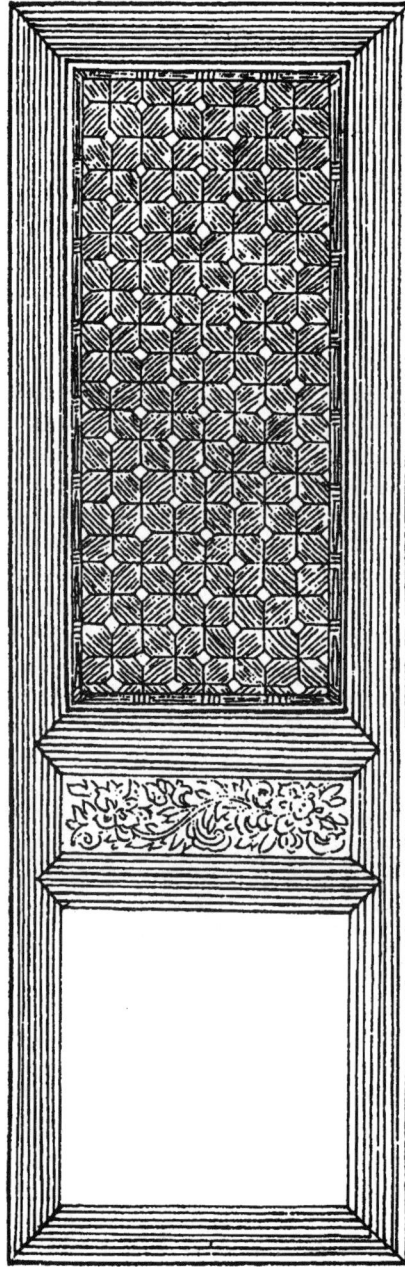

四斜毬文上出條桱重格眼　四桱破瓣雙混平地出雙線

四直毬文上出俶桯重格眼　四程四混出單線

四混出雙線方格眼　　四程破瓣單混平地出單線

麗口絞瓣雙混方格眼　四程通混出雙線

通混出雙線方格眼　四桯通混壓邊線

通混壓邊線四攛尖方格眼　四桯素通混

平出線方格眼　四楎破辮攛尖

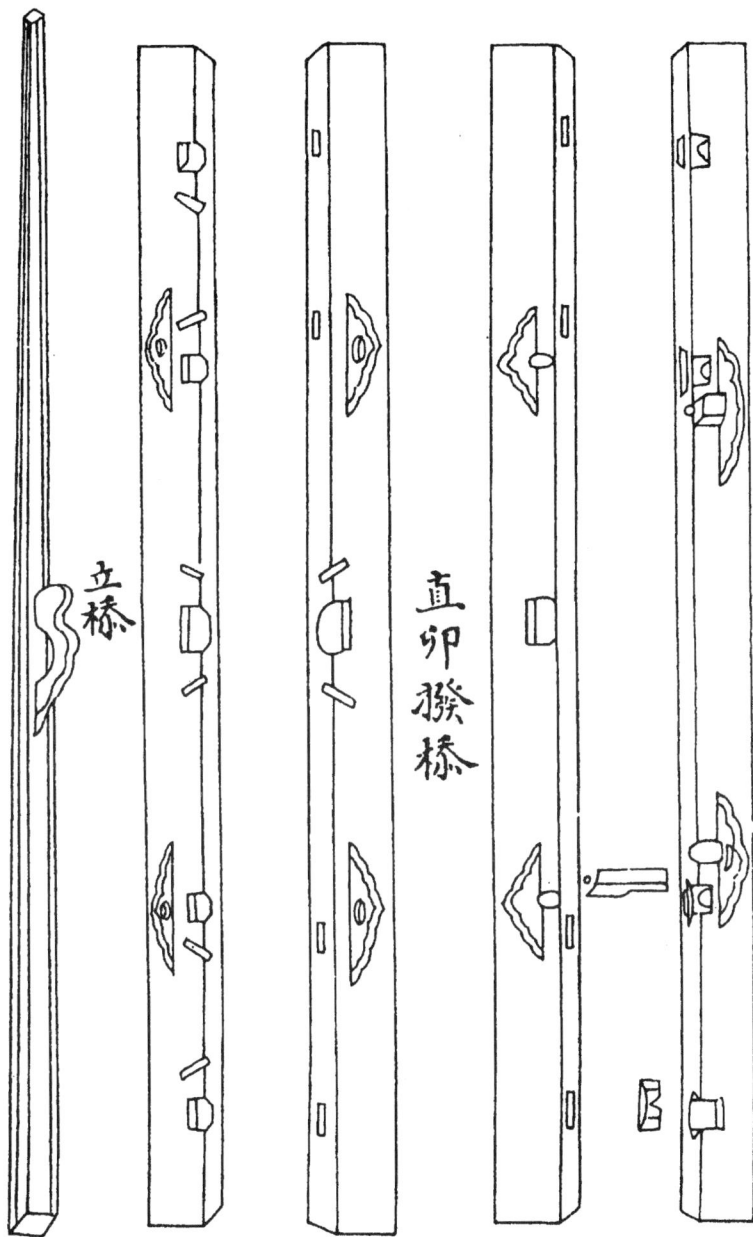

營造法式

立栿

直卯搦栿

格子門額限

麗卯挿栓

闌檻鈎窻

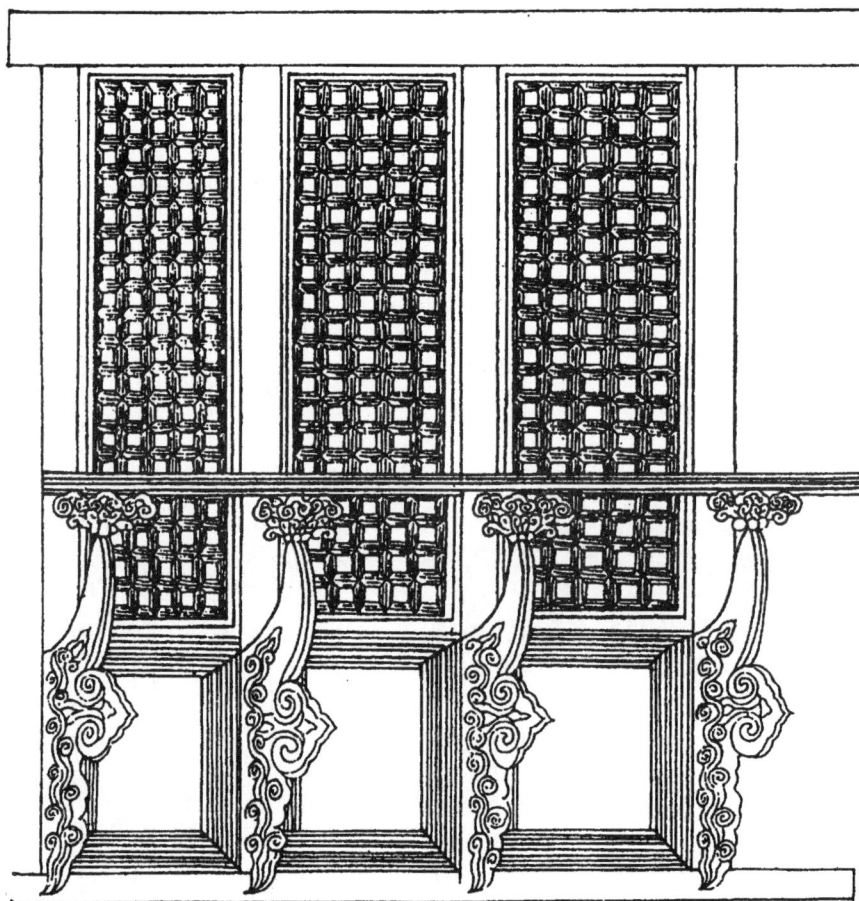

截間格子

四桯破瓣雙混平地出單線

四程方直破瓣

又瓣入卯

截間帶門格子

四桯破辦單混壓邊線

素垂魚

彫雲垂魚

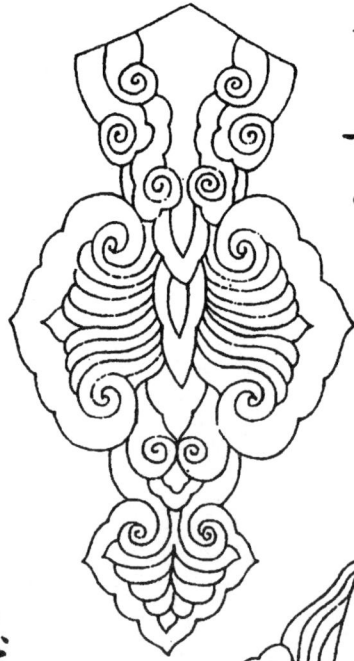

惹草

惹草

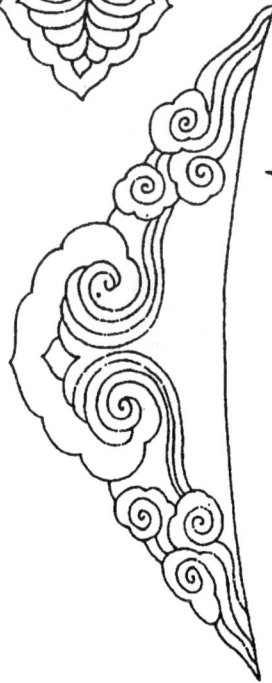

盤毬

平棊鉤闌等第二

穿心斗八

疊勝

琐子

簇六毬文

羅文

羅文疊勝

柿蒂

龜背

簇六填華毬文

簇六重毬文

交圈華

簇六雪華

平鉤鍍文

柿蔕方勝

裏槫外轉角平棊

簇四毬文轉道　肉方圜柿蒂相間

柿蔕轉道

圖十八

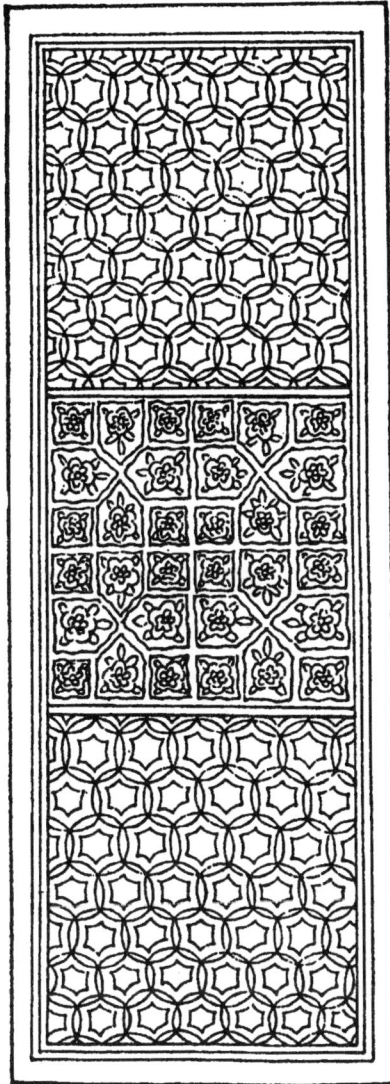

填辦車釧毬文　闊十二

重臺癭項鉤闌

単钩阑項橇

櫺子雲頭身
內一混心出
單線壓邊線

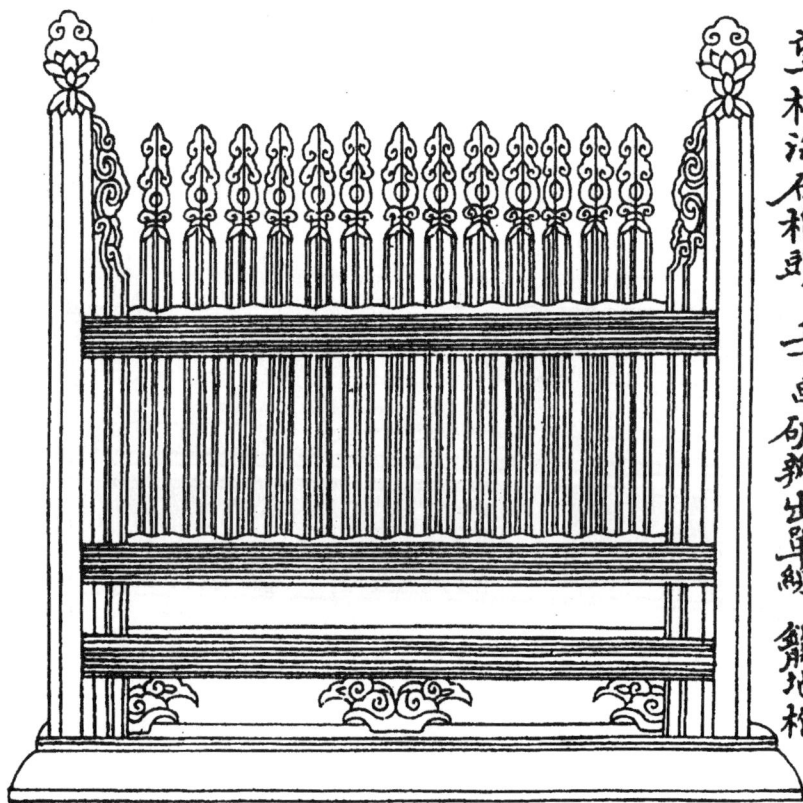

望柱海石榴頭　上下串破瓣出單線　鈒地栿

櫺子海石榴
頭身內同上

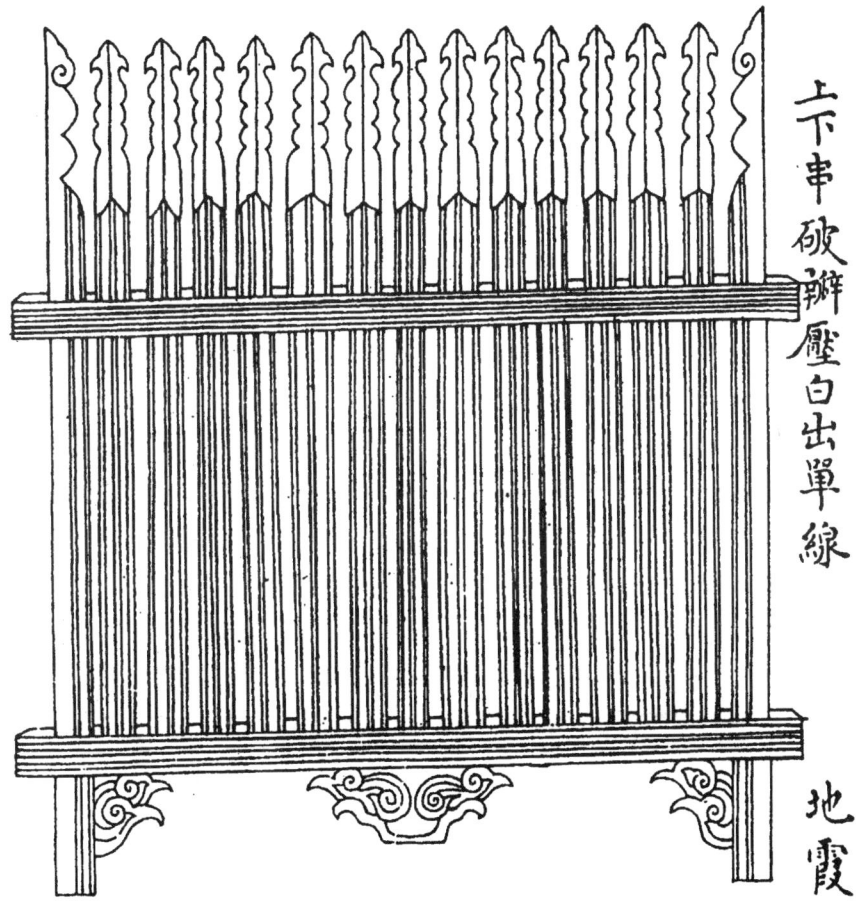

上下串破辦壓白出單線

地霞

華帶牌

殿閣門亭等牌等三

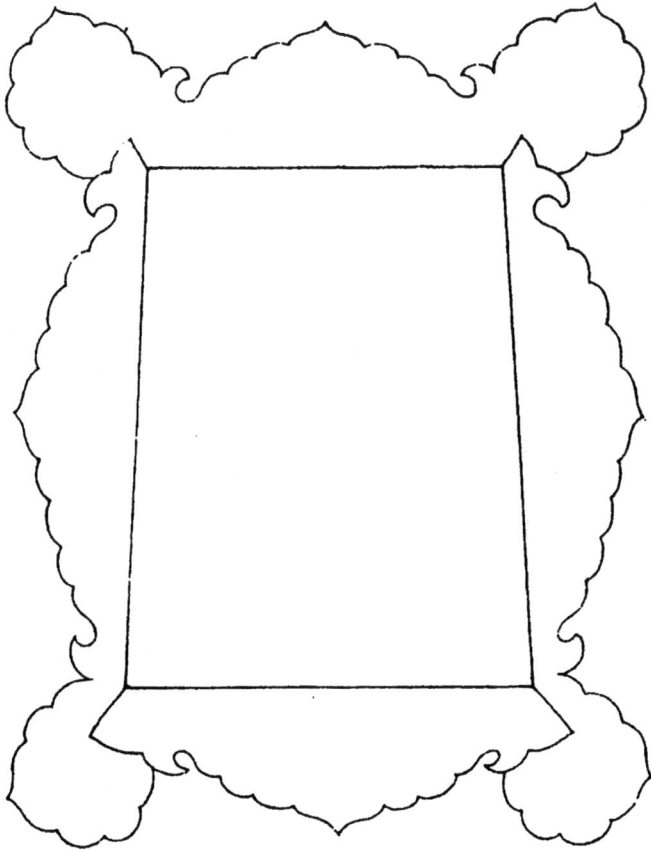

風字牌

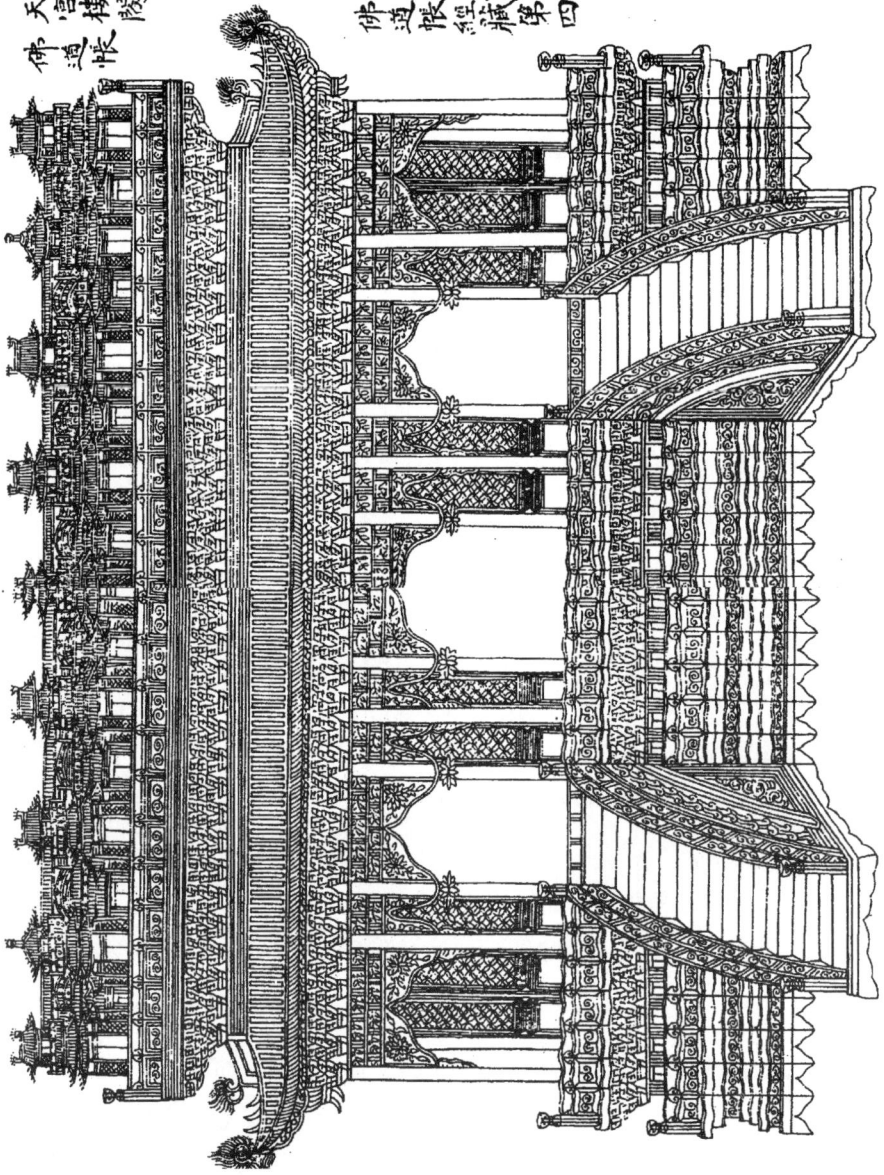

闇栱隔鋪作兩甃 佛道帳天宮樓閣

闇栱隔鋪作兩甃 佛道帳天宮樓閣

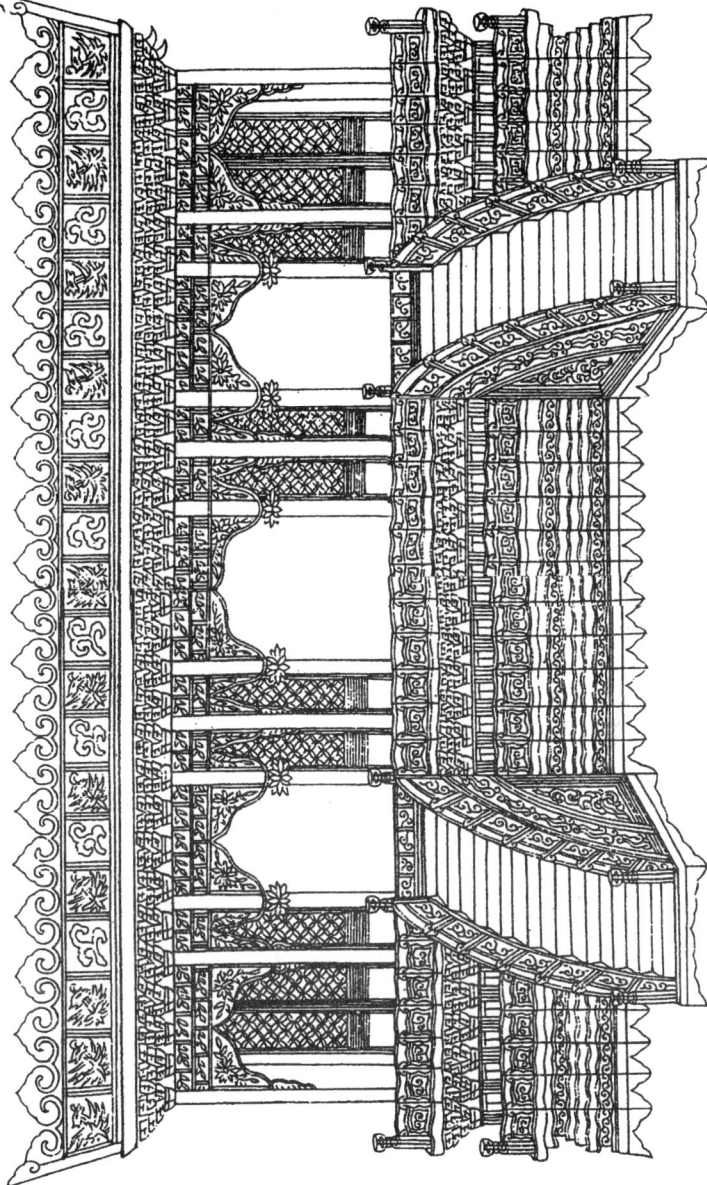

九脊牙脚小帳

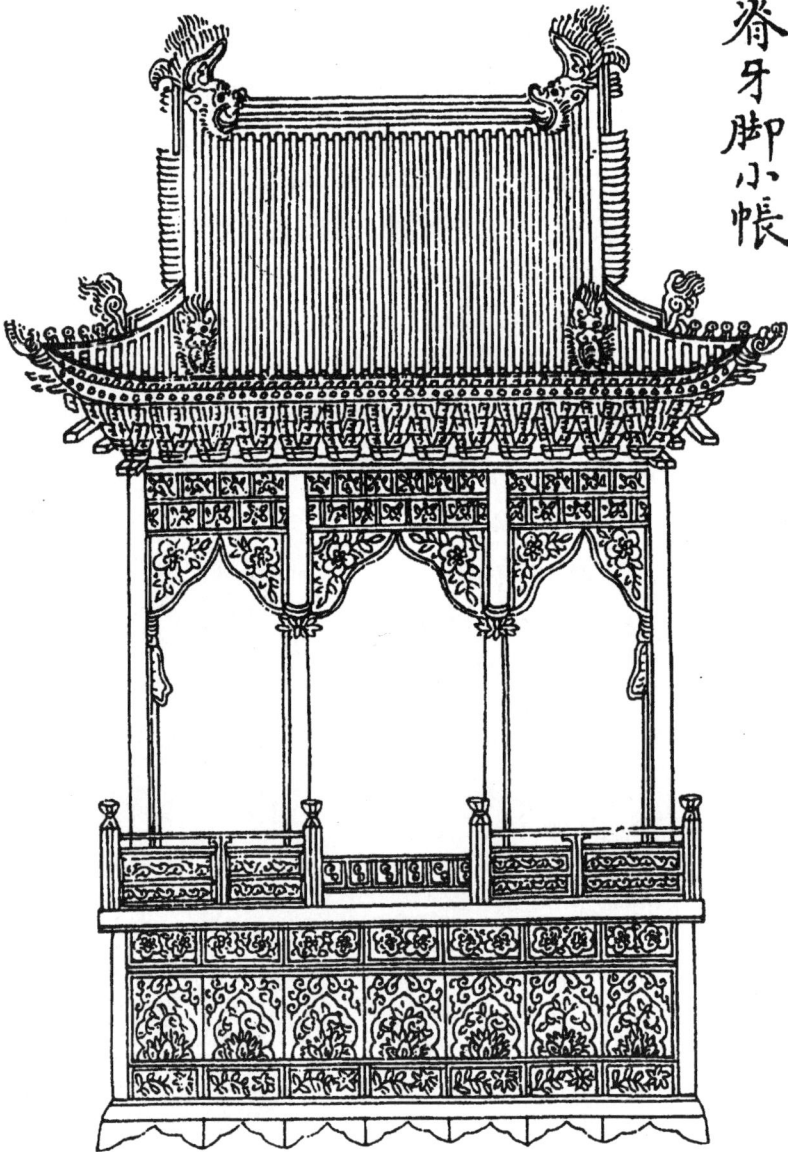

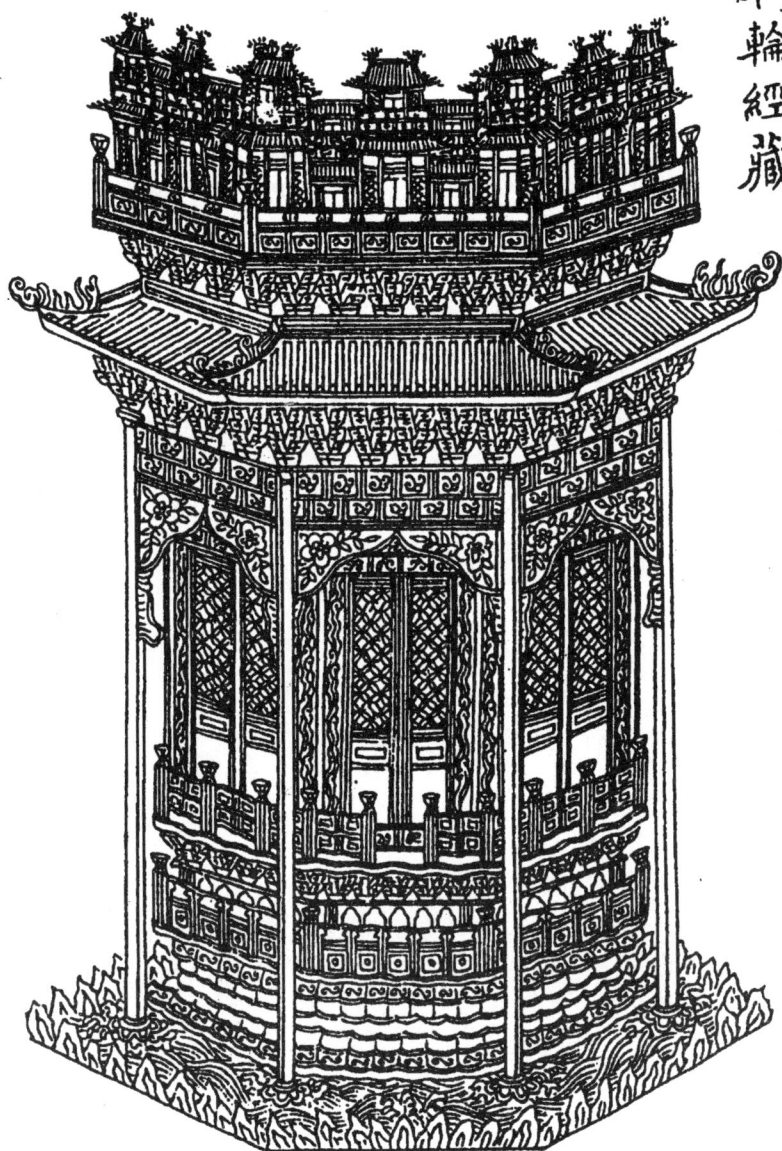

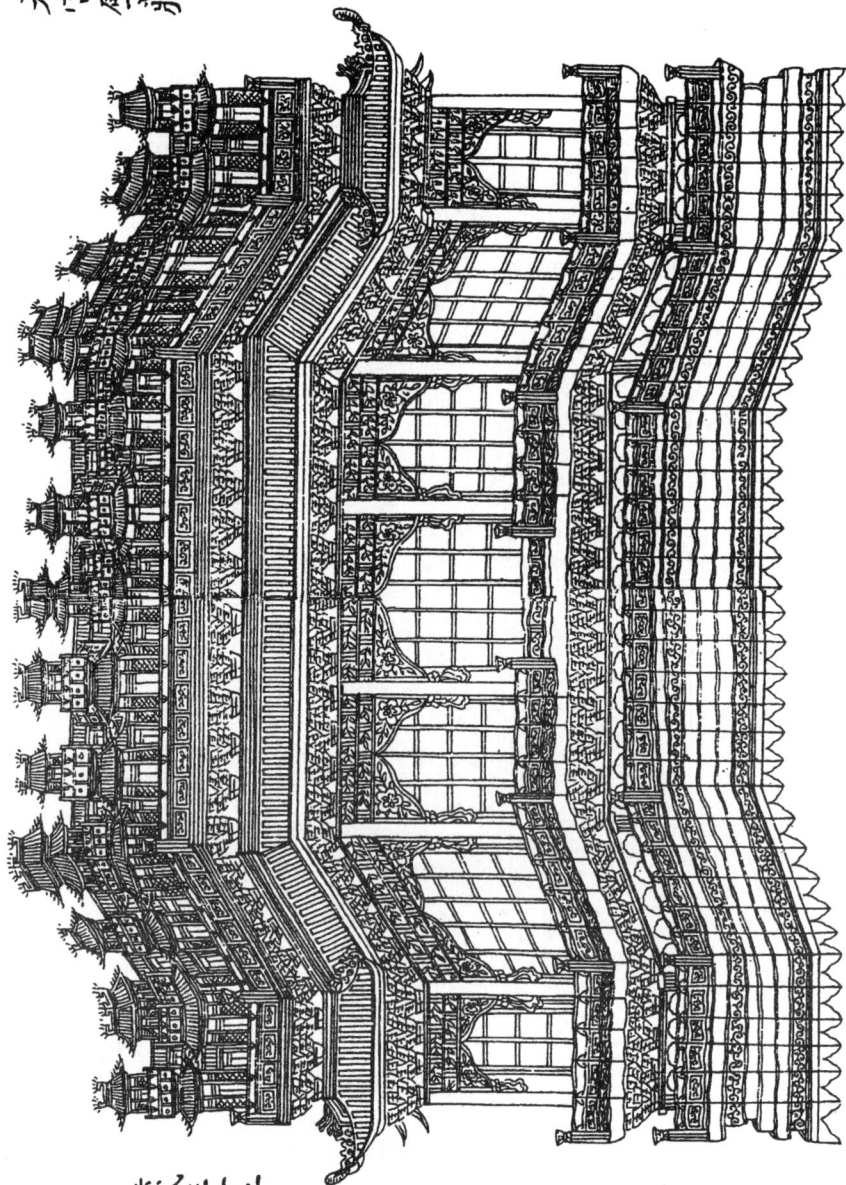

藏殿壁佛天

十二川州涌杭

菩薩

化生

玉女

彫木作制度圖樣

混作第一

坐龍

柘枝

拂菻

師子

鴛鴦

鳳

栱眼內彫挿第二

重栱眼壁內華盆

牡丹

單栱眼壁內華盆

拒霜華

等雜華

別地起突三卷葉

兩卷葉

一卷葉

格子門等腰華版第三

別地窪葉

別地平卷葉

透突平卷葉

平棊華盤第四

雲栱等雜樣第五

雙雲頭栱

單雲頭栱

海石榴華雲栱

像生華雲栱

單地霞

重臺地霞

像生蓮荷華地霞

像生牡丹華地霞

混作纏柱龍

鉤闌華版

椽頭盤子

營造法式 卷三十三

五彩雜華第一
海石榴華

寶牙華

太平華

營造法式

寶相華

牡丹華

蓮荷華

大綠 綠華 赤黄 綠華 紅 綠紅 綠 紅綠 大青 二青 青華

海石榴華 卷枝成條

赤黄赤黄

綠

綠赤黄 熱紅 朱 綠綠紅青綠黄 綠紅 赤黄綠青 青地

綠粉 紅褐 朱 紅 紅綠青 綠青 綠綠紅 青華 青

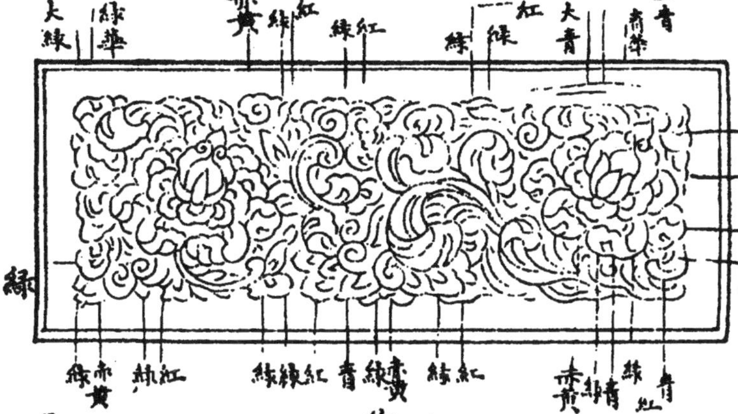

海石榴華 卷成 鋪地 綠綠

綠青紅

赤青綠 紅綠 赤黄綠 紅褐赤黄 青 斜青

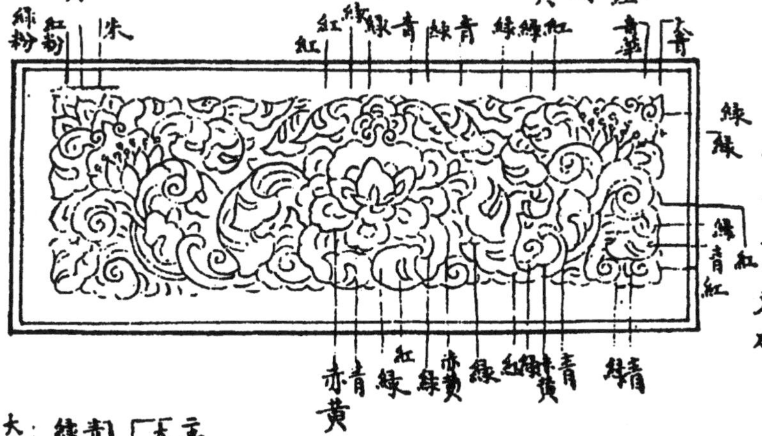

大綠 綠華 青華 大青 青

壯丹華 寫生

用 葉 並 綠

用 華 頭 紅

蓮荷華寫生

團科寶照

團科柿蔕

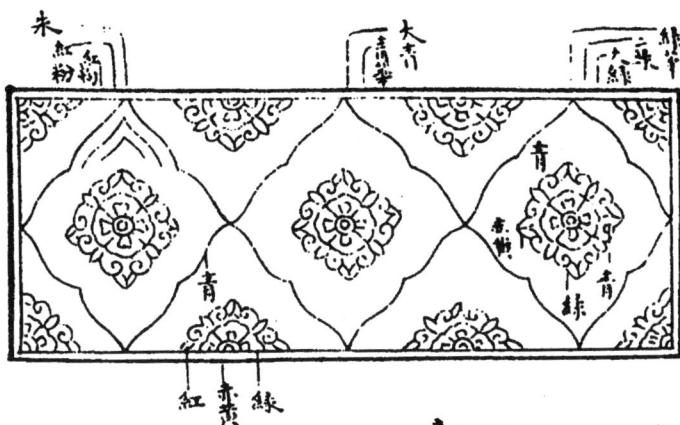

方勝合羅

圗頭合子

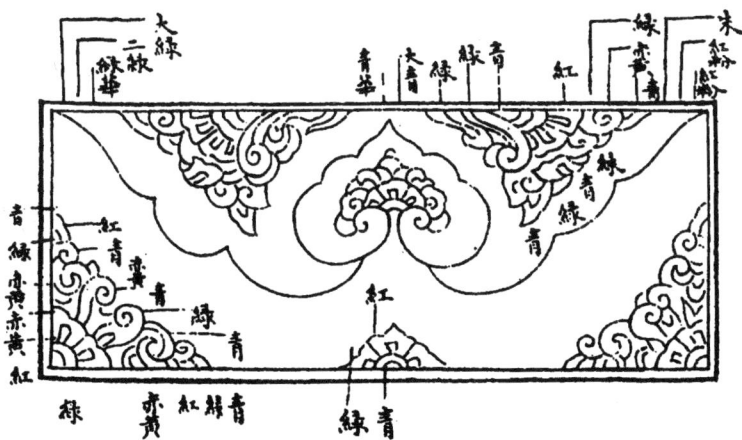

豹脚合暈

梭身合暈

連珠合暈

偏暈

瑪瑙地

玻瓈地

魚鱗旗脚

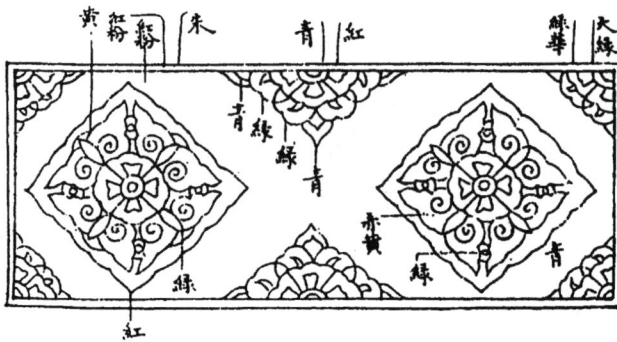

圖頭柿蔕

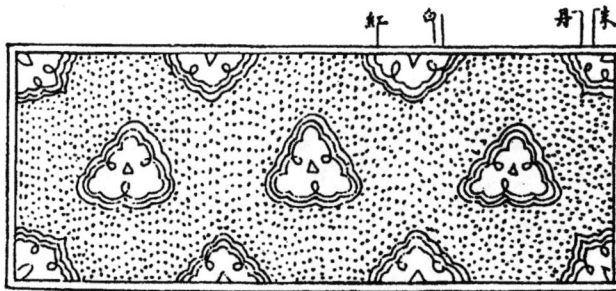

胡瑪瑙

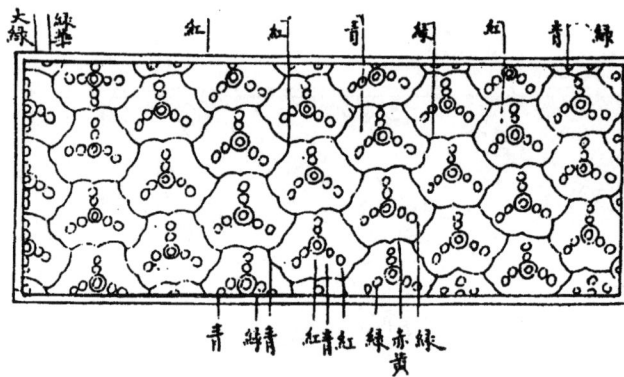

瑣子

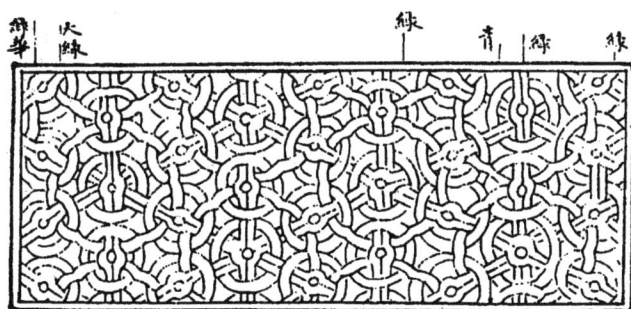

聯環

五彩瑣文第二

瑪瑙

疊環

簟文

金鋌

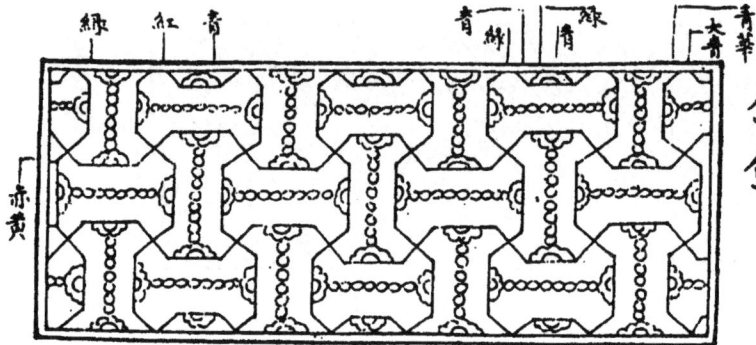

銀鋌

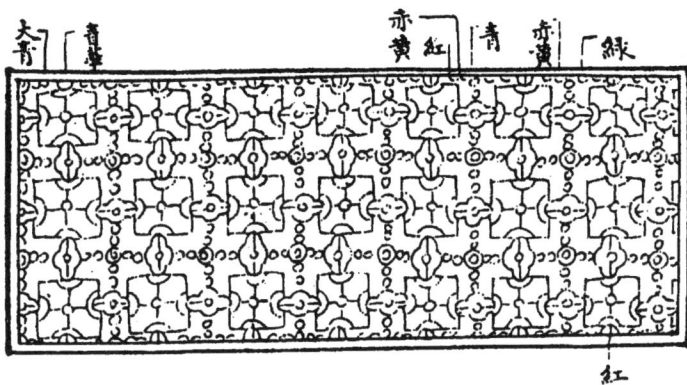

方環

羅地龜文

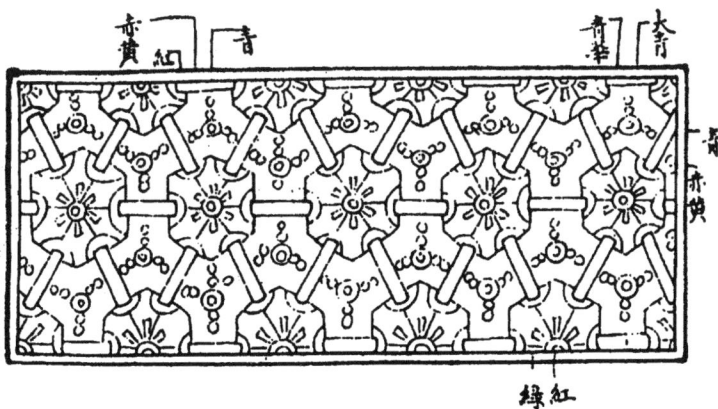

六出龜文

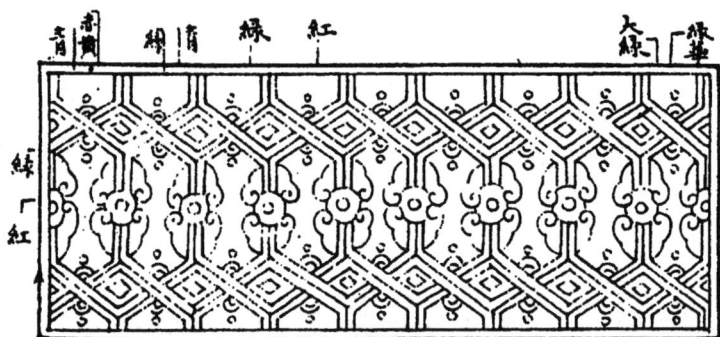

交脚龜文

四出

六出

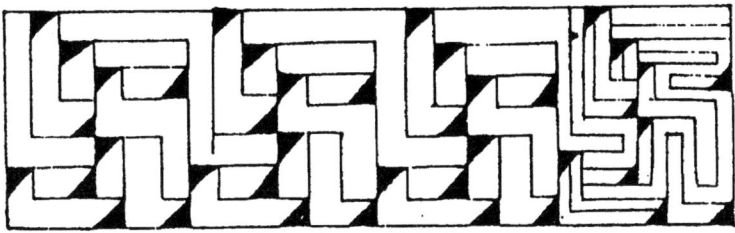

曲水方字

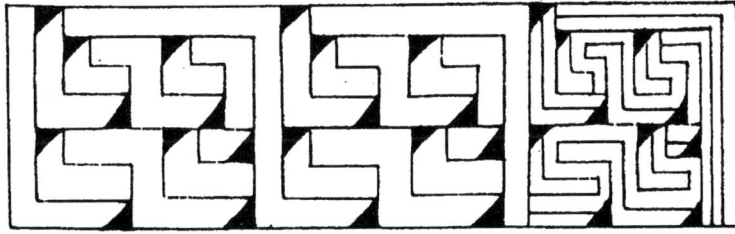

四十底

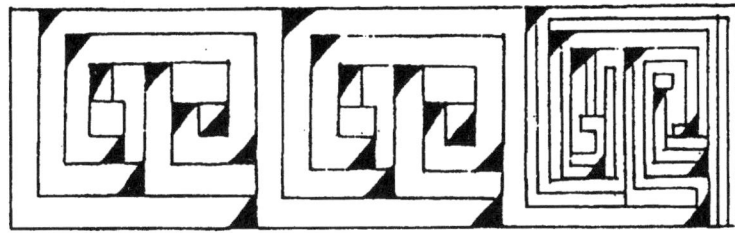

雙鑰匙頭

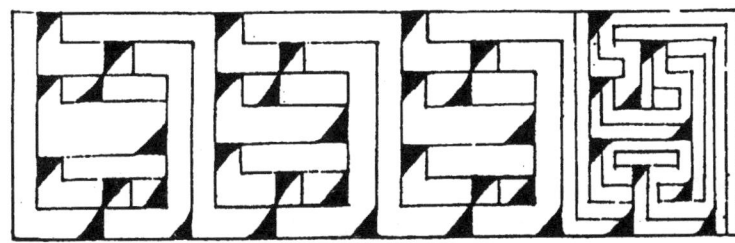

丁字

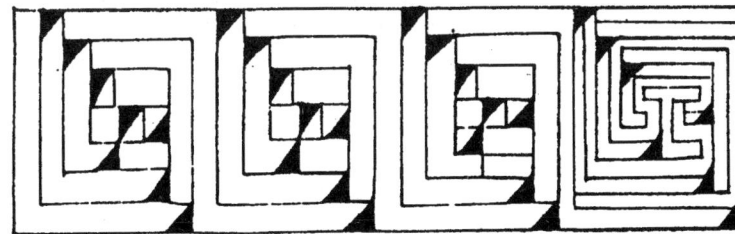

單鑰匙頭

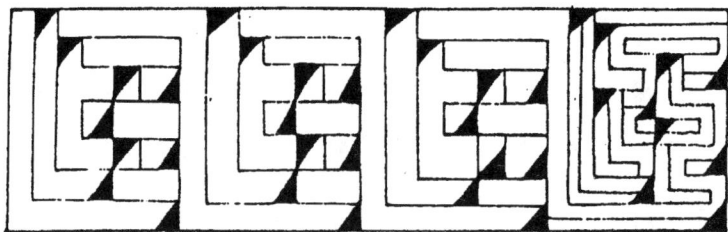

王字

同上

同上

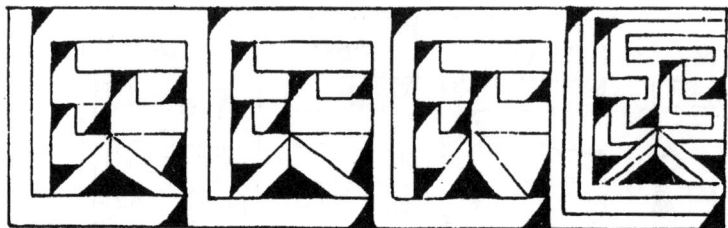

天字

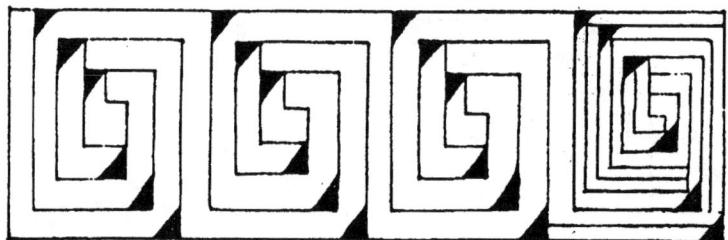

香印

飛仙

嬪伽

共命鳥

鳳皇

鸞

孔雀

仙鶴

鸚鵡

山鷓

練鵲

山雞

谿鶒

鴛鴦

鵞

華鴨

師子

麒麟

狻猊

獬豸

天馬

海天

仙鹿

羚羊

山羊

象

犀牛

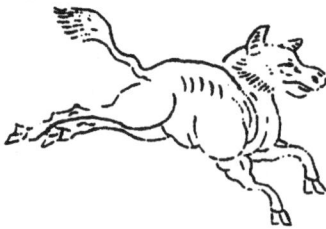

熊

真人

騎跨仙真第四

女真

金童

玉女

化生

真人

女真

玉女

拂菻

獠蠻

化生

豹腳 五彩額柱第五 合蟬鴛尾 疊暈

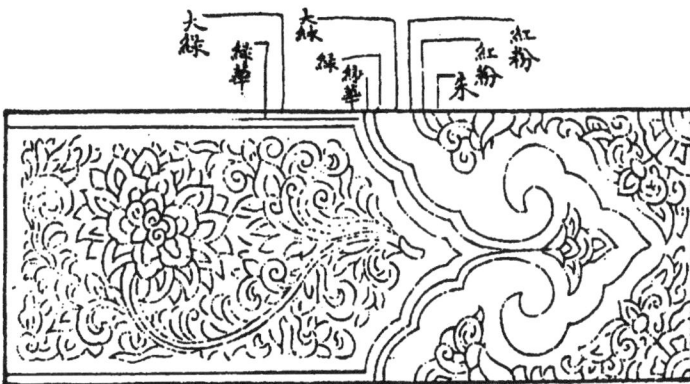

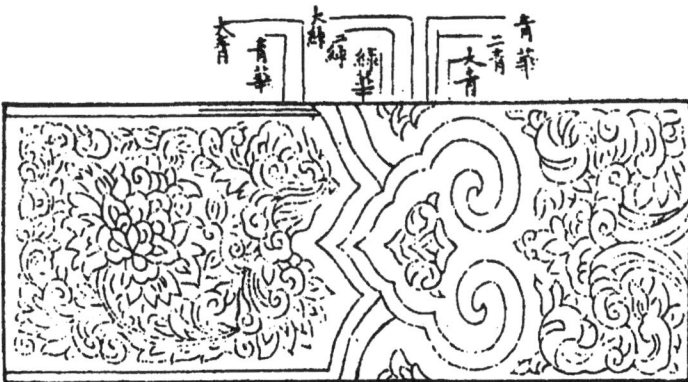

青華
六青
赤簾
丹
朱

單卷如意頭

大綠
綠華
青華
二青
大青

剱環

大青
紅粉
大綠
綠華
青華
粉朱

雲頭

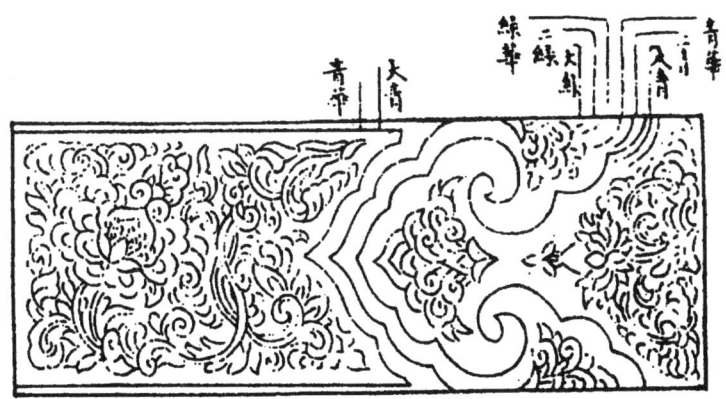

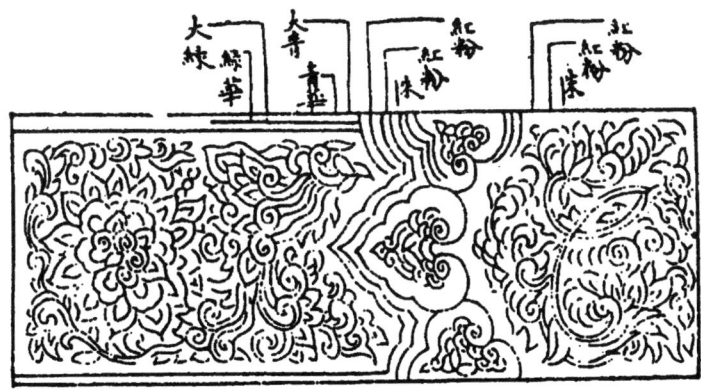

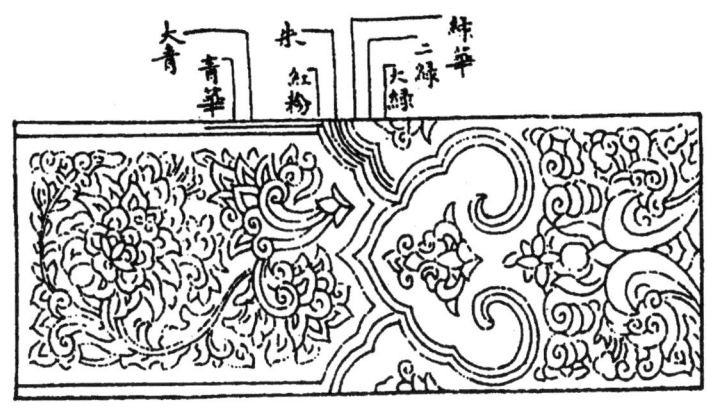

三卷如意頭　簇三

牙脚

海石榴華內間六入圜華枓

寶牙華內間柿蔕枓

枝條卷成海石榴華內間四入圜華枓

五彩平棊第六　其華子暈心墨者係青暈外綠者係綠暈黑者係青暈心墨者係青暈外綠者係綠暈黑者係紅並係碾玉裝不暈墨者係五彩裝造

綠

紅

海石榴華

碾玉雜華第七

寶牙華

太平華

大青　青華　白　綠華　大綠

寶相華

大綠　青華　白　綠華　大青

牡丹華

白　青華　綠華　大綠　大青

蓮荷華

營造法式

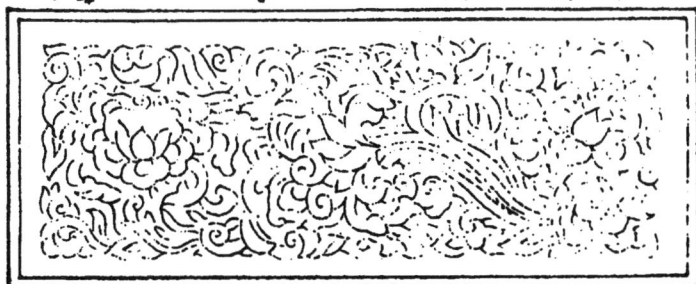

海石榴華 枝條華成

海石榴華 鋪地卷成

龍牙蕙草

圈頭合子

綠 大綠 綠華 黃 綠 綟豆褐 青 青華 大青
青
綠
青
歡身褐

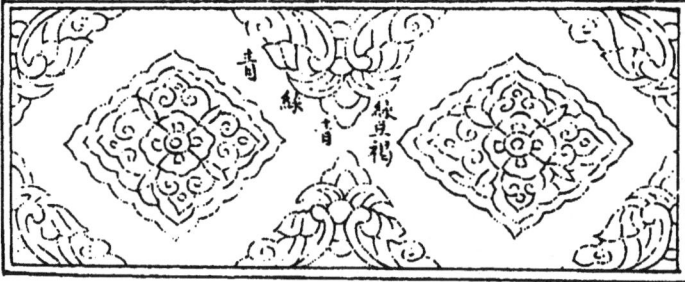

青綠

梭身合暈

雜華 大綠 青 大青 青華 黃
青
綠
青 綠 綠 青
青綠青綠青綠青綠青綠

連珠合暈

綠 大綠 寧華 青綠 大青
綠青綠綠青綠青綠青 綠綠
綠 綠
青綠綠 綠
綠綠青 綠青綠青 綠

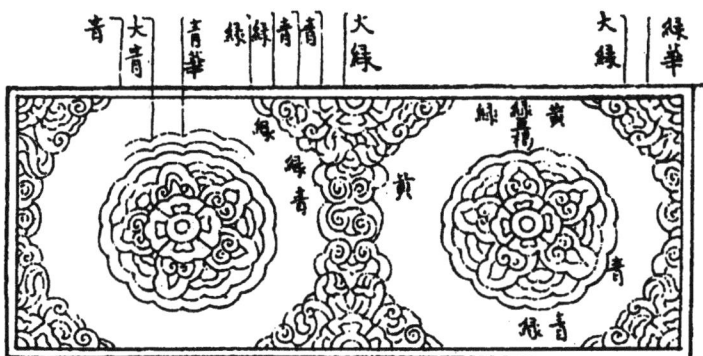

團科寶照

團科柿蔕

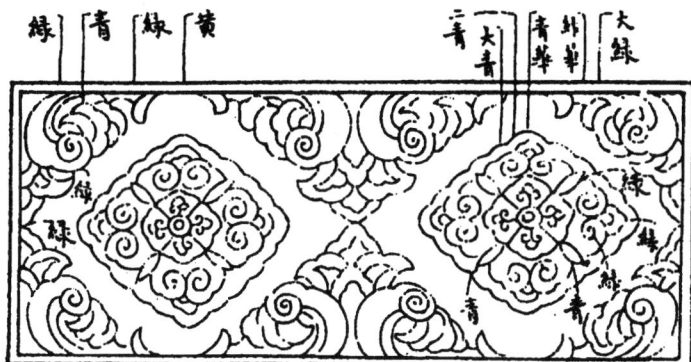

團頭柿蔕

方勝合羅

瑪瑙地

胡瑪瑙

聯環

青華　僉　　　　　　　綠　青
青
綠
綠

碾玉瑱文第八　瑪瑙

青華　大青　　　　　　　青　綠
綠
綠
綠

疊環

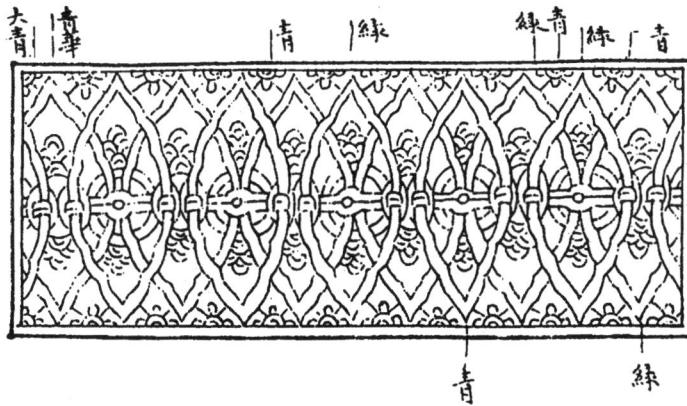

大青　青華　　青　綠　　綠青　青
綠
綠
青　　　　綠

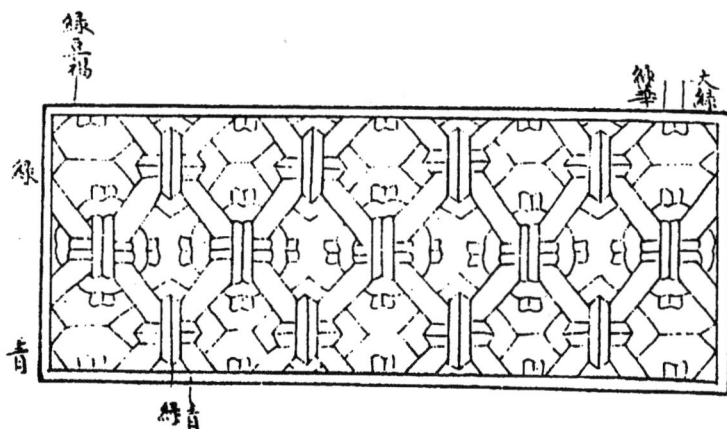

篳文

金鋌

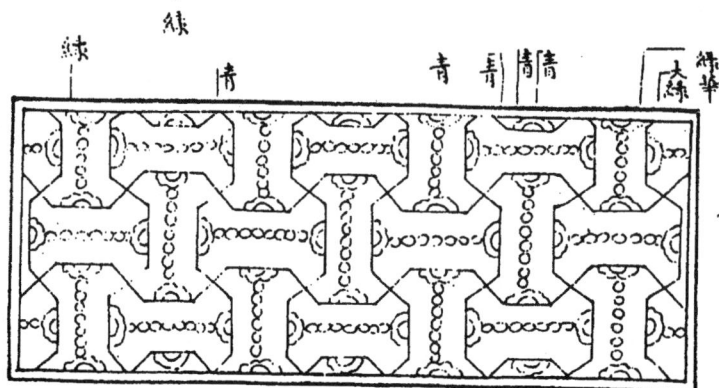

銀鋌

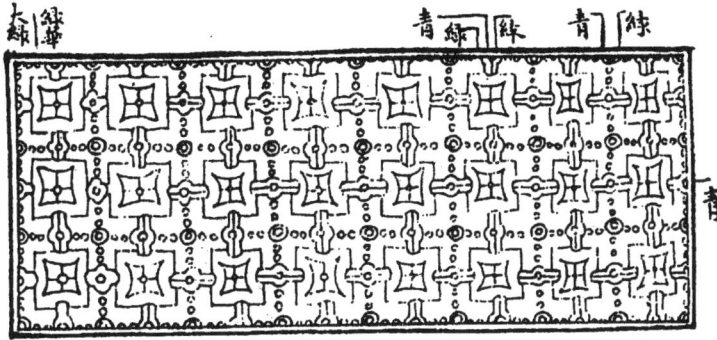

方環

羅地龜文

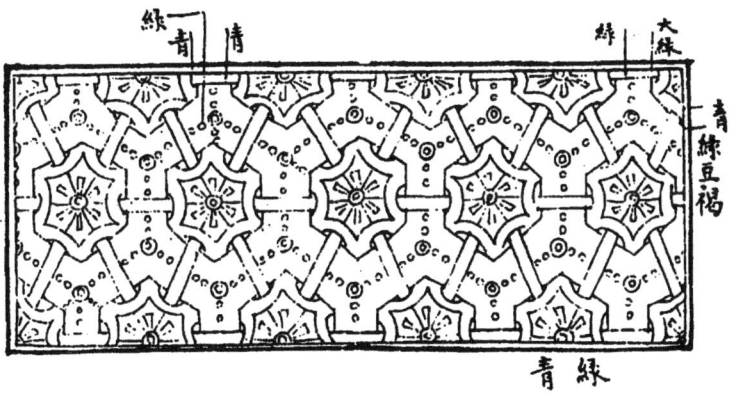

六出龜文

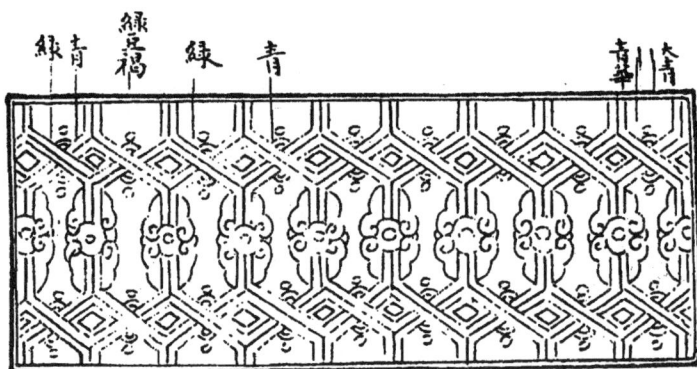

交脚龜文

青　青　綠　青　綠足禍　綠足禍青　大青青

青綠

四出

青　大綠紅禍　綿華　綠

綠

六出

大青青綠足禍青　青青

綠

綠

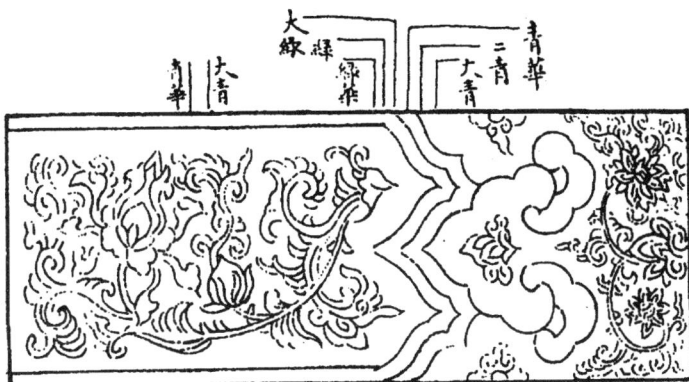

豹脚

碾玉額柱第九

合蟬鴛尾

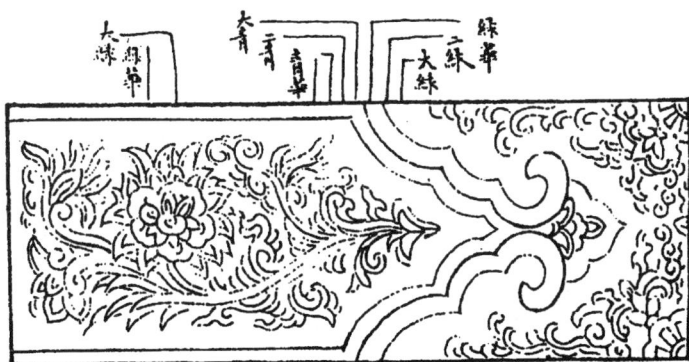

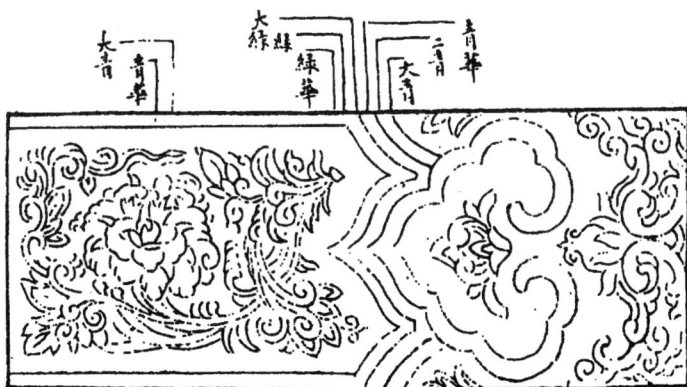

疊暈

一綵
大綠
緋華
綵華
大綠

單卷如意頭

大綠
解華
青華
二青
大青

劍環

青華
大青
解華
二青
大綠
綵帶

雲頭

青華
大青
青華
大青
綠華
三綠
大綠
三綠
大青
青華
大青

三卷如意頭

大綠
時華
二綠
大青
綠華
時華
二綠
大綠
綠華
二綠
大綠

簇三

大青
青華
綠華
二綠
大綠

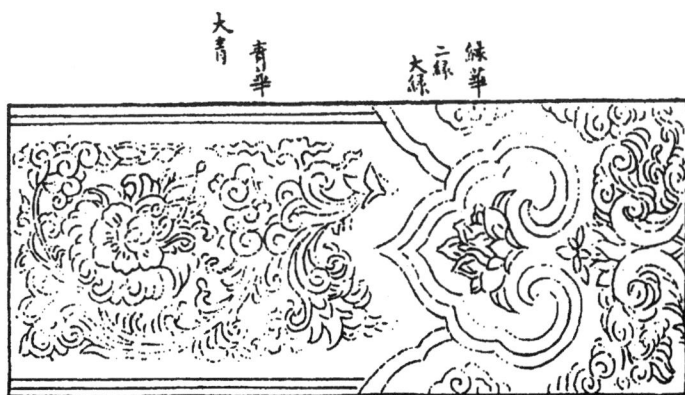

牙脚

海石榴華內間六入圜華枓

寶牙華內間柿蔕枓

枝條卷成海石榴華內間四入圜華枓

青

綠

碾玉平棊第十

其華子暈心莖者係青暈外緣者係綠並

係碾玉裝其不暈者白上描檀疊青綠

大青
二青
三青華

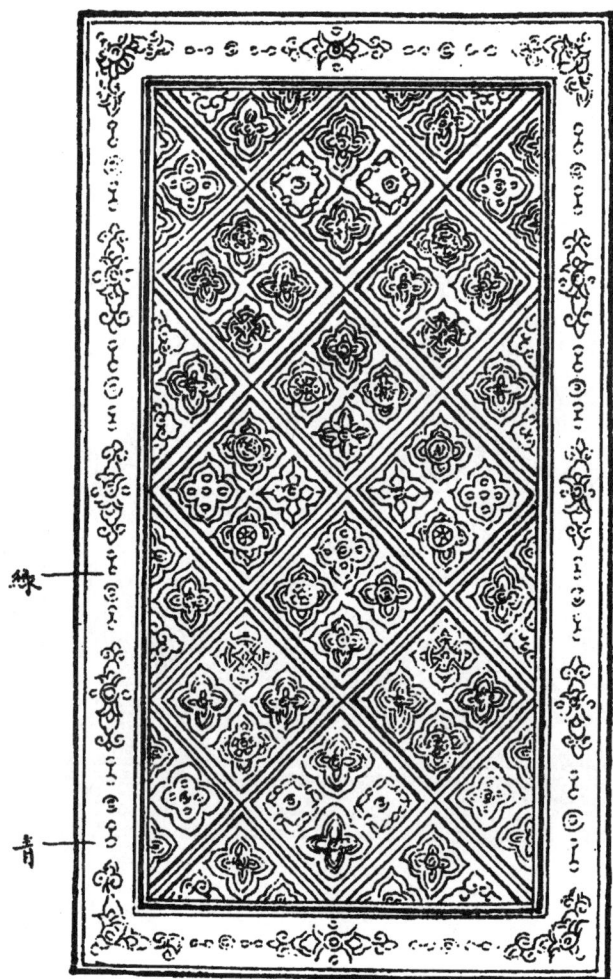

綠

青

營造法式
卷三十四

彩畫作制度圖樣下

　五彩遍裝名件第十一

　碾玉裝名件第十二

　青綠疊暈稜間裝名件第十三

　三暈帶紅稜間裝名件第十四

　兩暈棱間內畫松文裝名件第十五　解綠附

　解綠結華裝名件第十六　裝附

刷飾制度圖樣

　丹粉刷飾名件第一

　黃土刷飾名件第二

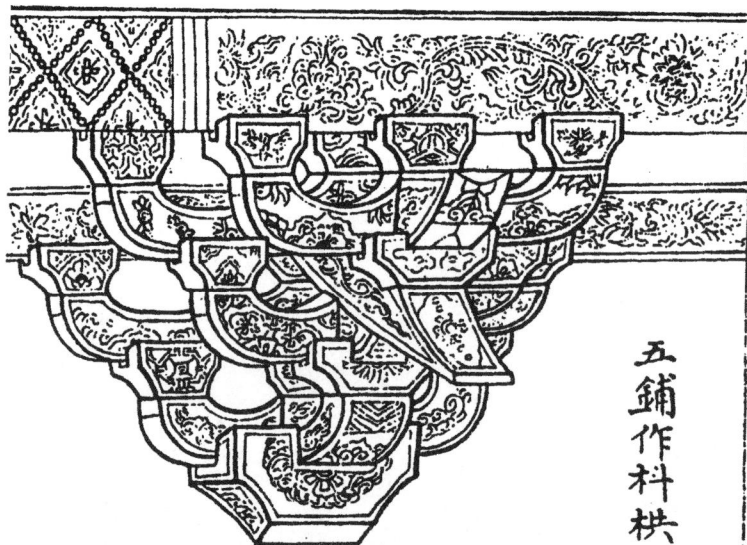

彩畫作制度圖樣下

五彩遍裝名件第十一

五鋪作枓栱

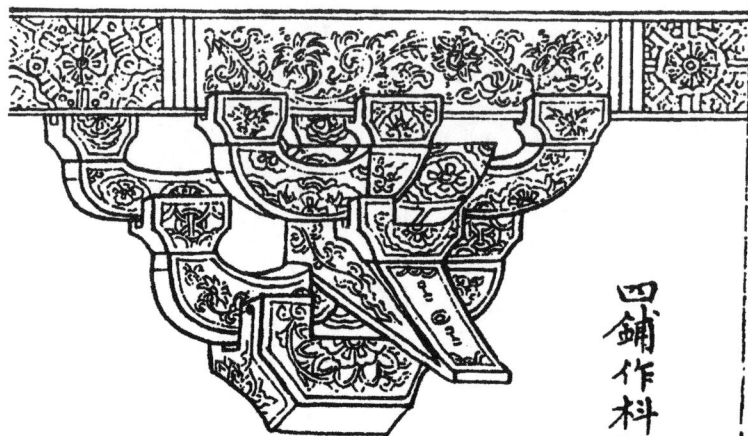

四鋪作枓栱

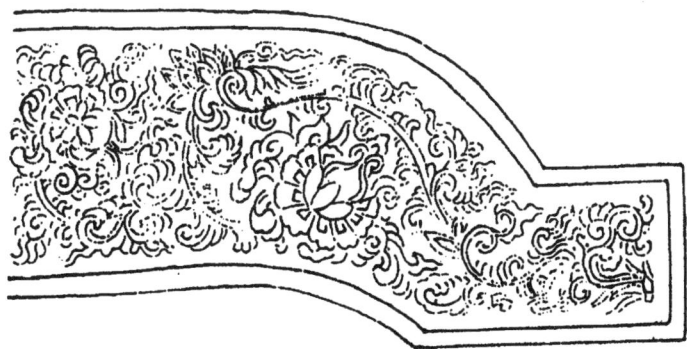

梁栿 飛子

五彩裝淨地錦

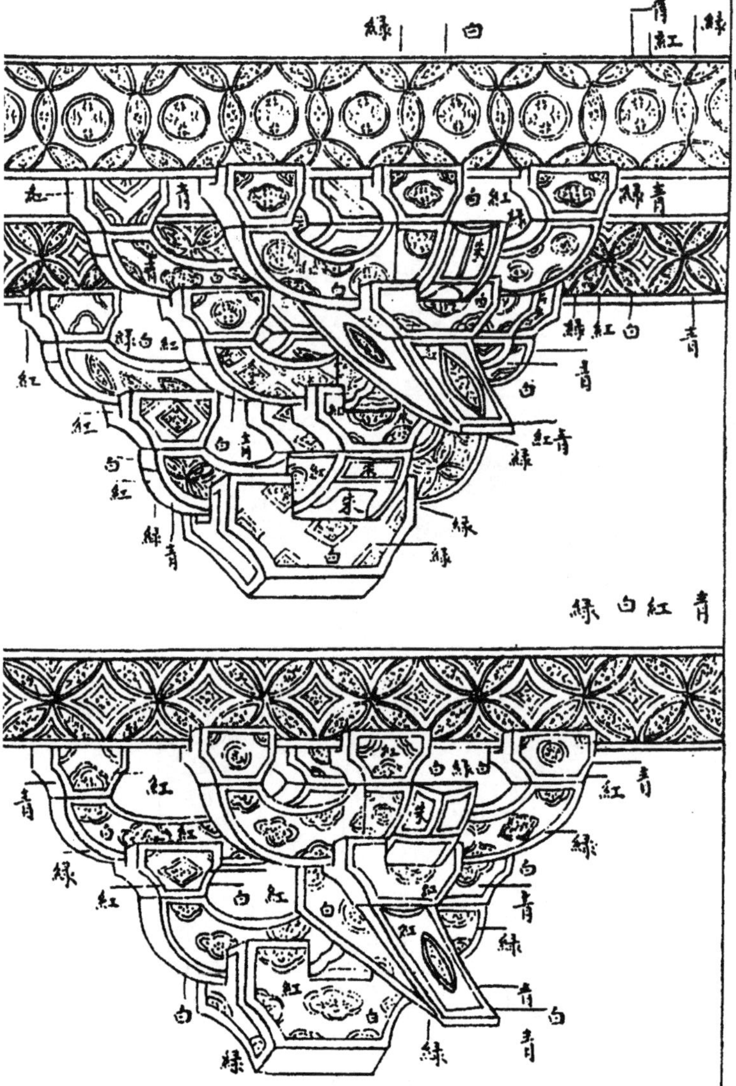

綠　白　　　青紅　綠

紅　　　青　　白紅　　排青

紅　　綠白紅　　　綠紅白　青

紅　　　青　白

白青　　青

紅　　白青　　　紅青

白紅　　　　紅　　綠

綠青　　　　　青綠

綠青　　　白　　綠

綠白紅青

青　　　紅　　　白綠白　　紅青

綠　　紅　　　　　綠

綠　紅　　白紅　　　白青

　　　　紅　　綠青

白　紅　　　青白

白　　　青

綠　　　綠

梁栿 飛子

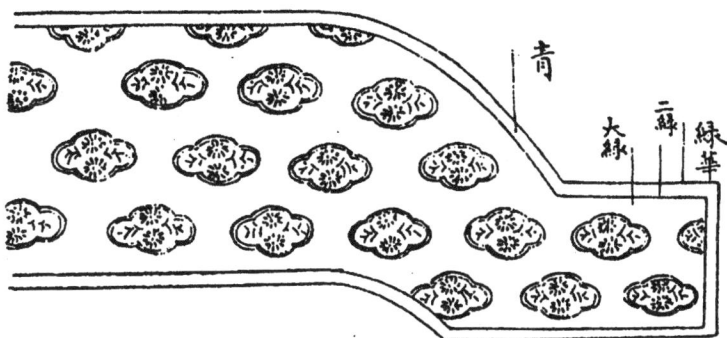

青
大綠　二綠　綠華

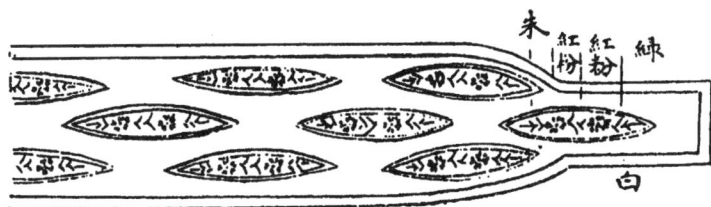

朱　紅粉　紅粉　紝

白

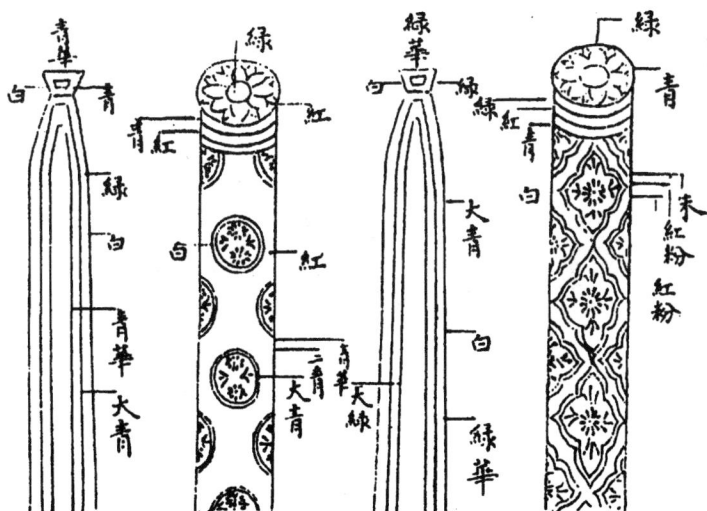

五彩裝栱眼壁

重栱内

綠　青華　二青　大青

單栱内

紅青

大青　二青　青華　綠

紅青

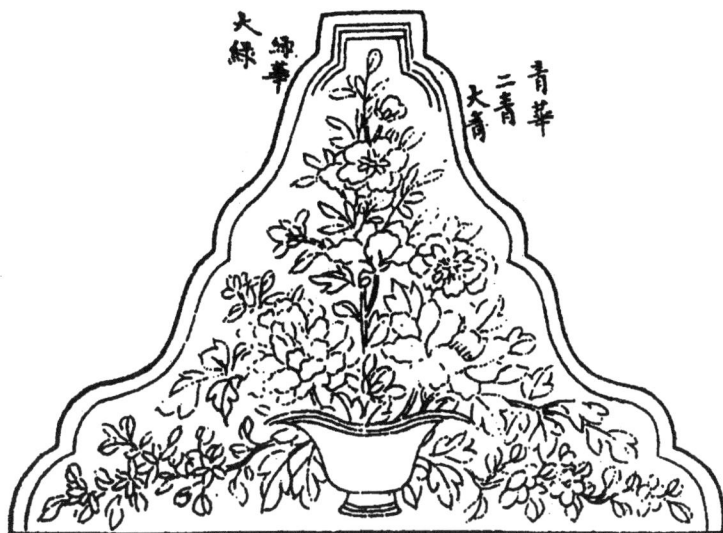

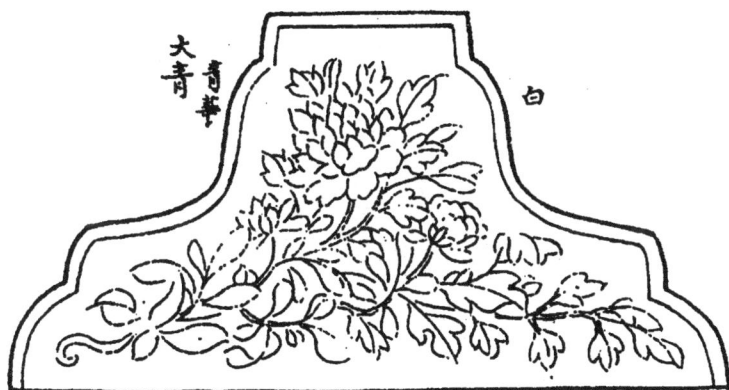

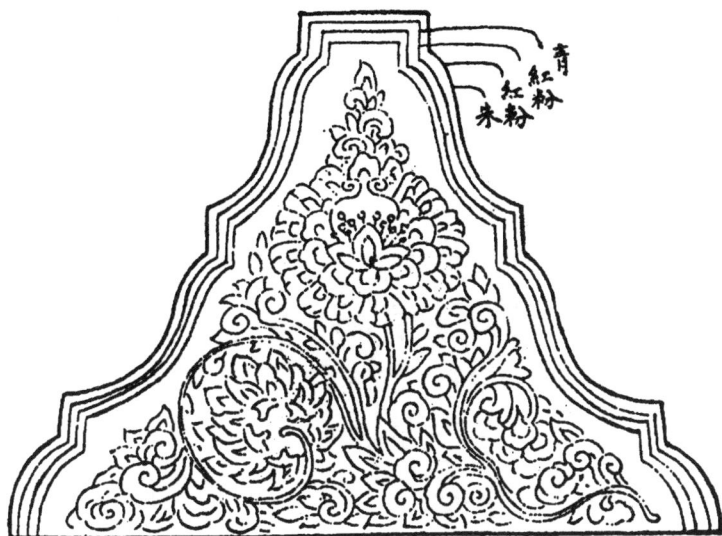

青
紅粉
紅粉
朱粉

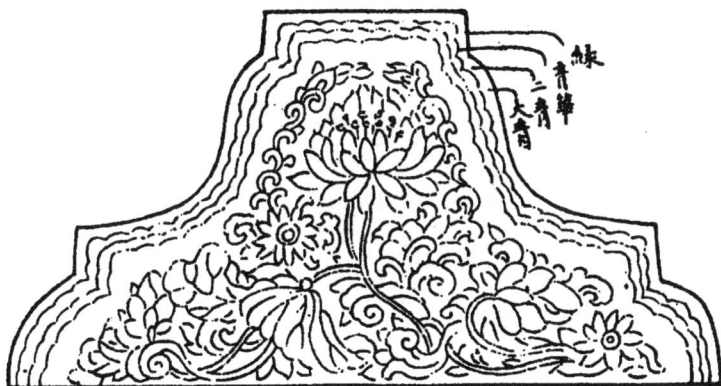

綠
青華
二青
大青

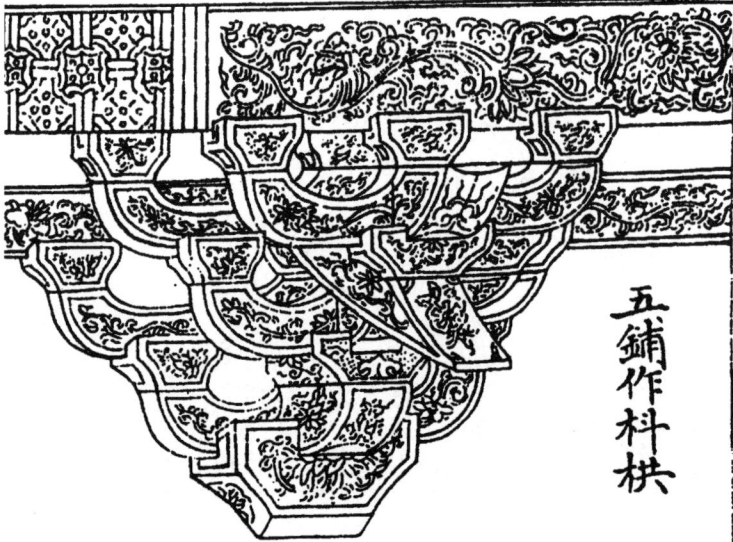

碾玉裝名件第十二

五鋪作枓栱

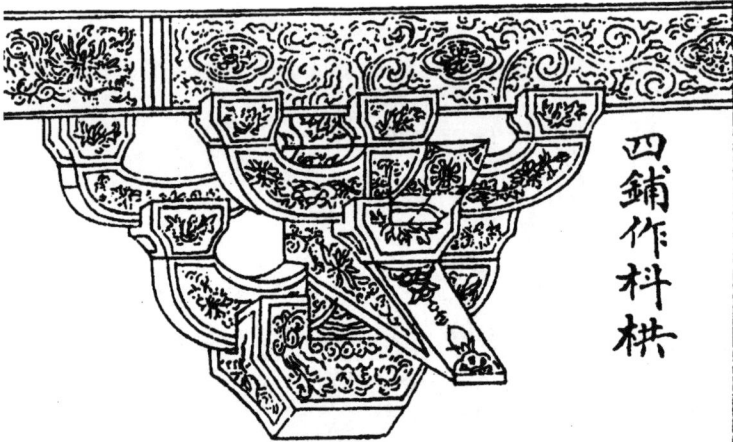

四鋪作枓栱

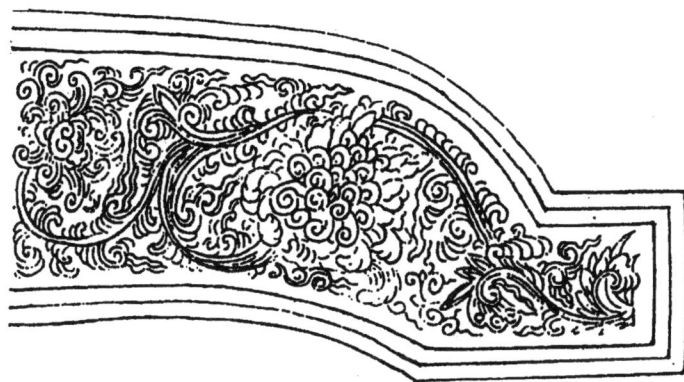

梁栿 飛子

碾玉裝栱眼壁

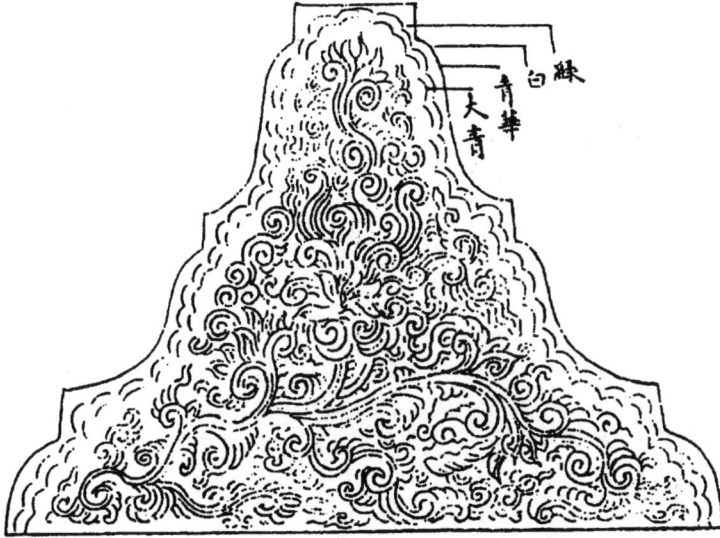

蘇
白
青華
大青

青
白
綠華
大綠

青
白青
綠華
天綠

綠
白
青華
大青

青緑疊暈棱間裝名件第十三

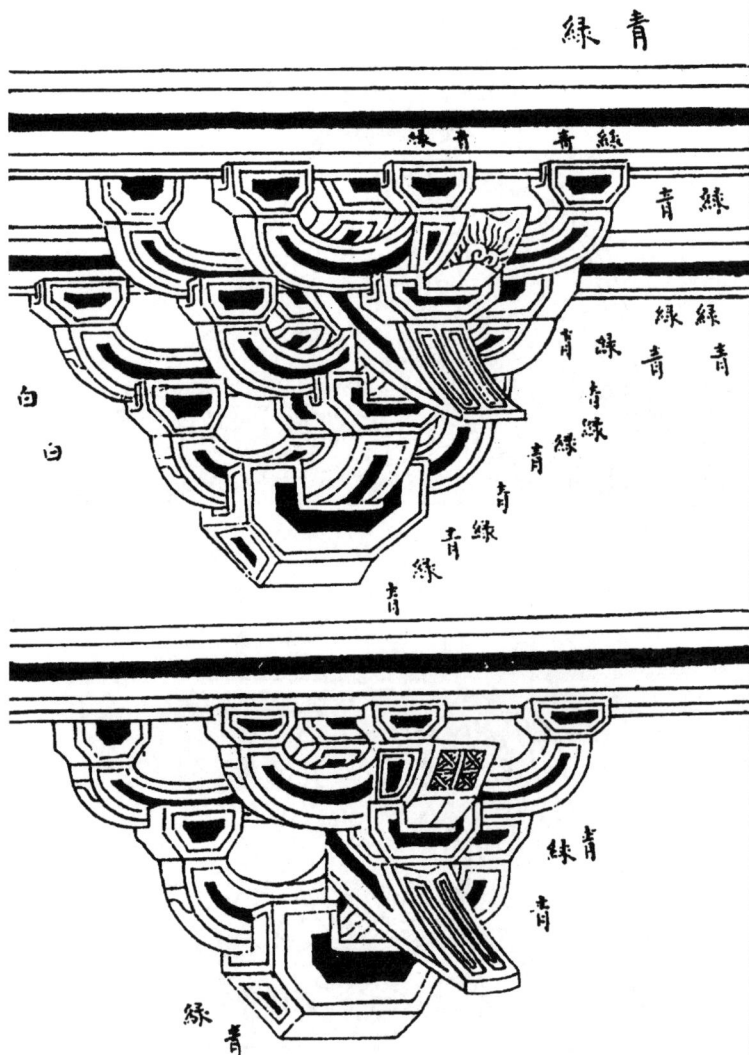

緑青

緑青　青緑

緑
青

緑青

緑青

青緑

緑青

青緑

青緑

白
白

青緑

青緑

青
緑青

緑
青

梁栿飛子

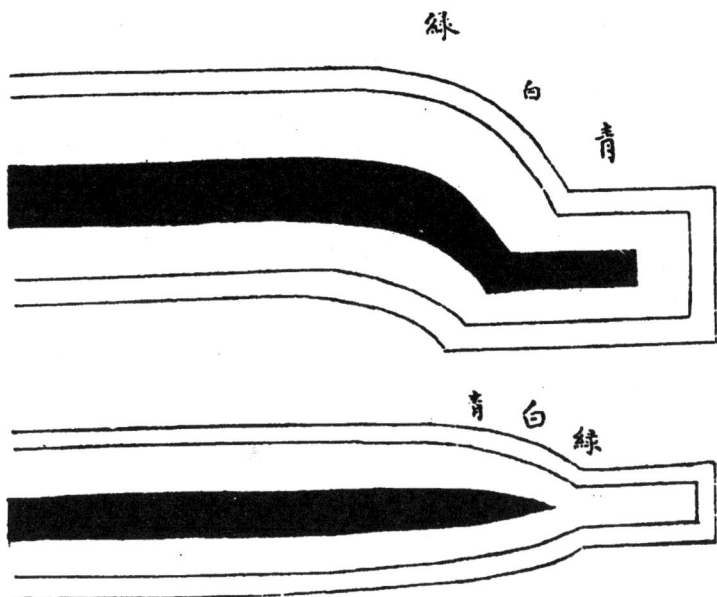

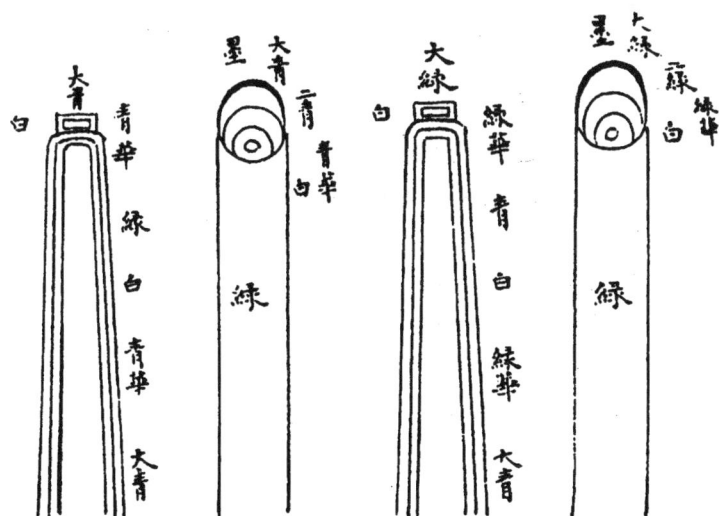

青綠疊暈棱間裝第十三

青綠

綠青

青綠

綠青　青　綠青

青綠

綠綠

青綠

青青綠

白白

青綠綠

綠

青綠青

綠青

青

青

綠青青

綠

綠青

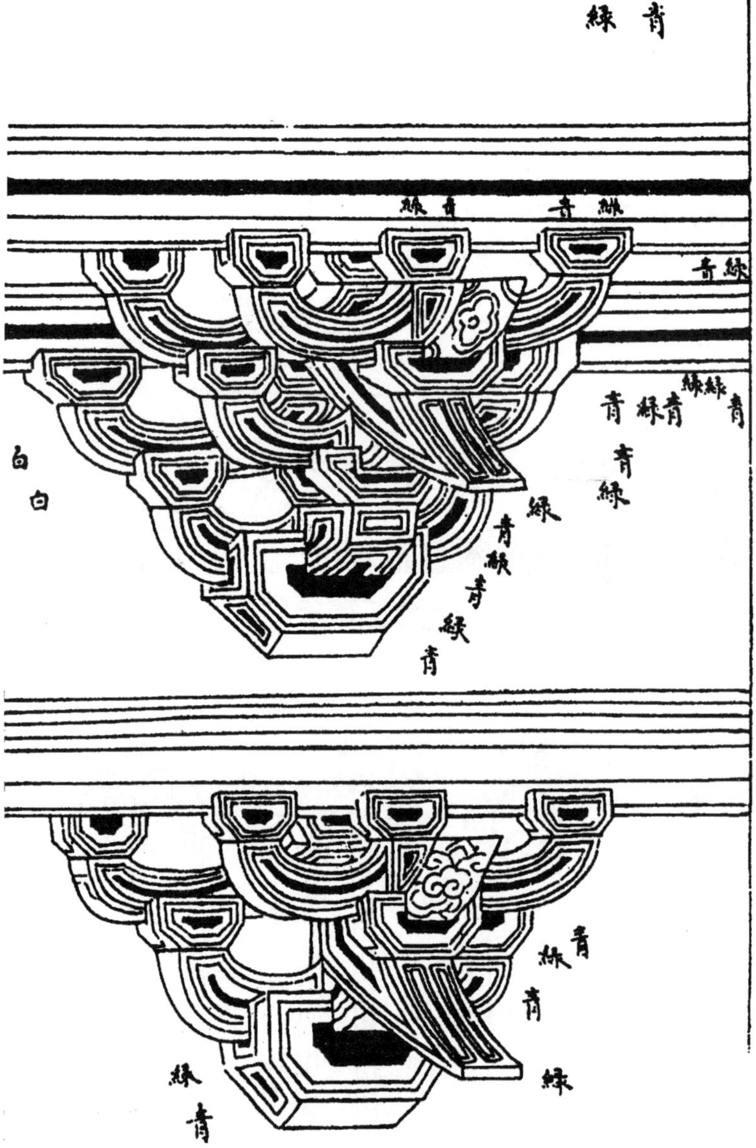

梁栿飛子

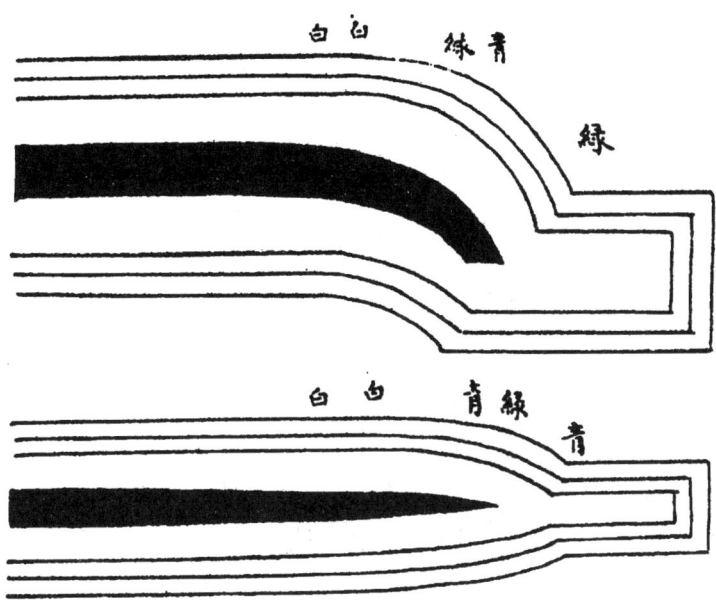

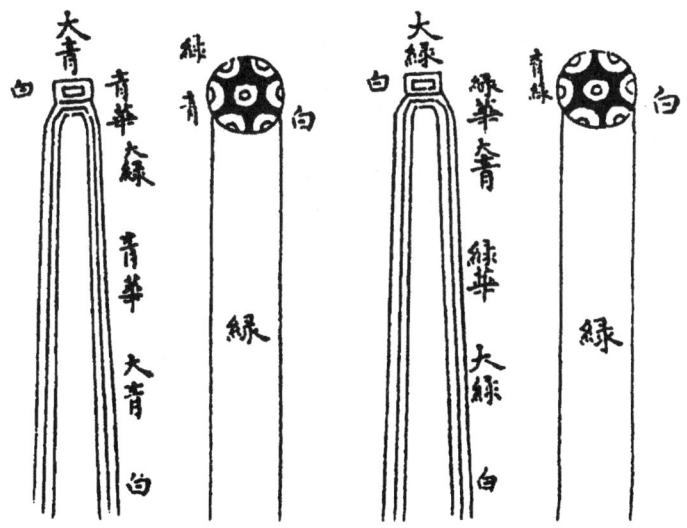

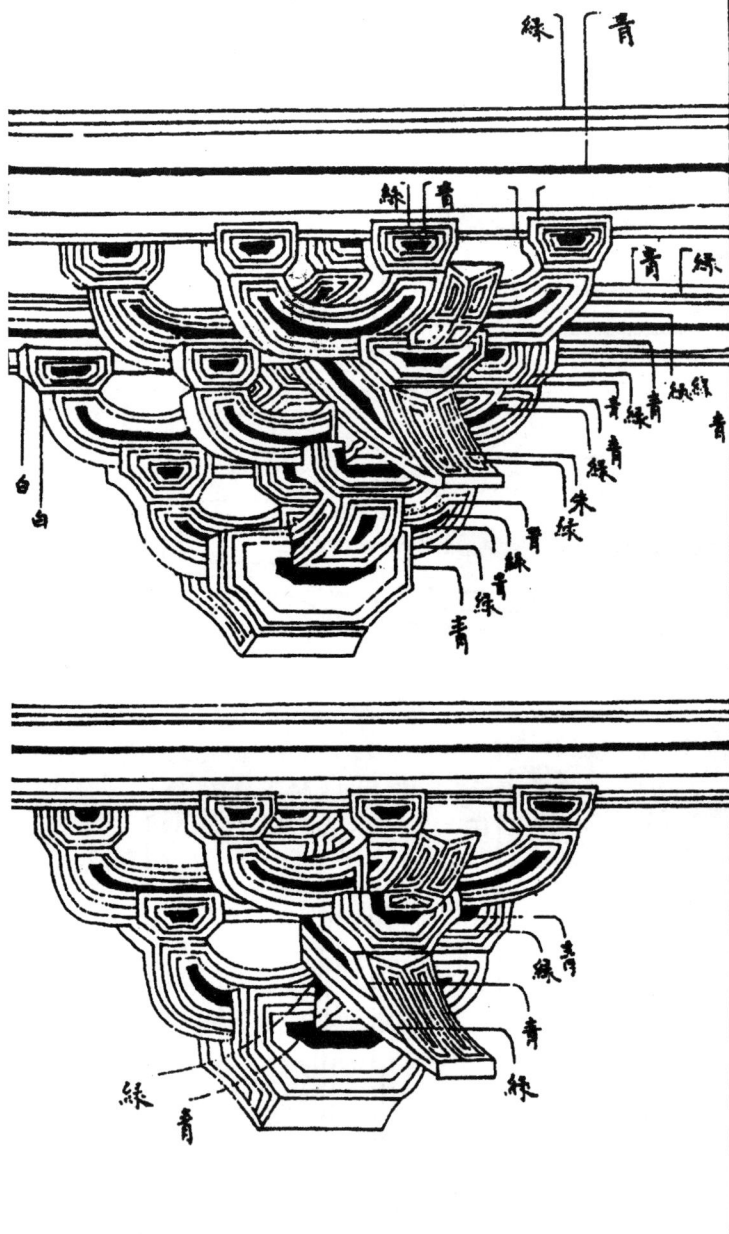

三暈帶紅稜間裝名件第十四

綠 青

綠 青

青 綠

青 綠

白 白

綠綠青

青 綠 青

綠 青

朱 朱

青 綠

綠 青

青

青青

綠 青

青 綠

綠 青

綠 青

梁栿飛子

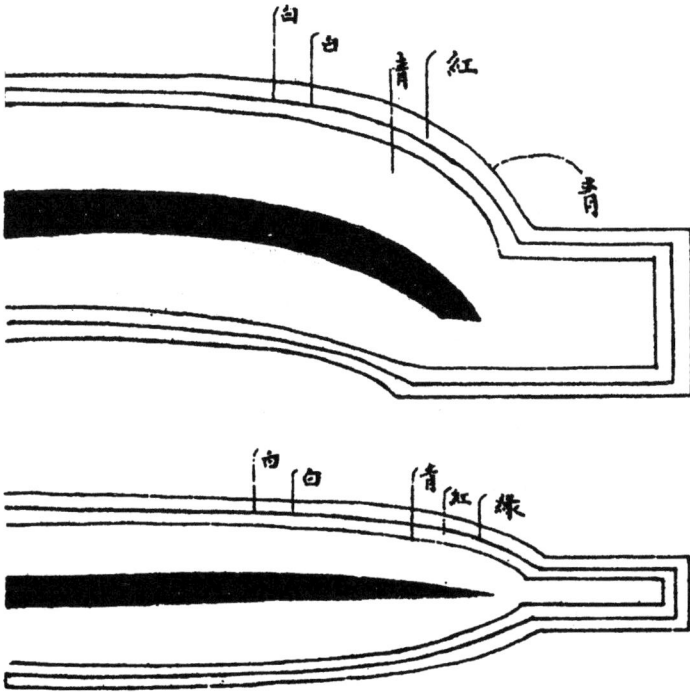

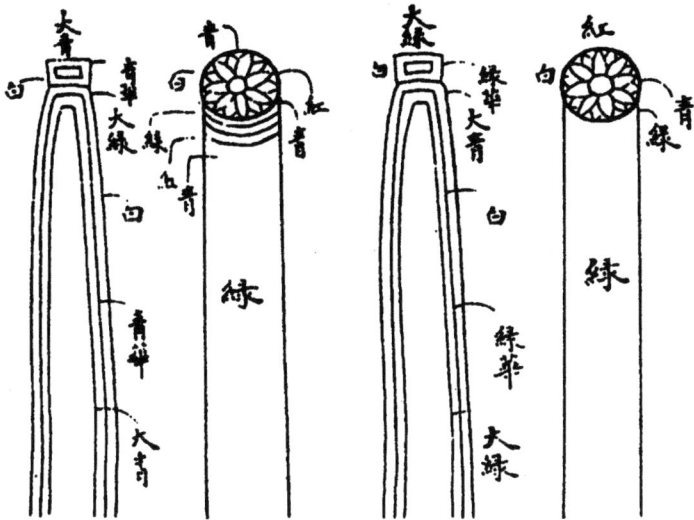

兩暈稜間內畫松文裝名件第十五

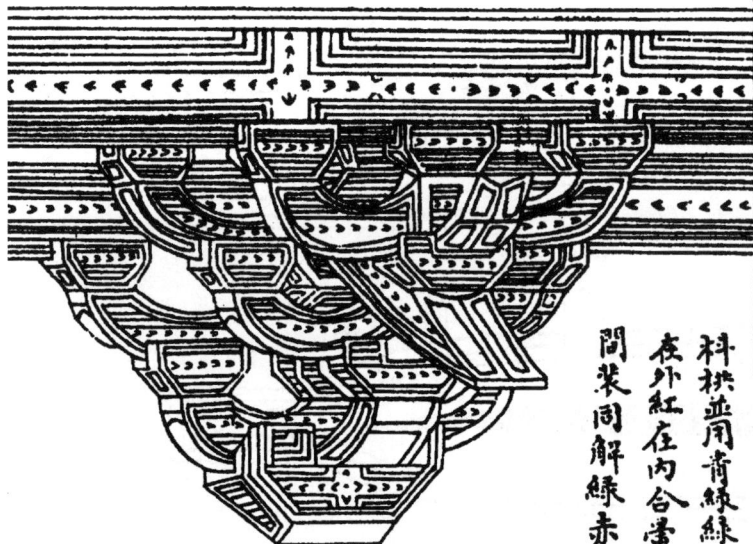

科栱並用青綠綠道
夔外紅在內合暈其
間裝同解綠赤白

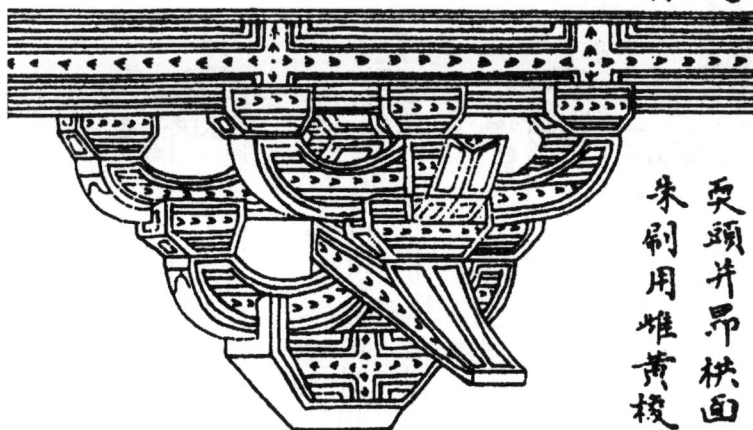

夔頭井昂栱面並
朱刷用雌黃稜界

梁栿飛子

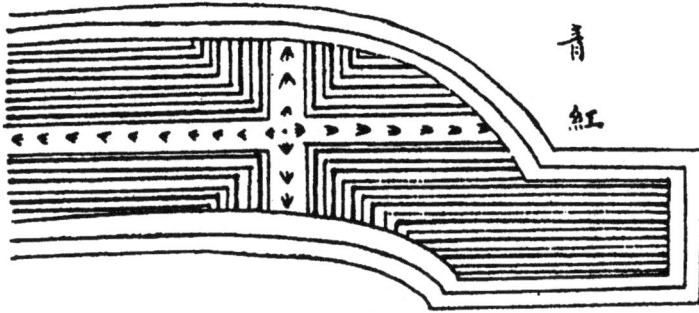

青
紅

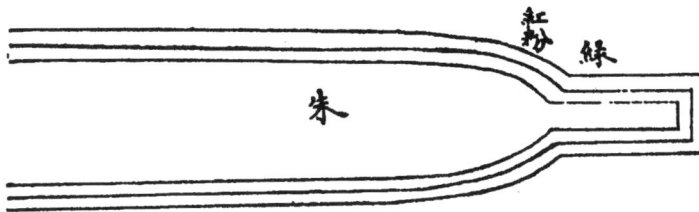

紅粉
綠

朱

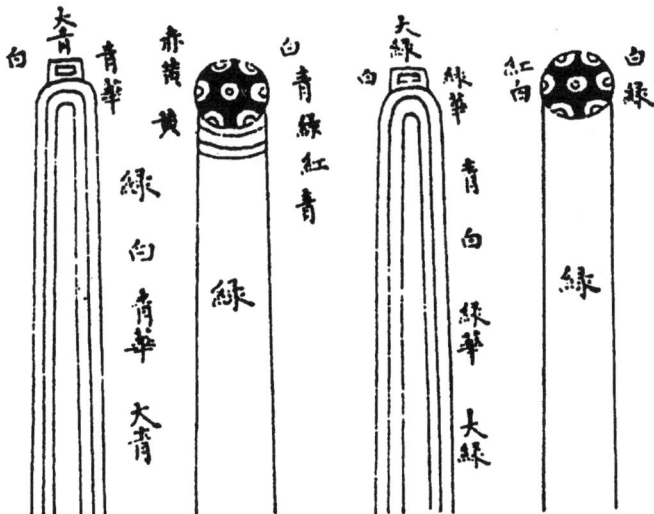

大青
白

青華

綠

白青綠華

大綠

赤黄
黄

綠

白青華

大青

白
青綠紅青

綠

大綠
白

綠華
青
白

綠華

大綠

白綠

紅白

綠

白綠

解綠結華裝名件第十六 解綠裝附

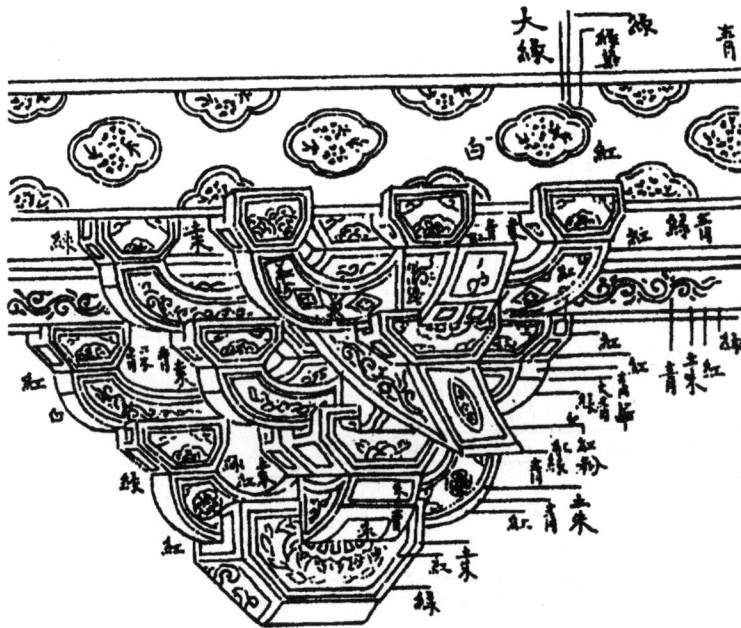

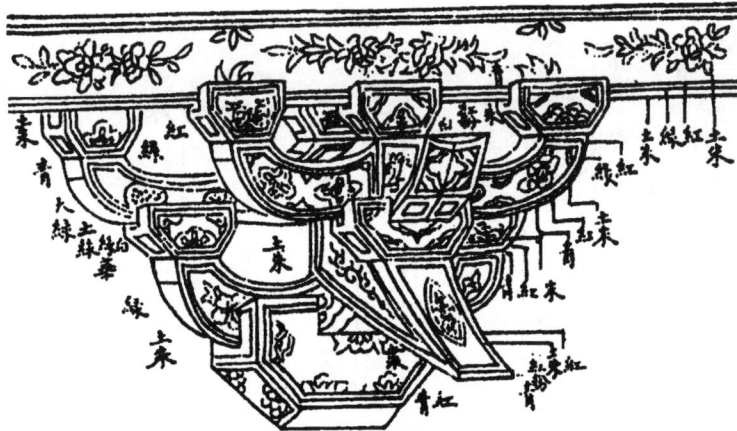

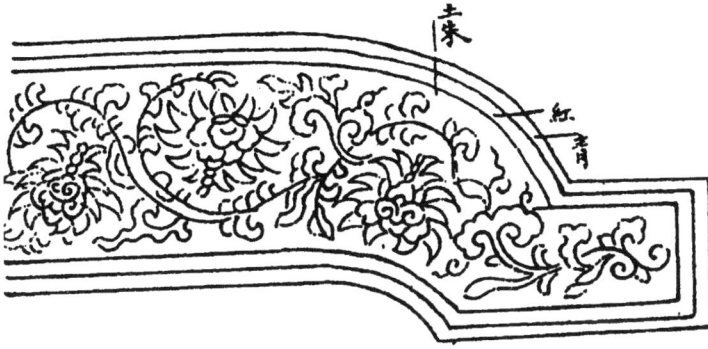

梁栿飛子

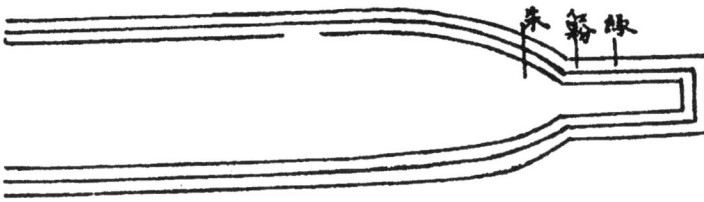

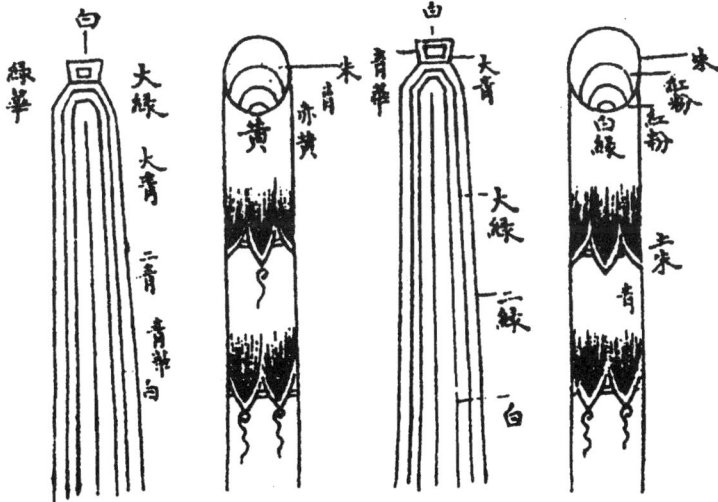

解綠裝名件

凡青綠並大青在外青華在中粉綠在內

凡綠綠並大綠在外綠華在中粉綠在內

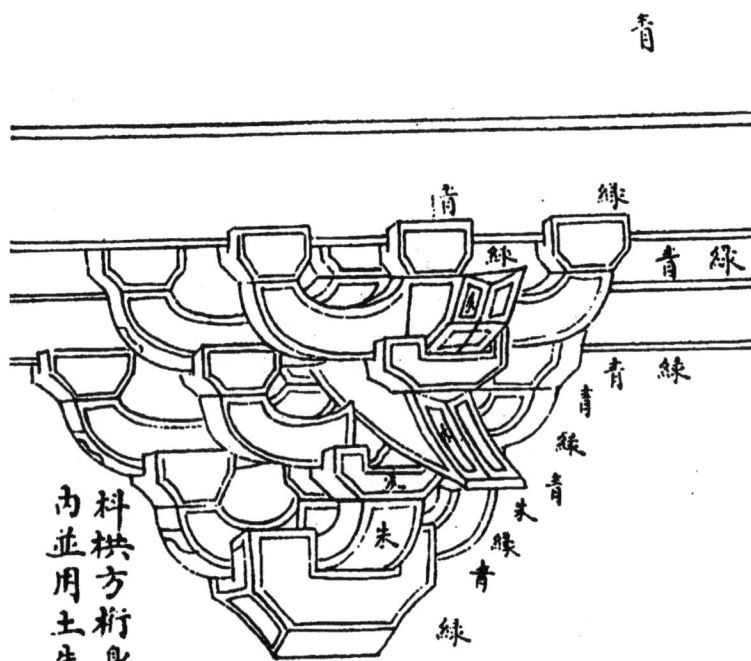

料栱方桁身
內並用土朱

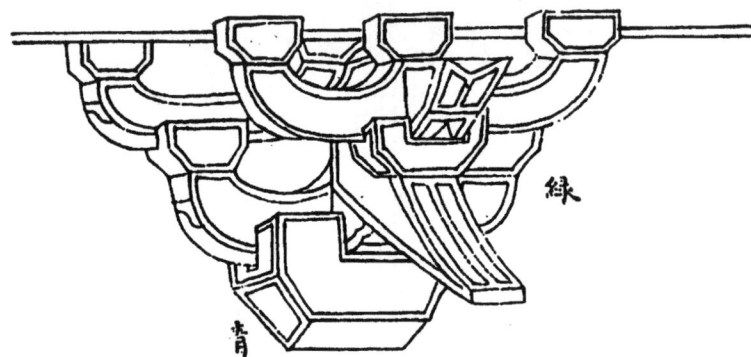

梁栿飛子

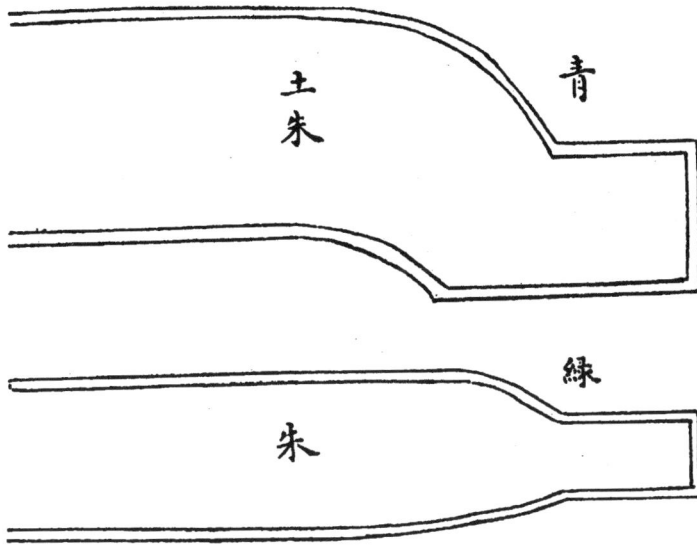

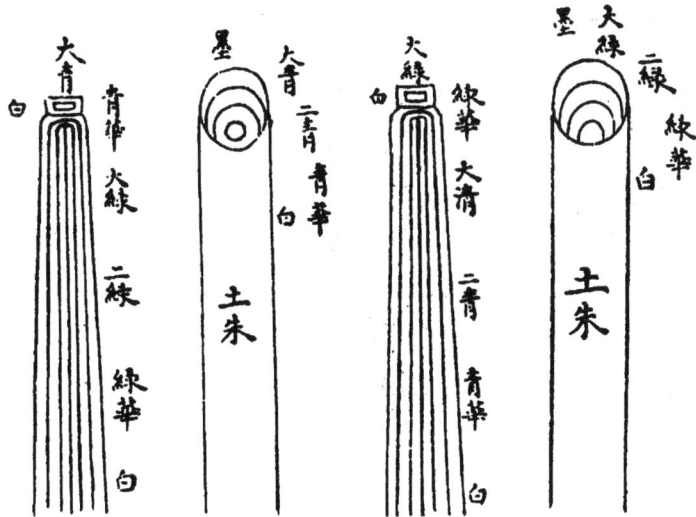

刷飾制度圖樣

丹粉刷飾名件第一

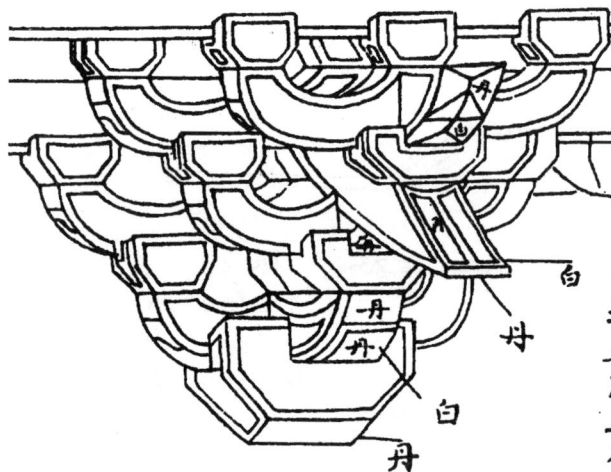

枓栱方桁椽道並用
白身內地並用土朱

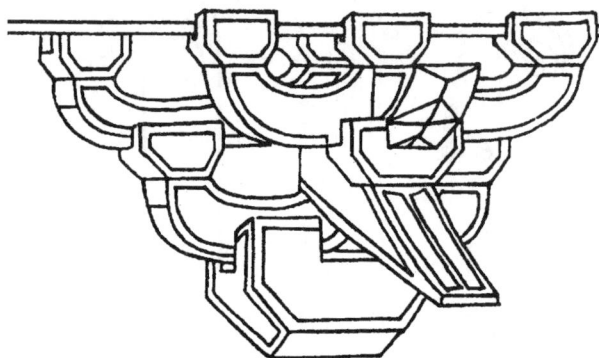

梁栱飛子

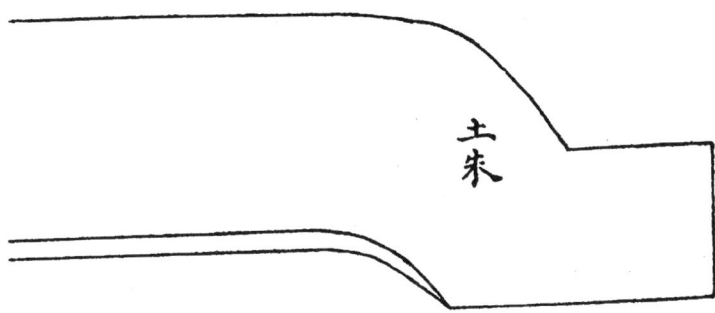

土朱

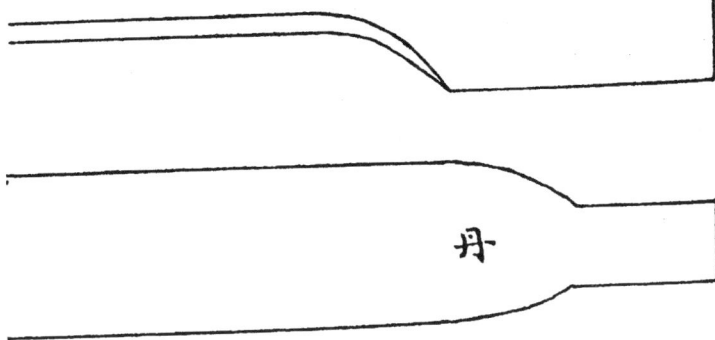

丹

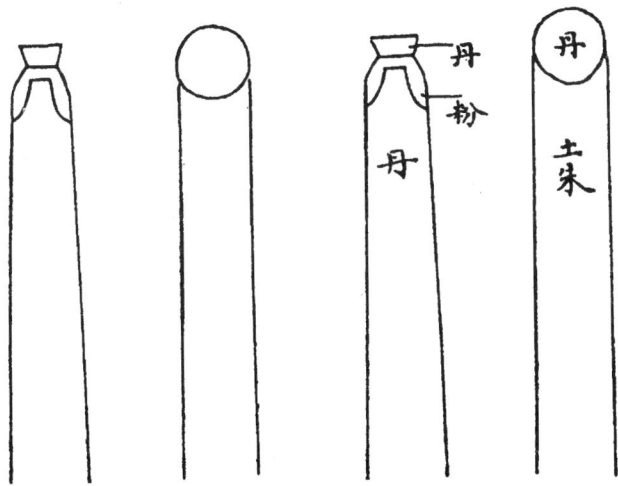

黄土刷飾名件第二

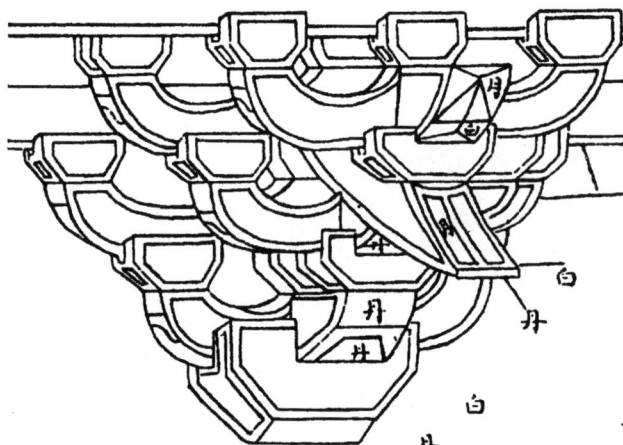

科栱方桁綠道並用
白身內地並用黄土

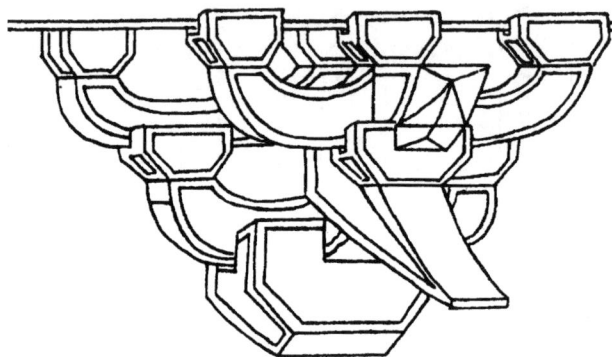

月白

丹

白

丹

丹

白

丹

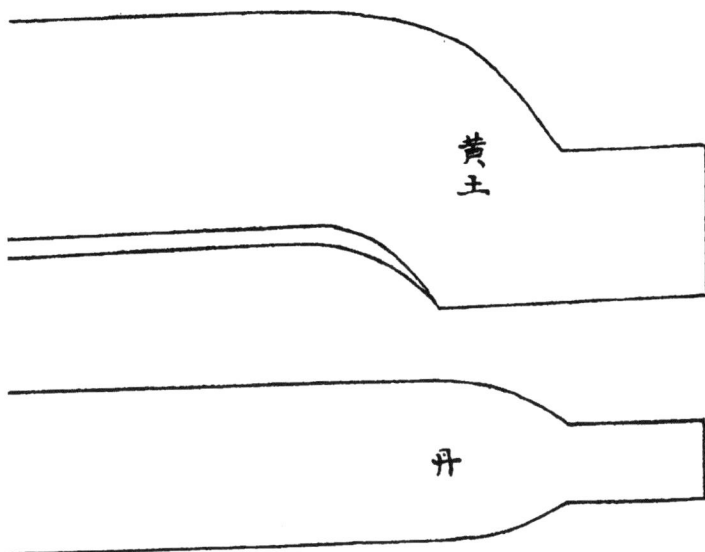

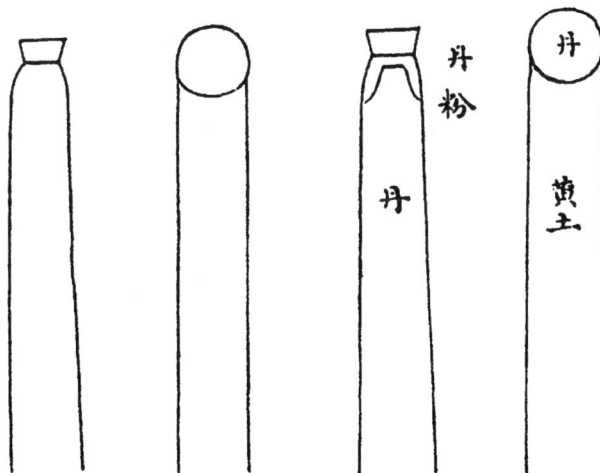

营造法式

补遗（看详）

方圆平直

《周官·考工记》："圜者中规，方者中矩，立者中垂（悬），衡者中水。"郑司农注云："治材居材，如此乃善也。"

《墨子》："子墨子言曰：天下从事者，不可以无法仪。虽至百工从事者，亦皆有法。百工为方以矩，为圜以规，直以绳，衡以水，正以垂。无巧工不巧工，皆以此五者为法。巧者能中之，不巧者虽不能中，依放以从事，犹愈于巳（已）。"

《周髀算经》："昔者周公问于商高曰：数安从出？商高曰：数之法出于圜方。圜出于方，方出于矩，矩出于九九八十一。万物周事而圜方用焉；大匠造制而规矩设焉。或毁方而为圜，或破圜而为方。方中为圜者谓之圜方；圜中为方者谓之方圜也。"

韩子曰："无规矩之法、绳墨之端，虽班（王）尔不能成方圜。"

看详：——诸作制度，皆以圜方直平为准。至如八棱之类，及敧、斜、羡、《礼图》云，"羡"为不圜之貌。璧羡以为量物之度也。郑司农云，"羡"犹延也，以善切；其袤一尺而广狭焉。陊《史记索隐》云，"陊"，谓狭长而方去其角也。陊，丁果切；俗作"隋"，非。亦用规矩取法。今谨案《周官·考工记》等修立下条。

诸取圜者以规，方者以矩，直者抨绳取则，立者垂绳取正，横者定水取平。

取径围

《九章算经》："李淳风注云，旧术求圜，皆以周三径一为率。若用之求圜周之数，则周少而径多。径一周三，理非精密。盖术从简要，略举大纲而言[之]。今依密率，以七乘周二十二而一即径；以二十二乘径七而一即周。"

看详：——今来诸工作已造之物及制度，以周径为则者，如点量大小须于周内求径，或于径内求周，若用旧例，以围三径一方五斜七为据，则疏略颇多。今谨按《九章算经》及约斜长等密率，修立下条。

诸径、围、斜长依下项：

圜径七，其围二十有二；

方一百，其斜一百四十有一；

八棱径六十，每面二十有五，其斜六十有五；

六棱径八十有七，每面五十，其斜一百。

圜径内取方，一百中得七十有一；

方内取圜径，一得一。八棱、六棱取圜准此。

定功

《唐六典》："凡役有轻重，功有短长。注云：以四月、五月、六月、七月为[长]功；以二月、三月、八月、九月为中功；以十月、十一月、十二月、正月为短功。"

看详：——夏至日长，有至六十刻者。冬至日短，有止[于]四十刻者。若一等定功，则枉弃日刻

甚多。今谨按《唐六典》修立下条。

诸称"功"者，谓中功，以十分为率；长功加一分，短功减一分。

诸称"长功"者，谓四月、五月、六月、七月；"中功"谓二月、三月、八月、九月；"短功"谓十月、十一月、十二月、正月。

右(以上)三项并入"总例"。

取正

《诗》："定之方中；又，揆之以日。注云：定，营室也；方中，昏正四方也。揆，度也，——度日出日入以知东西；南视定，北准极，以正南北。"

《周礼·天官》："惟王建国，辨方正位。"

《考工记》："置槷以垂，视以景，为规，识日出之景，与日入之景；夜考之极星，以正朝夕。郑司农注云：自日出而画其景端以至日入既，则为规。测景两端之内规之，规之交，乃审也。度两交之间，中屈之以指槷，则南北正。日中之景，最短者也。极星，谓北辰。"

《管子》："夫绳，扶掇(拨)以为正。"

《字林》："搜，时钏切。垂臬望也。"

《刊（匡）谬证俗·音字》："今山东匠人犹言垂绳视正为搜。"

看详：——今来凡有兴造，既以水平定地平面，然后立表测景、望星，以正四方，正与经传相合。今谨按《诗》及《周官·考工记》等修立下条。

取正之制：先于基址中央，日内置圜版，径一尺三寸六分；当心立表，高四寸，径一分。画表景之端，记日中最短之景。次施望筒于其上，望日星（景）以正四方。

望筒，长一尺八寸，方三寸；用版合造。两畧头开圜眼，径五分。筒身当中两壁用轴，安于两立颊之内。其立颊自轴至地高三尺，广三寸，厚二寸。昼望以筒指南，令日景透北，夜望以筒指北，于筒南望，令前后两窍内正见北辰极星；然后各垂绳坠下，记望筒两窍心于地以为南，则四方正。

若地势偏衺，既以景表、望筒取正四方，或有可疑处，则更以水池景表较之。其立表高八尺，广八寸，厚四寸，上齐，后斜向下三寸。安于池版之上。其池版长一丈三尺，中广一尺，于一尺之内，随表之广，刻线两道；一尺之外，开水道环四周，广深各八分。用水定平，令日景两边不出刻线；以池版所指及立表心为南，则四方正。安置令立表在南，池版在北。其景夏至顺线长三尺，冬至长一丈三（二）尺，其立表内向池版处，用曲尺较，令方正。

定平

《周官·考工记》："匠人建国，水地以垂。"郑司农注云："于四角立植而垂，以水望其高下；高下既定，乃为位而平地。"

《庄子》："水静则平中准，大匠取法焉。"

《管子》："夫准，坏险以为平。"

《尚书大传》："非水无以准万里之平。"

《释名》："水，准也；平，准物也。"

何晏《景福殿赋》："惟工匠之多端，固万变之不穷。雠天地以开基，并列宿而作制。制无细而不协于规景，作无微（微）而不违于水臬。"《五臣注》注云："水臬，水平也。"

看详：——今来凡有兴建，须

先以水平望基四角所立之柱,定地平面,然后可以安置柱石,正与经传相合。今谨按《周礼·考工记》修立下条。

定平之制:既正四方,据其位置,于四角各立一表;当心安水平。其水平长二尺四寸,广二寸五分,高二寸;下施立桩,长四尺安镶在内。上面横坐水平。两头各开池,方一寸七分,深一寸三分。或中心更开池者,方深同。身内开槽子,广深各五分,令水通过。于两头池子内,各用水浮子一枚。用三池者,水浮子或亦用三枚。方一寸五分,高一寸二分;刻上头令侧薄,其厚一分;浮于池内。望两头水浮子之首,遥对立表处于表身内画记,即知地之高下。若槽内如有不可用水处,即于桩子当心施墨线一道,上垂绳坠下,令绳对墨线心,则上槽自平,与用水同。其槽底与墨线两边,用曲尺较令方正。

凡定柱础取平,须更用真尺较之。其真尺长一丈八尺,广四寸,厚二寸五分;当心上立表,高四尺。广厚同上。于立表当心,自上至下施墨线一道,垂绳坠下,令绳对墨线心,则其下地面自平。其真尺身上平处,与立表上墨线两边,亦用曲尺较令方正。

墙

《周官·考工记》:"匠人为沟洫,墙厚三尺,崇三之。郑司农注云:高厚以是为率,足以相胜。"

《尚书》:"既勤垣墉。"

《诗》:"崇墉圪圪。"

《春秋左氏传》:"有墙以蔽恶。"

《尔雅》:"墙谓之墉。"

《淮南子》:"舜作室,筑墙茨屋,令人皆知去岩穴,各有室家,此其始也。"

《说文》:"堵,垣也。""五版为一堵。""橑,周垣也。""垝,卑垣也。""壁,垣也。垣蔽曰墙。""栽,筑墙长版也。"今谓之"膊版"。"干,筑墙端木也。"今谓之"墙师"。

《尚书大传》:"〔天子〕贲墉,诸侯疏杼。"注云:"贲,大也;言大墙正道直也。""疏,〔犹〕衰也;杼,亦墙也;亦（言）衰〔杀〕其上,不得正直。"

《释名》:"墙,障也,所以自障蔽也。""垣,援也,人所依止,以为援卫也。""墉,容也,所以隐蔽形容也。""壁,辟也,辟御风寒也。"

《博雅》:"橑、力雕切。隒、音

篆。墉、院音犯，宋时避讳。也。廯，音壁，又即壁切。墙垣也。"

《义训》："庑，音毛。楼墙也。穿垣谓之窒，音空。为坦谓之厽，音累。周谓之燎。音了。燎谓之窦。音垣。"

看详：——今来筑墙制度，皆以高九尺，厚三尺为祖。虽城壁与屋墙、露墙，各有增损，其大概皆以厚三尺，崇三之为法，正与经传相合。今谨按《周官·考工记》等群书修立下条。

筑墙之制：每墙厚三尺，则高九尺；其上斜收，比厚减半。若高增三尺，则厚加一尺，减亦如之。

凡露墙，每墙高一丈，则厚减高之半。其上收面之广，比高五分之一。若高增一尺，其厚加三寸；减亦如之。其用葽橛，并准"筑城制度"。

凡抽纴墙，高厚同上。其上收面之广，比高四分之一。若高增一尺，其厚加二寸五分。如在屋下，只加二寸。划削并准"筑城制度"。

右（以上）三项并入"壕寨制度"。

举折

《周官·考工记》："匠人为沟洫，葺屋三分，瓦屋四分。"郑司农注云："各分其修，以其一为峻。"

《通俗文》："屋上平曰陠。"必孤切。

《刊（匡）谬证俗·音字》："陠，今犹言陠峻也。"

皇朝景文公宋祁《笔录》："今造屋有曲折者，谓之'庯峻'，齐魏间以人有仪矩可喜者，谓之'庯峭'。盖庯峻也。"今谓之"举折"。

看详：——今来举屋制度，以前后橑檐方心相去远近，分为四分；自橑檐方背上至脊槫背上，四分中举起一分。虽殿阁与厅堂及廊屋之类，略有增加，大抵皆以四分举一为祖，正与经传相合。今谨按《周官·考工记》修立下条。

举折之制：先以尺为丈，以寸为尺，以分为寸，以厘为分，以毫为厘，侧画所建之屋于平正壁上，定其举之峻慢，折之圜和，然后可见屋内梁柱之高下，卯眼之远近。今俗谓之"定侧样"，亦曰"点草架"。

举屋之法：如殿阁楼台，先量前后橑檐方心相去远近，分为三分，若余屋柱头作或不出跳者，则用前后檐柱心。从橑檐方背至脊槫背举起一分。如屋深三丈即举起一丈之类。如甋瓦厅堂，即四分中举起一分，又通以四分所得丈尺，每一尺加八分。若甋瓦廊屋及瓪瓦厅堂，每一尺加五分；或瓪瓦廊屋之类，每一尺加三分。若两椽屋，不加；其副阶或缠腰，并二分中举一分。

折屋之法：以举高尺丈，每尺折一寸，每架自上递减半为法。如举高二丈，即先从脊槫背上取平，下屋橑檐方背，其上第一缝折二尺；又从上第一缝槫背取平，下至橑檐方背，于第二缝折一尺；若椽数多，即逐缝取平，皆下至橑檐方背，每缝并减上缝之半。如第一缝二尺，第二缝一尺，第三缝五寸，第四缝二寸五分之类。如取平，皆从槫心抨绳令紧为则。如架道不匀，即约度远近，随宜加减。以脊槫及橑檐方为准。

若八角或四角斗尖亭榭，自橑檐方背举至角梁底，五分中举一分，至上簇角梁，即两分中举一分。若亭榭只用瓪瓦者，即十分中举四分。

簇角梁之法：用三折，先从大角背自橑檐方心，量向上至枨杆卯心，取大角梁背一半，立（并）上折簇梁，斜向枨杆举分尽处；其簇角梁上下并出卯，中下折簇梁同。次从上折簇梁尽处，量至橑檐方心，取大角梁背一半，立中折簇梁，斜向上折簇梁当心之下；又次从橑檐方心立

下折簇梁，斜向中折簇梁当心近下，令中折簇角梁上一半与上折簇梁一半之长同。其折分并同折屋之制。唯量折以曲尺于弦上取方量之，用瓪瓦者同。

右（以上）入"大木作制度"。

诸作异名

今按群书修立"总释"，已具《法式》净条第一、第二卷内，凡四十九篇，总二百八十三条。今更不重录。

看详：——屋室等名件，其数实繁。书传所载，各有异同；或一物多名，或方俗语滞。其间亦有讹谬相传，音同字近者，遂转而不改，习以成俗。今谨按群书及以其曹所语，参详去取，修立"总释"二卷。今于逐作制度篇目之下，以古今异名载于注内，修立下条。

墙　其名有五：一曰墙，二曰墉，三曰垣，四曰墝，五曰壁。

右（以上）入"壕寨制度"。

柱础　其名有六：一曰础，二曰礩，三曰磶，四曰磌，五曰礩，六曰碑（磉）；今谓之"石碇"。

右（以上）入"石作制度"。

材　其名有三：一曰章，二曰材，三曰方桁。

栱　其名有六：一曰阆，二曰枅，三曰欂，四曰曲枅，五曰栾，六曰栱。

飞昂　其名有五：一曰櫼，二曰飞昂，三曰英昂，四曰斜角，五曰下昂。

爵头　其名有四：一曰爵头，二曰耍头，三曰胡孙头，四曰蜉蚁头。

枓　其名有五：一曰㮇，二曰栭，三曰栌，四曰楂，五曰枓。

平坐　其名有五：一曰阁道，二曰墱道，三曰飞陛，四曰平坐，五曰鼓坐。

梁　其名有三：一曰梁，二曰宗廇，三曰栭。

柱　其名有二：一曰楹，二曰柱。

阳马　其名有五：一曰觚棱，二曰阳马，三曰阙角，四曰角梁，五曰梁抹。

侏儒柱　其名有六：一曰棁，二曰侏儒柱，三曰浮柱，四曰棳，五曰上楹，六曰蜀柱。

斜柱　其名有五：一曰斜柱，二曰梧，三曰迕，四曰枝柱，五曰义（叉）手。

栋　其名有九：一曰栋，二曰桴，三曰檼，四曰棼，五曰甍，六曰极，七曰槫，八曰檩，九曰櫋。

搏风　其名有二：一曰荣，二曰搏风。

柎　其名有三：一曰柎，二曰复栋，三曰替木。

椽　其名有四：一曰桷，二曰椽，三曰榱，四曰橑。短椽，其名有二：一曰栋，二曰禁楄。

檐　其名有十四：一曰宇，二曰檐，三曰樀，四曰楣，五曰屋垂，六曰梠，七曰棂，八曰联櫋，九曰橝，十曰庌，十一曰庑，十二曰樨，十三曰槾，十四曰庮。

举折　其名有四：一曰陠，二曰峻，三曰陠峭，四曰举折。

　　右（以上）入"大木作制度"。

乌头门　其名有三：一曰乌头大门，二曰表楬，三曰阀阅，今呼为"棂星门"。

平棊　其名有三：一曰平机，二曰平橑，三曰平棊。俗谓之"平起"。其以方椽施素版者，谓之"平闇"。

斗八藻井　其名有三：一曰藻井，二曰圜泉，三曰方井。今谓之"斗八藻井"。

钩阑　其名有八：一曰棂槛，二曰轩槛，三曰䡾，四曰梐牢，五曰阑楯，六曰柃，七曰阶槛，八曰钩阑。

拒马义（叉）子　其名有四：一曰梐枑，二曰梐拒，三曰行马，四曰拒马义（叉）子。

屏风　其名有四：一曰皇邸，二曰后版，三曰扆，四曰屏风。

露篱　其名有五：一曰樆，二曰栅，三曰据，四曰藩，五曰落。今谓之"露篱"。

　　右（以上）入"小木作制度"。

涂　其名有四：一曰垷，二曰墐，三曰涂，四曰泥。

　　右（以上）入"泥作制度"。

阶　其名有四：一曰阶，二曰陛，三曰陔，四曰墒。

右（以上）入"砖作制度"。

瓦　其名有二：一曰瓦，二曰甍。

砖　其名有四：一曰甓，二曰瓴甋，三曰毂，四曰瓵砖。

右（以上）入"窑作制度"。

总诸作看详

看详：——先准朝旨，以《营造法式》旧文只是一定之法。及有营造，位置尽皆不同，临时不可考据，徒为空文，难以行用，先次更不施行，委臣重别编修。今编修到海行《营造法式》"总释"并"总例"共二卷，"制度"一十五（三）卷，"功限"一十卷，"料理（例）"并"工作等第"共三卷，"图样"六卷，"目录"一卷，总三十六卷；计三百五十七篇，共三千五百五十五条。内四十九篇，二百八十三条，系于经史等群书中检寻考究。到（至）或制制（度）与经传相合，或一物而数名各异，已于前项逐门看详立文外，其三百八篇，三千二百七十二条，系自来工作相传，并是经久可以行用之法，与诸作谙会经历造作工匠详悉讲究规矩，比较诸作利害，随物之大小，有增减之法，谓如版门制度，以高一尺为法，积至二丈四尺；如枓栱等功限，以第六等材为法，若材增减一等，其功限各有加减法之类。各于逐项"制度"、"功限"、"料例"内创行修立，并不曾参用旧文，即别无开具看详，因依其逐作造作名件内，或有须于画图可见规矩者，皆别立图样，以明制度。

责任编辑：洪　琼

版式设计：顾杰珍

图书在版编目（CIP）数据

营造法式（修订本）/〔宋〕李诫撰　邹其昌点校
-北京：人民出版社，2011.10（2021.3 重印）
ISBN 978－7－01－010037－1

Ⅰ. 营…　Ⅱ.①李…②邹…　Ⅲ. 建筑史-中国-宋代
　Ⅳ. TU－092.44

中国版本图书馆 CIP 数据核字（2011）第 133717 号

营 造 法 式
YING ZAO FA SHI
（修订本）

〔宋〕李诫撰　邹其昌点校

人民出版社 出版发行
（100706　北京市东城区隆福寺街 99 号）

北京汇林印务有限公司印刷　新华书店经销

2011 年 10 月第 1 版　2021 年 3 月北京第 5 次印刷
开本：710 毫米×1000 毫米 1/16　印张：29.5
字数：500 千字

ISBN 978－7－01－010037－1　定价：169.00 元

邮购地址 100706　北京市东城区隆福寺街 99 号
人民东方图书销售中心　电话（010）65250042　65289539